北京理工大学"十四五"规划教材

Machine Learning

From Linear Regression to Large Models

机器学习

从线性回归到大模型

董 岩 编著

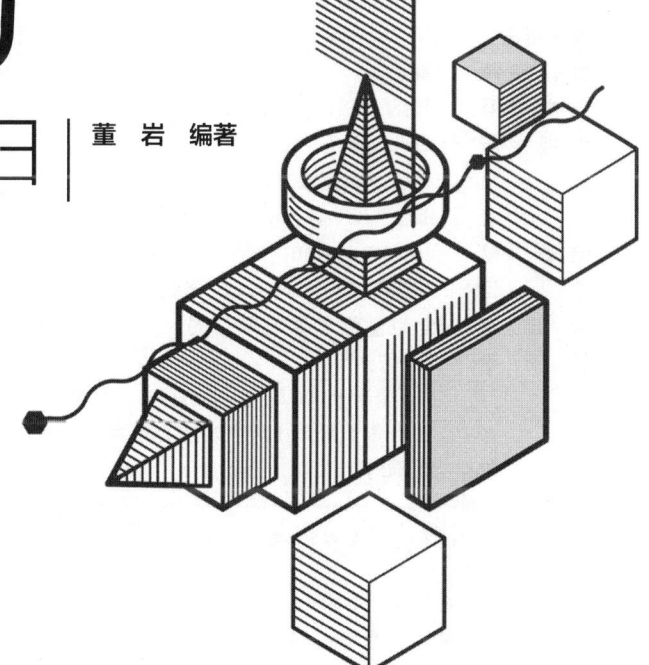

北京大学出版社

PEKING UNIVERSITY PRESS

图书在版编目（CIP）数据

机器学习：从线性回归到大模型 / 董岩编著. -- 北京：北京大学出版社，2025.8. -- ISBN 978-7-301-36423-9

Ⅰ . TP181

中国国家版本馆 CIP 数据核字第 2025B7M059 号

书　　　名	机器学习——从线性回归到大模型
	JIQI XUEXI——CONG XIANXING HUIGUI DAO DAMOXING
著作责任者	董　岩　编著
责 任 编 辑	潘丽娜
标 准 书 号	ISBN 978-7-301-36423-9
出 版 发 行	北京大学出版社
地　　　址	北京市海淀区成府路 205 号　100871
网　　　址	http://www.pup.cn　新浪微博：@北京大学出版社
电 子 邮 箱	zpup@pup.cn
电　　　话	邮购部 010-62752015　发行部 010-62750672　编辑部 010-62752021
印 刷 者	北京溢漾印刷有限公司
经 销 者	新华书店
	730 毫米 × 980 毫米　16 开本　16.25 印张　318 千字
	2025 年 8 月第 1 版　2025 年 8 月第 1 次印刷
定　　　价	52.00 元

未经许可，不得以任何方式复制或抄袭本书之部分或全部内容。

版权所有，侵权必究

举报电话：010-62752024　电子邮箱：fd@pup.cn

图书如有印装质量问题，请与出版部联系，电话：010-62756370

内 容 提 要

本书以"回归"为主线，系统介绍统计学、机器学习与深度学习中最常用的分类与回归方法，力图在大数据与人工智能背景下，突破传统统计建模的局限，构建一个融合多学科视角的现代回归分析框架.

全书覆盖线性回归、岭回归、Lasso、Logistic 回归等经典线性模型，决策树、随机森林、GBDT、XGBoost 等集成方法，BP 神经网络、卷积神经网络、循环神经网络等深度学习模型，以及基于 Transformer 的大语言模型（如 BERT 和 GPT）. 此外，本书还介绍因果推断方法、模型可解释性工具（如 SHAP）与迁移学习等前沿技术，强调跨学科融合，关注算法应用场景. 书中穿插算法发展史，展现行业应用，聚焦人工智能在中国的发展脉络，增强学生的责任意识与现实关怀.

本书配套案例涵盖农业、医学等领域，以"场景建模"为理念，展现模型与国家、行业需求紧密结合的完整建模流程.配套习题涵盖风控、幸福感预测、图像识别、视频生成等主题，具有实践性和挑战性，有助于培养实战能力.

本书算法基于 Python 实现，深度学习部分使用 TensorFlow 与 Keras 框架，配套提供案例和习题数据集、案例源代码，便于教学和自学使用.

本书适用于统计、数据科学、数学、人工智能、经济管理等专业的本科生与研究生，可作为"回归分析""统计模型""机器学习"等课程教材，也可作为人工智能通识教材使用，同时可供数据分析相关从业者参考.

前　言

本书的写作,源自我多年主讲的几门核心课程:本科统计学专业的"应用回归分析""线性统计模型"和应用统计专业硕士的"机器学习回归方法".在长期教学实践中,我逐渐意识到,虽然这几门课程都以"回归"为核心,但在适用场景、建模方法与应用目标上存在显著差异.

传统统计学注重模型解释与推断,关注参数估计与假设检验,而机器学习则更强调预测准确性、算法效率与自动化应用.如何在保持学术严谨性的同时,引导学生理解并跨越这两种建模范式的差异,成为我长期思考的问题.于是,我开始尝试以"回归"为主线,系统整合统计学与机器学习中的核心方法与应用框架,逐步构建出一个具有跨学科深度的知识体系,并最终将其凝练成这本教材.

本书以回归为主线,系统介绍了监督学习中的主流方法,从最基础的线性回归、Logistic 回归,到机器学习中的决策树、随机森林、人工神经网络,再到深度学习中的深度神经网络,最终延伸至当前人工智能前沿的大语言模型(如 ChatGPT),构建起一条由经典统计方法通向现代智能系统的学习路径.

在算法呈现上,本书建立一种原理、实现、应用、演进四位一体的结构视角.本书力求打破"重原理轻代码"或"重代码轻原理"的固有路径,努力实现理论深度与实践价值的完美平衡.书中在介绍算法原理时力争抓住本质、澄清细节,尽力做到准确、深入、清晰.语言工具方面,前三章模型使用 Python 及其主流库实现.对于每一种算法,书中详细说明了对应的 Python 函数用法,方便读者扩展.第四章深度学习部分使用 Tensorflow 和 Keras 框架构建模型,大语言模型部分则提供了外部代码链接,便于读者进一步探索.此外,书中对于每种算法不仅讲解了基本机制,还结合产业实践,介绍其发展历程、应用场景与前沿进展,力求建立一个多维、立体、动态的算法图谱.

本书的另一大特色,是对跨学科融合的深入探索.在内容层面,书中不仅涵盖统计学、数学、计算机科学,还延伸至认知神经科学与语言学等多个学科领域.在"以回归为主线"的整体架构下,融入了自回归模型、可解释机器学习、迁移学习、因果推断等相关内容,覆盖面广.本书注重的不是知识的堆叠,而是思维方式与学科文化之间的深度碰撞.同一种算法,在不同领域中的理解和应用差异巨大.例如对于 Logistic

回归模型:在统计学中,强调参数估计与假设检验的方法;在机器学习中,核心问题转向高维稀疏建模、正则化与并行训练;在医学建模中,又必须满足可解释性、风险分层与临床可操作性.本书力图呈现这种不同学科张力的交织,引导读者理解:真正的建模能力,不止是写出一段函数代码,而是能够与数据、场景、应用相结合.

本书设计了三个完整案例,具备场景建模的特色,配套前五章内容,用于支持教学与实践训练.中国粮食产量因素分析这个案例基于国家统计局数据,结合农业知识与粮食安全背景,运用线性回归与随机森林,展示了模型在国家粮食安全重大问题中的解释力与支撑作用.心脏病数据分析案例使用经典医疗数据集,构建 Logistic 回归、XGBoost 与多层感知器等模型,结合 SHAP 等解释工具,尝试解释心脏病影响因素,建立病人分级机制.阿尔茨海默病诊断案例基于图像数据,构建深度神经网络,实现端到端建模,展示了深度学习技术在疾病筛查中的应用潜力.本案例 Keras 代码在云平台上调试完成.

本书中还特别设计了一系列开放式、项目型习题,包括一些数据竞赛经典题目,还有一些题目涉及空气质量分析、房价建模这样的重要议题,还有利用大模型生成诗文视频、制作单词卡片这样充满创意的任务.希望能通过这些习题,让读者在项目实践中学习知识,在开放探索中发现问题,从而培养跨学科思维与完整建模能力.

鉴于本课程以"回归建模"为主线,前三章中的统计与机器学习中的回归类模型为教学重点,第四章和第五章的深度学习与大语言模型为前三章内容的进阶延伸,教师可根据课程目标、授课对象、教学资源灵活调整授课深度,适当删减.考虑到深度模型训练对计算资源有一定要求,课堂教学可聚焦于核心原理与建模思想的讲解,相关实操与代码实现可安排为课下自主练习.另外第二章因果森林、CatBoost 作为进阶内容也可根据教学需要适当删减.

本书适合作为"回归分析""统计模型""机器学习"等课程的教材和参考书,也可作为各专业人工智能通识课程教材使用.本书适用于高等院校统计学、数据科学、人工智能、经济、管理等专业的本科生、研究生和数据分析相关领域从业人员.**本书配套数据和案例代码可通过扫描封底二维码获取**,相关资源仅限用于本书的学习、教学或科研用途,禁止用于商业目的.

感谢北京理工大学对本书作为"十四五"规划教材的立项支持,感谢北京大学出版社对本书出版的推动与信任,尤其值得一提的是,责任编辑潘丽娜老师在审稿过程中以认真严谨的态度,数次修改校对,给出了宝贵的修改意见,在此特别感谢.

写作这本书历时五年,是一次几乎跨越学科边界与知识系统的自我重构.虽已竭尽所能,但面对日新月异的技术发展与庞杂多元的理论体系,出版之际,仍不免如履薄冰.唯愿本书能为数据科学点亮一盏小灯,帮助更多人走进机器学习与人工智能的世界,在这个充满智能的时代,找到理解世界、参与世界的一种路径.

目 录

第1章 经典线性模型 ··· 1
1.1 监督学习 ··· 1
1.2 分类及应用场景 ··· 2
1.2.1 个人征信 ·· 2
1.2.2 个性化推荐 ·· 3
1.2.3 医学影像疾病诊断 ·· 4
1.2.4 表面缺陷检测 ·· 4
1.2.5 情感分析 ·· 5
1.3 回归及应用场景 ··· 6
1.3.1 房价预测 ·· 6
1.3.2 股票预测 ·· 6
1.3.3 药物设计 ·· 6
1.3.4 人脸关键点检测 ·· 8
1.4 多元线性回归模型 ··· 9
1.4.1 多元线性回归模型概述 ·· 9
1.4.2 "均值回归"现象 ·· 10
1.4.3 回归与因果推断 ·· 11
1.4.4 参数估计 ·· 13
1.4.5 显著性检验 ·· 15
1.4.6 回归诊断 ·· 17
1.4.7 模型选择与评价 ·· 19
1.4.8 Python中线性回归的代码实现 ···································· 24
1.4.9 线性回归模型应用场景 ·· 24
1.5 正则化线性回归模型 ··· 25

- 1.5.1 正则化回归方法简介 · 25
- 1.5.2 岭回归 · 25
- 1.5.3 Lasso 回归 · 26
- 1.5.4 LARS · 27
- 1.5.5 Python 中岭回归的代码实现 · 28
- 1.5.6 Python 中 Lasso 回归与 LARS 的代码实现 · 30
- 1.5.7 正则化线性回归模型应用场景 · 31
- 1.6 Logistic 回归模型 · 31
  - 1.6.1 Logistic 回归模型发展史 · 31
  - 1.6.2 Logistic 回归模型概述 · 32
  - 1.6.3 Logistic 回归优化算法与并行计算 · 34
  - 1.6.4 特征编码与分箱 · 36
  - 1.6.5 ROC 曲线与阈值 · 37
  - 1.6.6 多分类 Logistic 回归模型 · 39
  - 1.6.7 分类模型评价指标与评测基准 · 40
  - 1.6.8 Python 中 Logistic 回归的代码实现 · 42
  - 1.6.9 Logistic 回归模型应用场景 · 45
- 习题 · 46
- 参考文献 · 47

第 2 章 基于决策树的模型 — 50

- 2.1 决策树 · 50
  - 2.1.1 决策树概述 · 50
  - 2.1.2 决策树的生长 · 52
  - 2.1.3 决策树的剪枝 · 53
  - 2.1.4 Python 中决策树的代码实现 · 54
  - 2.1.5 决策树应用场景 · 57
- 2.2 随机森林 · 57
  - 2.2.1 随机森林简介 · 57
  - 2.2.2 随机森林基本原理 · 57
  - 2.2.3 特征重要性 · 58
  - 2.2.4 SHAP 算法 · 59
  - 2.2.5 Boruta 算法 · 60
  - 2.2.6 Python 中随机森林的代码实现 · 61
  - 2.2.7 随机森林应用场景 · 64

2.3 因果森林 65
2.3.1 因果森林简介 65
2.3.2 因果关系 66
2.3.3 因果效应 67
2.3.4 因果树和因果森林 68
2.3.5 广义随机森林 69
2.3.6 Python中因果森林的代码实现 70
2.3.7 因果森林应用场景 72
2.4 梯度提升决策树 73
2.4.1 梯度提升决策树简介 73
2.4.2 梯度提升算法 73
2.4.3 梯度提升回归树 75
2.4.4 最小二乘梯度提升回归树 75
2.4.5 似然梯度提升回归树 76
2.4.6 Python中梯度提升决策树的代码实现 77
2.4.7 梯度提升决策树应用场景 80
2.5 极端梯度提升 80
2.5.1 极端梯度提升简介 80
2.5.2 极端梯度提升基本原理 80
2.5.3 极端梯度提升分割算法 82
2.5.4 Python中极端梯度提升的代码实现 83
2.5.5 极端梯度提升应用场景 87
2.6 轻量梯度提升机 87
2.6.1 轻量梯度提升机简介 87
2.6.2 直方图算法 87
2.6.3 单边梯度抽样 88
2.6.4 互斥特征捆绑算法 89
2.6.5 按叶子生长策略 90
2.6.6 Python中轻量梯度提升机的代码实现 91
2.6.7 轻量梯度提升机应用场景 93
2.7 类别特征梯度提升 93
2.7.1 类别特征梯度提升简介 93
2.7.2 分类特征与目标变量统计 94
2.7.3 特征组合 95

2.7.4　排序提升算法 ··· 96
　　2.7.5　基于目标统计量的排序提升算法 ··············· 97
　　2.7.6　Python 中类别特征梯度提升的代码实现 ········ 97
　　2.7.7　类别特征梯度提升应用场景 ······················ 102
习题 ·· 103
参考文献 ··· 105

第 3 章　神经网络 **108**
3.1　人工神经网络发展史 ·· 108
　　3.1.1　神经网络探索阶段 ······································ 108
　　3.1.2　神经网络发展阶段 ······································ 109
　　3.1.3　深度学习爆发阶段 ······································ 110
　　3.1.4　大模型井喷阶段 ·· 111
　　3.1.5　深度学习与大模型应用 ······························ 115
3.2　生物神经元与人工神经元 ································ 116
　　3.2.1　生物神经元 ·· 116
　　3.2.2　人工神经元 ·· 117
3.3　激活函数 ·· 118
3.4　多层感知器 ·· 121
　　3.4.1　多层感知器结构 ·· 121
　　3.4.2　反向传播算法 ·· 122
　　3.4.3　多层感知器应用场景 ·································· 125
3.5　梯度下降优化算法 ·· 126
　　3.5.1　小批量梯度下降算法 ·································· 126
　　3.5.2　随机梯度下降算法 ······································ 127
　　3.5.3　动量梯度下降算法 ······································ 127
　　3.5.4　均方根加速算法 ·· 127
　　3.5.5　自适应动量估计算法 ·································· 128
3.6　Python 中多层感知器的代码实现 ···················· 128
习题 ·· 131
参考文献 ··· 132

第 4 章　深度学习 **139**
4.1　卷积神经网络 ·· 139
　　4.1.1　视觉神经生物学基础 ·································· 139
　　4.1.2　卷积 ·· 141

  4.1.3 池化 145
  4.1.4 卷积神经网络应用场景 147
 4.2 LeNet-5 网络 148
  4.2.1 LeNet-5 网络结构 149
  4.2.2 Keras 中 LeNet-5 网络的代码实现 150
  4.2.3 LeNet-5 网络应用场景 150
 4.3 AlexNet 网络 151
  4.3.1 AlexNet 网络结构 151
  4.3.2 Keras 中 AlexNet 网络的代码实现 153
  4.3.3 AlexNet 网络性质 153
  4.3.4 AlexNet 网络应用场景 154
 4.4 批量归一化 154
  4.4.1 内部协方差平移 155
  4.4.2 批量归一化算法和 Keras 中的代码实现 155
 4.5 残差网络 156
  4.5.1 残差学习 157
  4.5.2 残差网络结构 158
  4.5.3 Keras 中残差网络的代码实现 160
  4.5.4 残差网络应用场景 162
 4.6 语言模型与 Word2Vec 词向量 162
  4.6.1 自然语言处理概述 162
  4.6.2 语言模型 163
  4.6.3 Word2Vec 及 Keras 中的代码实现 163
 4.7 循环神经网络 168
  4.7.1 循环神经网络的生物学基础及发展史 168
  4.7.2 循环神经网络结构 170
  4.7.3 Keras 中循环神经网络的代码实现 171
  4.7.4 循环神经网络应用场景 172
  4.7.5 长短期记忆网络 173
  4.7.6 Keras 中长短期记忆网络的代码实现 174
  4.7.7 长短期记忆网络应用场景 175
习题 176
参考文献 177

第 5 章　大语言模型 ······ 180
5.1　Transformer 模型 ······ 180
5.1.1　Transformer 架构 ······ 180
5.1.2　注意力机制 ······ 182
5.1.3　Transformer 应用场景 ······ 184
5.2　BERT 模型 ······ 185
5.2.1　BERT 架构 ······ 185
5.2.2　BERT 预训练 ······ 187
5.2.3　BERT 微调 ······ 188
5.2.4　BERT 应用场景 ······ 189
5.3　GPT 模型 ······ 190
5.3.1　GPT 架构 ······ 190
5.3.2　GPT 预训练 ······ 190
5.3.3　GPT 微调 ······ 191
5.3.4　GPT 应用场景 ······ 193
5.4　GPT-2 模型 ······ 193
5.5　GPT-3 模型 ······ 194
5.5.1　GPT-3 架构 ······ 194
5.5.2　上下文学习 ······ 194
5.5.3　GPT-3 性能和应用场景 ······ 195
5.6　ChatGPT 模型 ······ 196
5.6.1　数据集 ······ 196
5.6.2　模型 ······ 197
5.6.3　ChatGPT 应用场景 ······ 198
习题 ······ 199
参考文献 ······ 200

第 6 章　案例分析 ······ 202
6.1　粮仓之基——中国粮食产量影响因素分析 ······ 202
6.1.1　背景介绍 ······ 202
6.1.2　数据与变量 ······ 203
6.1.3　描述性分析 ······ 204
6.1.4　回归建模 ······ 210
6.1.5　模型的评价 ······ 216
6.1.6　结论和建议 ······ 217

6.2 心灵守护者——心脏病数据分析 ……… 219
6.2.1 背景介绍 ……… 219
6.2.2 数据与变量 ……… 220
6.2.3 描述性分析 ……… 220
6.2.4 Logistic 回归 ……… 223
6.2.5 基于决策树的模型 ……… 226
6.2.6 多层感知器模型 ……… 229
6.2.7 结论和应用 ……… 231
6.3 智慧诊断——深度学习在阿尔茨海默病识别中的应用 ……… 233
6.3.1 背景介绍 ……… 233
6.3.2 数据介绍 ……… 233
6.3.3 ResNet-50 迁移模型 ……… 233
6.3.4 VGG-16 迁移模型 ……… 237
6.3.5 二分类 VGG-16 迁移模型 ……… 241
6.3.6 结论和展望 ……… 245
习题 ……… 245
参考文献 ……… 245

第 1 章

经典线性模型

机器学习是人工智能中发展最快的分支之一,是实现人工智能的一种核心技术."机器学习"这一术语最早由阿瑟·萨缪尔(Arthur Samuel)提出,萨缪尔将其定义为"不显式编程地赋予计算机能力的研究领域"[1].萨缪尔开发了一个能够自我改进的西洋跳棋程序,这是机器学习的早期经典案例.机器学习就是一种能够赋予机器自我学习的能力,并以此让它实现直接编程无法完成的功能的方法.假设用 P 来评估计算机程序在某任务类 T 上的性能,如果一个程序通过利用经验 E,在 T 中的任务上获得了性能改善,那么我们就说,关于 T 和 P,该程序对 E 进行了学习.从实践的意义来说,机器学习就是一种从数据中训练出统计模型,然后使用此模型进行预测的一种方法.

1.1 监督学习

传统机器学习需要利用专业知识人工提取数据特征进行建模,常见的机器学习方法有线性回归(Linear Regression,LR)、逻辑斯谛(Logistic)回归、决策树(Decision Tree,DT)、随机森林(Random Forest,RF)、支持向量机(Support Vector Machine,SVM)、k 近邻(k-Nearest Neighbors,kNN)、k 均值(k-means)等方法.深度学习是机器学习的子类,它通过深层神经网络自动提取数据特征进行端到端的学习.深度学习,特别是大模型技术近些年在计算机视觉、自然语言处理(Natural Language Processing,NLP)、语音识别等领域取得了突破性进展.

机器学习一般包括监督学习、无监督学习和强化学习.监督学习指从标注数据中学习预测模型的机器学习方法;无监督学习指从无标注数据中预测模型的机器学习方法;强化学习指智能体(agent)在与环境的连续互动中学习最优行为策略的机器学习方法.

本书主要讲述监督学习.监督学习的任务就是学习一个模型,并应用这一模型对给定的输入变量(输入特征)X预测一个输出变量(标签,目标值)Y,见图1-1.这个模型的一般形式为决策函数

$$Y=f(X)$$

或条件概率分布

$$P(Y|X).$$

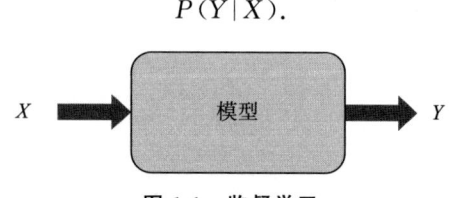

图1-1　监督学习

监督学习中,输入特征X可以是数值型、类别型等结构化数据,也可以是图像、文本、语音、视频等非结构化数据,或者是包含图像、文本等类型的多模态数据;输出变量可以是类别标签、连续变量、文本或图像等类型.监督学习的模型包括线性回归、Logistic回归等线性模型;决策树、随机森林、多层感知器(MultiLayer Perceptron,MLP)等机器学习模型;卷积神经网络(Convolutional Neural Network,CNN)、循环神经网络(Recurrent Neural Network,RNN)等深度学习模型;以及Transformer、Bert、GPT等人工智能(Artifical Intelligence,AI)大模型.选择合适的监督学习模型通常取决于数据的特性、问题的复杂性和具体应用场景.不同模型在性能、计算效率和可解释性上各有优劣,因此在实践中常常需要对不同模型进行比较和调优.

1.2　分类及应用场景

在监督学习中,当输出变量Y取有限个离散值时,预测问题称为分类问题,它是监督学习的一个核心问题,此时称分类决策函数为分类器.在分类问题中,输入特征X可以是向量或矩阵,也可以是非结构化数据,如一幅图像、一句话或一段文本.下面介绍一些分类问题的重要应用场景.

1.2.1　个人征信

个人征信是指依法设立的个人信用征信机构对个人信用信息进行采集和加工,并根据用户要求提供个人信用信息查询和评估服务的活动.

中国人民银行征信中心是最权威的征信机构.中国人民银行的征信数据主要来自金融机构、法院、政府等,权威性高,数据基本完整,主要用于资产评估、银行放

贷、信用卡额度等.中国人民银行征信报告包括基本信息、信贷记录、公共记录等内容.商业银行依据个人基本信息、职业与收入特征、信贷情况等特征预测客户未来是否会违约,或输出信用评分.

伴随着互联网金融的发展,大数据征信越来越得到人们的关注.有征信牌照的征信公司利用电商平台交易数据,互联网金融数据,社交网络数据,公安、工商、法院等机构提供的信息数据,用户自我提供的信用数据等进行信用评分与评级.这些数据涵盖了个人身份信息、信用卡还款、消费倾向、消费能力、消费周期、现金流、支付记录、水电缴费记录、公积金缴纳、理财、住宿、交通、保险、社交网络等信息.在互联网征信模型中,输出变量同样为客户违约状况,并可进一步转化为评分,而输入变量为来自互联网的数据[2].

互联网征信可以帮助企业进行反欺诈验证,查询客户的违约记录,并为信用高的客户提供更优惠的信贷条件.此外,征信还可应用在金融、租车、酒店、租房、婚恋、签证等多个领域,大大降低征信成本.全球征信业务已有200年的历史,而中国征信行业仅有20年的发展历程.目前,国内持有个人征信牌照的公司共有两家,已备案的企业征信机构154家.国内征信市场将形成以中国人民银行征信中心为主导、少量市场化征信机构为辅的格局.个人征信目前存在的主要问题有数据孤岛和隐私保护等问题.

1.2.2 个性化推荐

个性化推荐是根据用户的兴趣特点和购买行为,向用户推荐感兴趣的信息和商品.其主要应用场景包括商品推荐、歌曲推荐、新闻推荐、短视频推荐等.

在个性化推荐模型中,输入特征通常包括用户的兴趣偏好、属性(如用户识别码(ID)、年龄、性别、地理位置等)、产品属性(如产品ID、名称、品牌、价格等)、内容、分类、评分以及用户之间的社交关系等,往往有百万个特征.输出变量可以是用户的购买、点击、浏览、收藏、分享、点赞、评论等行为记录.个性化推荐可以帮助用户快速找到感兴趣的商品和内容,同时,对于平台来说,可以提高产品的使用转化,增加销售,并帮助产品快速传播.近年来,随着大数据和人工智能等技术的进步,个性化推荐产业迅速发展,已经在多个行业中广泛使用,尤其在电商、社交媒体、流媒体和在线广告等领域.推荐算法也已实现了从因子分解机(Factorization Machine, FM)、深度神经网络到推荐大模型的技术跃迁.然而,个性化推荐也存在信息狭窄、侵犯隐私、算法沉迷等问题.为解决这些问题,目前一些软件已上线"算法关闭键",允许用户在后台关闭个性化推荐功能,并设立"青少年模式",从而引导算法公平、公正、透明和可解释,保障用户的合法权益.

1.2.3 医学影像疾病诊断

医学影像是诊断疾病的重要手段,通常由专业医生读取医学图像进行疾病诊断。然而,医生判读医学影像存在一些不足:诊断的准确程度依赖医生的经验、阅片的效率,医生可能因过度疲劳导致误诊,或由于病灶太小而疏漏。通过 AI 辅助诊断可以有效解决这些问题。医学影像 AI 是指基于计算机视觉技术,通过充分挖掘海量多模态医学影像的原始像素和有效组学特征,学习和模拟影像医生的诊断思路,进行特征挖掘、重新组合和综合判断的复杂过程。

AI 通过读取大量经过专业医生标注的医学图像,比如 X 射线成像、超声图像、CT(Computed Tomography,计算机断层扫描)图像、PET(Position Emission Tomography,正电子发射断层扫描)图像、核磁共振图像、病理切片图像等,利用深度学习等算法对疾病做出诊断。在医学影像疾病诊断的算法中,输入特征为 X 射线成像、CT 等医学影像,输出变量为专业医生标注的疾病类型。医生最早利用计算机技术阅读 X 射线片的报道见于 20 世纪 60 年代。随着深度学习技术的发展和突破,AI 可以利用医学影像对乳腺癌、皮肤癌等恶性肿瘤,以及心脏病、糖尿病等慢性疾病进行分析和诊断。近年来,出现了多个专注医学领域的多模态大模型,医学影像疾病检测正在快速发展。

2020 年初,谷歌分享了一个 AI 诊断乳腺癌的模型[3]。除此之外,谷歌还建立了一个 AI 糖网筛查系统。现阶段,国内 AI 医疗影像领域中较为成熟的两个方向是 CT 影像识别和视网膜影像识别。目前国内 AI 医疗影像企业超过 100 家,产品涵盖肺结节、心脏病、眼科、神经系统和骨骼等领域。据预测,中国 AI 医学影像市场规模将从 2021 年的 8.2 亿元增长至 2027 年的近 230 亿元[4]。国内医学影像工作量大,医学影像医生缺口大且诊断效率低,服务模式急需创新。人工智能的应用能够大大改善医学影像效率低下的问题,但在实际应用过程中还是面临一定挑战,例如,数据获取及标注问题,缺乏行业标准,注册审批缺乏明确的指导原则,技术创新问题,AI 与临床需求的匹配问题,AI 系统的稳健性、可解释性和合理性等。除此之外,影像产品架构的实施、后续维护升级以及对医生的培训等都是 AI 满足临床需求的前提。就当下情况而言,AI 筛查仍离不开人工诊断。无论 AI 筛查的诊断准确率有多高,诊断结果的判定都不能离开人工核验,并且医生还需要对诊断结果给出进一步解释。此外,医院购买 AI 医学影像产品的收益仍不确定。

1.2.4 表面缺陷检测

表面缺陷检测是计算机视觉的重要内容,也是机器视觉检测的重要组成部分。它是利用机器视觉设备来判断采集的图像中是否存在缺陷的技术。

在表面缺陷检测中,输入变量是产品表面图像,输出变量是缺陷类别.在制造过程中,表面缺陷的产生往往是不可避免的.不同产品的表面缺陷有不同的定义和类型,通常指产品表面局部物理或化学性质不均匀的区域,如金属表面的划痕、斑点、孔洞,纸张表面的色差、压痕,以及玻璃等非金属表面的夹杂、破损、污点等.人工检测是产品表面缺陷的传统检测方法,该方法抽检率低、准确性不高、实时性差、效率低、劳动强度大,且受人工经验和主观因素的影响大.

目前,基于机器视觉的表面检测装备已经在印刷、食品工业、航空航天、生物医学工程、军事科技、智能交通、文字识别等多个工业领域得到了广泛应用,涉及钢板、玻璃、印刷品、电子产品、纺织品、零件、水果、木材、瓷砖、钢轨等多种行业和产品.表面缺陷检测技术的应用有助于提升产品质量,提高产品性能的稳定性和环境适应性.然而,基于机器视觉的表面缺陷检测存在的主要问题有:检测结果容易受到环境、光照、工艺和噪声等影响;缺陷种类差异大,检测的准确性有待进一步提高;企业进行生产线智能化改造的成本过高,限制了机器视觉产品的广泛应用;缺陷检测的应用场景非常碎片化,需要高度个性定制,而一对一模型的定制开发会导致落地成本和实施周期的增加;产业中还存在大量 AI 无法解决的细节场景,这些场景具有产业价值,但机器视觉无法作为单一技术实现突破,需要与摄像头、处理器、5G、云计算等行业所需要的综合技术与能力相融合.

1.2.5 情感分析

情感分析是指自动判定文本中观点持有者对某一话题所表现出的态度或情绪倾向性的过程、技术和方法.例如,对文本或句子的褒贬性做出判断.情感分析是自然语言处理领域的重要应用之一.其主要任务包括判断文本态度是积极的、消极的还是中立的,或者将文本态度分为 1 到 5 个档次.

在情感分析的算法中,输入特征为一个句子或一段文本,输出变量为文本态度.借助情感分析,可以进行物品的好坏分析、物品属性分析、网民舆情分析、金融走势分析等.我国拥有全球最多的互联网用户,社交媒体、在线评论等数据资源丰富,为情感分析提供了大量的应用机会和数据来源.在商品零售领域,通过对海量用户的评价进行情感分析,可以量化用户对产品及其竞品的褒贬程度,分析产品的优劣,从而提升和完善产品,增加用户满意度.在企业舆情分析方面,利用情感分析可以快速了解社会对企业的评价,监测品牌声誉情况,改进企业的产品和服务,更好地管理品牌形象,扭转负面情绪.在金融交易领域,分析交易者对于股票及其他金融衍生品的情感态度,可以为行情交易提供辅助依据.情感分析也面临一些挑战,主要包括多语言、多文化的复杂性,以及数据隐私与伦理问题等.

1.3 回归及应用场景

在监督学习中,当输出变量 Y 为连续变量时,预测问题称为回归问题.在回归问题中,输入变量 X 可以是结构化数据,也可以是图像、文本或其他非结构化数据.回归是监督学习的重要应用之一,下面介绍回归的重要应用场景.

1.3.1 房价预测

房价受到国家或地区限购、贷款等政策,国家或地区经济状况,市场供求关系等宏观因素的影响,以及教育资源,生活配套,交通,户型,楼层,装修,物业等微观因素的影响.

在房价预测模型中,输入变量可以是投资金额、GDP(Gross Domestic Product,国内生产总值)、CPI(Consumer Price Index,消费者物价指数)、人均可支配收入、人均占有住房面积、贷款利率等宏观因素,也可以是房产位置、教育资源等微观因素.输出变量可以是某一年某一地区新房或二手房的平均价格,也可以是某一年某一地区某套房产的单位面积房价[5].精确的房价预测有助于国家对市场房价走势进行宏观调控,防止房价过度波动,促进房地产市场的稳定健康发展.对企业而言,房价预测是企业战略规划的重要组成部分;对消费者而言,房价预测有助于个人经济的合理规划.

1.3.2 股票预测

股票预测指根据某支股票的历史交易数据、技术指标以及其他信息,预测其未来价格.

早期,人们仅使用股票历史数据、技术指标和经济走势等结构化数据进行股票价格预测.随着互联网金融和证券市场的发展,研究者开始探索金融新闻、社交软件上股民的评论等信息对股市价格的影响[6].在股票预测问题中,输入特征包括公司财务数据、股票的历史交易价格、每个交易日的移动平均线、异同移动平均线、布林带(Bollinger bands)等技术指标,还可以包括 GDP 增长率、通货膨胀率、利率等宏观经济数据,全球经济指数、市场波动率指数等外部环境特征,以及股市综合指数、股票相关新闻的情感分析等信息.输出变量为股票的未来交易价格.股票市场预测是金融界最热门、最有价值的研究领域之一,其分析成果可为投资者提供交易决策参考.

1.3.3 药物设计

药物设计是指依据与药物作用的靶标,即广义上的受体(如酶、受体、离子通道、转运体、脂蛋白、核酸、抗原、多糖等),寻找并设计合理的药物分子.

在药物设计中,先导化合物发现是药物设计中的关键一环.先导化合物的发现主要分为基于配体(药物)和基于靶标受体(蛋白质)两种方法.基于配体的药物设计认为,具有相同理化性质或结构的化合物应具有相同或相似的作用靶点和活性.因此,该方法依据已知活性化合物配体的结构及其活性信息,建立结构与药效关系的模型,以预测和评价新化合物的相关生物学活性.定量构效关系(Quantitative Structure-Activity Relationship, QSAR)是基于配体药物设计的主要方法之一.在配体药物设计中,输入变量是配体的化学结构描述符,分子描述符包括定量和定性两类.定量分子描述符包括疏水参数、电性参数、立体参数、几何参数、拓扑参数、理化性质参数以及纯粹的结构参数等,此外还包括分子场描述符和分子形状描述符等.定性分子描述符,通常称为分子指纹,即将分子的结构、性质、片段或子结构用某种编码来表示,常用的分子指纹包括扩展连通性指纹(Extended Connectivity Fingerprints, ECFP)、日光指纹(Daylight fingerprints)、MACCS 密钥(MACCS keys)等.目前,各种软件提供的分子描述符已经超过 5000 多种.配体药物设计的输出是药物生物活性,常见的药物生物活性参数包括半数有效量、半数有效浓度、半数抑菌浓度、半数致死量、最小抑菌浓度等.

基于药物靶标结构的药物设计需要首先获取药物靶标的结构.靶标蛋白结构的表征包括氨基酸序列(一级结构)、残基之间距离矩阵(二级结构)以及三维结构(三级结构、构象)等.随着结构生物学的发展,获得药物靶标三维空间结构的方法已日渐成熟.传统的流程为:获取药物靶标的三维结构→确定药物靶标三维结构中的活性位点→使用分子对接等方法进行先导化合物的虚拟筛选.分子对接是将已知三维结构数据库中的分子逐一放在靶标分子的活性位点处,通过不断优化受体化合物的位置、构象、分子内部可旋转键的二面角以及受体的氨基酸残基侧链和骨架,寻找受体小分子化合物与靶标大分子作用的最佳构象,并通过打分函数挑选出接近天然构象且与受体亲和力最佳的配体,同时预测其结合模式(pose)、结合亲和力(自由能).分子对接方法的输入是配体-靶标复合体的三维结构,输出是结合姿势、对接打分和自由能[7].基于分子对接的方法受限于已知的配体-靶标复合体的数量,因此一些机器学习方法直接根据靶标和药物的结构以及药物-靶标亲和力的数据,建立药物-靶标结合亲和力模型.实现端到端预测.模型中输入特征为靶标信息(包括氨基酸序列、距离矩阵、三维结构等)和药物信息(包括 SMILE、ECFP 分子指纹、分子图等),输出变量为药物-靶标亲和力(如解离常数、半抑制浓度等)[8].

新药研发面临投资大、周期长、风险高等难题.据《自然》(Nature)杂志数据显示,一款新药的研发成本平均约 26 亿美元,耗时约 10 年,成功率不到 10%[9].计算机辅助药物设计方法的实现,作为与实验技术互补的重要手段,减少了传统药物设计的时间和资源消耗,推动了药物研发的进程.近几年,深度学习技术在生物医药领域取得了重要进展.2020 年,谷歌 DeepMind 公司的戴米斯·哈萨比斯(Demis Hassabis)和约翰·江珀(John M. Jumper)推出了一款名为 AlphaFold2[10]的人工智能模型,成功从氨基酸序列预测蛋白质的三维结构.借助该模型,研究人员能够预测出已识别出的近两亿个蛋白质的结构.自这一突破以来,AlphaFold2 已被来自 190 多个国家的 200 多万人使用.2024 年,诺贝尔化学奖授予大卫·贝克(David Baker),戴米斯·哈萨比斯和约翰·江珀三位科学家,以表彰他们在计算蛋白质设计和蛋白质结构预测方面的贡献,见图 1-2.

图 1-2　2024 年诺贝尔化学奖获奖者(从左至右:贝克,哈萨比斯,江珀)

深度学习为 AI 制药带来了重大革新.深度学习技术的应用以及人工智能驱动的科学研究(AI for science)的新范式,有望大幅度提高新药研发中预测的准确性和效率.AI 技术在化合物合成和筛选方面比传统手段可节约 40%～50% 的时间,每年为药企节约 260 亿美元的化合物筛选成本;在临床研究方面可以节约 50%～60% 的时间,每年节约 280 亿美元的临床试验费用.AI 技术最终可以提高新药研发的投资回报率.目前,AI 制药已经成为计算生物学最主要的落地场景,是新药研发的必然趋势,其成果正在快速渗透到传统新药研发中.数据显示,从 2014 年到 2018 年,全球 AI 制药领域的投资额增长了 15 倍,仅 2021 年,药企公开的临床阶段产品就多达 11 个[11].据预测,在未来 4 年内,全球 AI 制药行业有望迎来两轮爆发式增长.到 2025 年和 2035 年,我国国内市场规模将分别达到 72 亿元人民币和 2040 亿元人民币[12].我国的 AI 制药行业目前处于崛起和成长阶段,制约其发展的主要障碍是数据孤岛问题,高质量数据正成为 AI 制药企业竞争的关键要素.此外,建立标准数据集和基准评测方法也将进一步促进新药设计的发展.

1.3.4　人脸关键点检测

人脸关键点检测是指检测人脸五官与轮廓的关键点及其位置,这些关键点包括人脸轮廓、眼睛、眉毛、嘴唇,以及鼻子等.关键点的位置能够反映各个部位的脸部特征.

随着技术的发展和对精度要求的增加,人脸关键点的数量从最初的5个点发展到如今的超过200个点.人脸关键点检测的输入特征是人脸图像,输出变量是人脸的关键点坐标.作为人脸识别和分析领域的关键步骤,人脸关键点检测是自动人脸识别、人脸美颜与编辑、表情分析、三维人脸重建及三维动画等相关技术的前提和突破口.人脸识别技术开始于20世纪60年代,其中人脸关键点检测等基础模块的发展为技术进一步奠定了基础.2014年是我国人脸识别技术的转折点,目前该项技术已经进入成熟期.与其他生物识别相比,人脸识别具有自然、非接触、方便易用的优势.目前,人脸识别技术主要应用在考勤门禁、安防监控以及金融领域.另外,人脸识别在物流、零售、智能手机、汽车、教育等领域也有广泛应用.近年来,我国人脸识别市场规模逐年增长,充分显示出巨大的商用价值.2023年,中国人脸识别市场规模约为85亿元,同比增长23.19%;2024年,这一规模突破100亿元[13].然而,人脸识别技术需要解决的难题是在不同场景、脸部遮挡或人脸图像质量较差的情况下,如何保证识别率.此外,隐私保护和安全性也是需要考虑的问题.

1.4 多元线性回归模型

以最小二乘法为主的线性回归[14]是最经典的回归模型.线性回归模型是随机效应模型、半参数模型、非参数模型等现代统计模型的基础.Logistic 回归、支持向量机、k 近邻、神经网络等机器学习方法都可以看作线性回归模型的推广.

1.4.1 多元线性回归模型概述

线性回归模型意味着输出变量 y 和输入变量 x 之间的关系可以用线性函数来描述.如果只考虑一个输入变量,模型的形式为

$$y = \beta_0 + \beta_1 x + \varepsilon, \tag{1-1}$$

称其为一元线性回归模型.如果有多个输入变量,线性回归模型的一般形式为

$$y = \beta_0 + \beta_1 x_1 + \beta_2 x_2 + \cdots + \beta_p x_p + \varepsilon, \tag{1-2}$$

称其为多元线性回归模型.一元线性回归模型是多元线性回归模型的特例.在多元线性回归模型中,y 是随机变量,称为因变量、被解释变量、响应变量或输出变量,是回归问题中的核心变量,处于被解释、被预测的地位.$x_1, x_2, \cdots, x_p$ 是非随机的、可以控制的变量,称为自变量、解释变量、回归变量、协变量或输入变量,起到解释和预测因变量的作用.ε 是随机误差,包含所有未被引入模型但对因变量有影响的因素,包括观测误差、模型设定的误差等偶然因素.

在线性回归模型中,$\beta_0, \beta_1, \cdots, \beta_p$ 是未知参数,β_0 称为回归常数,$\beta_1, \cdots, \beta_p$ 称

为回归系数.回归系数可以分析出自变量与因变量之间的相关性、相关关系的正负以及自变量对因变量的重要性.因此,对回归系数进行推断是回归分析的重要内容.如果自变量 x_i 是连续型数值变量,β_i 可以解释为:控制其他变量不变时,x_i 变化一个单位引起的因变量 y 平均变化的单位数.如果 $\beta_i>0$,控制其他变量不变时,x_i 与 y 为正的线性相关;如果 $\beta_i<0$,控制其他变量不变时,x_i 与 y 为负的线性相关;如果 $\beta_i=0$,控制其他变量不变时,x_i 与 y 不相关.如果自变量是分类型变量,需要进行数值化处理.以二分类变量为例,选择其中一组为基准对照组,对应的 x_i 的值为 0,另外一组为处理组,对应的 x_i 的值为 1.控制其他变量不变时,处理组因变量的均值比基准对照组因变量的均值多 β_i 个单位.

在实际问题中,确定因变量和自变量是建立回归模型首先需要解决的问题.因变量和自变量的确定需要深入了解领域知识和业务需求,同时还要考虑到数据的拥有程度.例如,在房价预测问题中,房价是研究的核心指标,处于被解释和预测的地位,因此某年某地区的平均房价可作为因变量 y.房地产价格与诸多经济因素有关,受到地区的经济状况、建筑成本、人均占有住房面积、国家政策等影响,因此可将地区投资金额、GDP、CPI、人均可支配收入、人均占有住房面积、贷款利率等作为自变量.对于同样一个问题,由于对问题有不同的经验和理解以及拥有的数据不同,因此对因变量和自变量有不同的选择.对于问题和业务理解得越深刻,掌握的领域知识越多,选择的指标就越能反映问题的本质,从而进行准确的预测和分析.

1.4.2 "均值回归"现象

"回归"是由英国著名生物学家和统计学家弗朗西斯·高尔顿(Francis Galton)在研究人类遗传问题时提出来的.为了研究父代与子代的身高关系,高尔顿和他的学生卡尔·皮尔逊(Karl Pearson)收集了 1078 对成年夫妇及其儿子的身高数据,分析发现父母的平均身高 y(单位:英寸,1 英寸=2.54 厘米)和儿子的身高 x(单位:英寸)之间的关系大致可以归结为

$$y=33.73+0.516x.$$

从上式可以发现,父母的平均身高每增加 1 英寸,儿子的平均身高增加约 0.5 英寸,反之亦然.身高较高的夫妇,其孩子身高也较高,也会高于均值,但是可能不如他们的父辈高;身高较矮的夫妇,其孩子身高也较矮,也会低于均值,但是可能比他们的父辈高.因此,人类身高的分布是相对稳定的,没有出现两极分化的趋势.高尔顿将这一现象称为"身高向平均数方向的回归".1855 年,高尔顿将上述结果发表在论文《遗传身高向平均数方向的回归》(*Regression Towards Mediocrity in Hereditary Stature*)[15]中,统计学上"回归"的概念第一次出现.

值得注意的是,回归现象不仅存在于身高遗传中,还广泛存在于生活、教育和商业等领域的方方面面.比如在体育比赛中,第一场表现优异的选手在第二场通常也会不错,但是可能会比第一场稍差一点;而第一场表现欠佳的选手在第二场的表现虽然仍可能低于平均水平,但是可能会比第一场提升一点,他们的表现会趋于其平时的平均水平,这是运动员竞技水平的自然波动所导致的回归现象.在教育领域中,学生的考试成绩可能会有波动.如果某次考试成绩异常高或异常低,通常在后续的考试中,成绩会趋于学生的平常水平.这是典型的"回归到均值"现象,表明成绩的极端值往往无法持续.只要两个变量之间的相关度不高,就会出现回归到平均值的情况,因为极端的表现往往是偶然因素所致,而在下一次或未来的观测中,这些表现通常会变得更接近正常或平均的水平.

"均值回归"现象提醒我们,在分析数据时要注意极端值的偶然性,不要过度依赖极端值进行预测或做决策.

1.4.3 回归与因果推断

1900年,皮尔逊在高尔顿"回归"概念的基础上,正式提出了皮尔逊相关系数[16].这是最常用的相关性度量方法,用于衡量两个变量之间的线性相关程度.皮尔逊相关系数的提出,使得"相关性"成为一个正式的统计学术语,并广泛应用于各种科学研究领域.

然而,相关关系不一定意味着因果关系.例如,有数据表明犯罪率和冰淇淋销量呈正相关,即冰淇淋销量上升,犯罪率也会上升.但是很明显,犯罪率和冰淇淋销量之间并非因果关系,它们都与一个共同的因素——气温有关.图1-3显示了气温、冰淇淋销量和犯罪率之间的因果关系.如图1-3所示,气温的上升引起犯罪率的增加,同时也引起冰淇淋销量的增加.因此,气温是犯罪率和冰淇淋销量之间的混杂因子.犯罪率和冰淇淋销量之间的相关性是由混杂因子(气温)引起的,它们之间的相关性是一种假相关,不是因果关系.

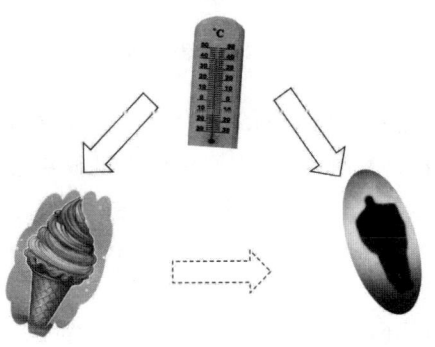

图1-3 因果图

因此要注意,线性回归模型是对自变量和因变量之间相关关系的刻画,相关关系不等同于因果关系,回归系数也不等同于因果效应.混杂因子的存在会影响对变量间因果关系的判断.为了识别变量间的因果关系,必须在回归模型中控制混杂因子的影响.如果忽略了关键因素,可能会出现辛普森悖论(Simpson paradox)[17].假设我们有一组数据,想研究运动量与胆固醇水平的关系.直观上,我们会认为运动量越大,胆固醇水平越低.然而,当我们不考虑年龄时,可能会得到与预期相反的结果,见图1-4.如果按年龄分组,我们发现在年轻组(30岁以下)中,运动量越大,胆固醇水平越低(负相关);在年长组(60岁以上)中,运动量越大,胆固醇水平也越低(负相关).单独看这两个年龄组,运动量与胆固醇水平的关系都符合预期,即运动量越大,胆固醇水平越低.当我们不分年龄,将所有数据进行整体回归分析时,结果可能会显示出运动量与胆固醇水平呈正相关,即运动量越大,胆固醇水平越高.这就是辛普森悖论在回归分析中的体现:分组回归结果和总体回归结果相反.产生辛普森悖论的原因是,年龄在这里是一个混杂变量.通常来说,年长者的胆固醇水平较高,而年轻人的胆固醇水平较低.同时,年长者可能比年轻人更重视健康,更经常锻炼.因此,整体数据可能显示出运动量较大的群体中胆固醇水平较高.

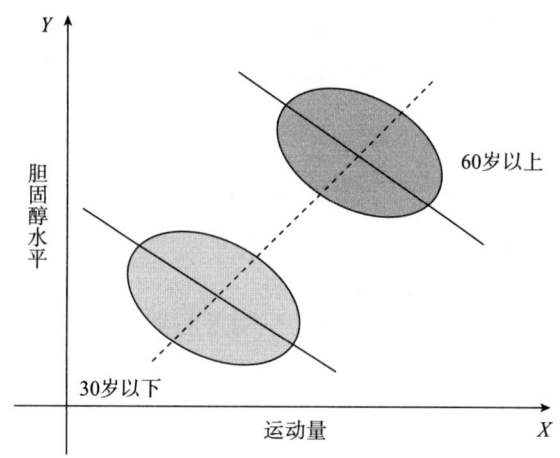

图1-4 运动量与胆固醇水平的关系

回归模型研究变量之间的相关性,但相关性只表明变量之间有关系,并不保证存在因果关系.要推断因果关系,需要进行更深入的研究和分析,特别是通过试验或控制混杂变量等方法来进行因果推断.常见的因果分析框架主要包括鲁宾(Rubin)的潜在结果模型(Rubin Causal Model,RCM)[18]和珀尔(Pearl)的结构因果模型(Structural Causal Model,SCM)[19].美国计算机科学家珀尔因"通过发展对概率论和因果推理的演算而对人工智能作出了根本性贡献",于2011年被授予图灵奖.

1.4.4 参数估计

对于一个实际问题,如果获得了 n 组观测数据 $(x_{i1},x_{i2},\cdots,x_{ip};y_i)$,$i=1,2,\cdots,n$,多元线性回归模型可表示为

$$y_i=\beta_0+\beta_1 x_{i1}+\beta_2 x_{i2}+\cdots+\beta_p x_{ip}+\varepsilon_i,$$

或写成矩阵形式

$$\boldsymbol{y}=\boldsymbol{X\beta}+\boldsymbol{\varepsilon}, \tag{1-3}$$

其中

$$\boldsymbol{y}=\begin{pmatrix}y_1\\y_2\\\vdots\\y_n\end{pmatrix},\quad \boldsymbol{X}=\begin{pmatrix}1&x_{11}&\cdots&x_{1p}\\1&x_{21}&\cdots&x_{2p}\\\vdots&\vdots&&\vdots\\1&x_{n1}&\cdots&x_{np}\end{pmatrix},\quad \boldsymbol{\beta}=\begin{pmatrix}\beta_0\\\beta_1\\\vdots\\\beta_p\end{pmatrix},\quad \boldsymbol{\varepsilon}=\begin{pmatrix}\varepsilon_1\\\varepsilon_2\\\vdots\\\varepsilon_n\end{pmatrix}.$$

(1-3)式中,$\boldsymbol{X}$ 称为回归设计矩阵或资料矩阵.

对于回归方程(1-3),通常假定

$$\mathrm{rank}(\boldsymbol{X})=p+1<n,\quad \boldsymbol{\varepsilon}\sim N(\boldsymbol{0},\sigma^2 \boldsymbol{I}_n).$$

在此假定下,容易得到

$$\boldsymbol{y}\sim N(\boldsymbol{X\beta},\sigma^2 \boldsymbol{I}_n).$$

建立了线性回归模型后,首先需要对回归系数进行估计,最小二乘估计是最经典的估计方法.

称满足

$$\begin{aligned}Q(\hat{\beta}_0,\hat{\beta}_1,\hat{\beta}_2,\cdots,\hat{\beta}_p)&=\sum_{i=1}^n(y_i-\hat{\beta}_0-\hat{\beta}_1 x_{i1}-\hat{\beta}_2 x_{i2}-\cdots-\hat{\beta}_p x_{ip})^2\\&=\min_{\beta_0,\beta_1,\beta_2,\cdots,\beta_p}\sum_{i=1}^n(y_i-\beta_0-\beta_1 x_{i1}-\beta_2 x_{i2}-\cdots-\beta_p x_{ip})^2\end{aligned} \tag{1-4}$$

的 $\hat{\beta}_0,\hat{\beta}_1,\hat{\beta}_2,\cdots,\hat{\beta}_p$ 为 $\beta_0,\beta_1,\beta_2,\cdots,\beta_p$ 的最小二乘估计.

记 $\hat{\boldsymbol{\beta}}=(\hat{\beta}_0,\hat{\beta}_1,\hat{\beta}_2,\cdots,\hat{\beta}_p)^\mathrm{T}$,有

$$Q(\hat{\boldsymbol{\beta}})=(\boldsymbol{y}-\boldsymbol{X\beta})^\mathrm{T}(\boldsymbol{y}-\boldsymbol{X\beta}).$$

根据求极值的原理,$\hat{\boldsymbol{\beta}}=(\hat{\beta}_0,\hat{\beta}_1,\hat{\beta}_2,\cdots,\hat{\beta}_p)^\mathrm{T}$ 应满足

$$\left.\frac{\mathrm{d}Q}{\mathrm{d}\boldsymbol{\beta}}\right|_{\boldsymbol{\beta}=\hat{\boldsymbol{\beta}}}=\boldsymbol{X}'(\boldsymbol{y}-\boldsymbol{X}\hat{\boldsymbol{\beta}})=\boldsymbol{0},$$

得到回归参数最小二乘估计为

$$\hat{\boldsymbol{\beta}} = (\boldsymbol{X}^\mathrm{T}\boldsymbol{X})^{-1}\boldsymbol{X}^\mathrm{T}\boldsymbol{y}. \tag{1-5}$$

在线性回归模型中,如果自变量的个数 p 很大,那么(1-5)式中 $(p+1)\times(p+1)$ 的矩阵 $\boldsymbol{X}^\mathrm{T}\boldsymbol{X}$ 的存储和求逆运算都会变得很麻烦,使用共轭梯度法(Conjugate Gradient,CG)可以克服这样的问题.给定一个正定矩阵 $\boldsymbol{A}$,如果两个向量 $\boldsymbol{u}$ 和 $\boldsymbol{v}$ 满足 $\boldsymbol{u}^\mathrm{T}\boldsymbol{A}\boldsymbol{v}=0$,则称 $\boldsymbol{u}$ 和 $\boldsymbol{v}$ 是关于 $\boldsymbol{A}$ 共轭的.一个 $m\times m$ 的正定矩阵,最多可以有 m 组相互共轭的向量.设 $\boldsymbol{p}_1,\boldsymbol{p}_2,\cdots,\boldsymbol{p}_m$ 是关于 $\boldsymbol{A}$ 两两相互共轭的向量,组成了 m 维向量空间里的一组基,那么向量空间里的任何一个元素就可以写成这组基的线性组合:

$$\boldsymbol{x} = \sum_{i=1}^{m}\alpha_i\boldsymbol{p}_i.$$

在回归模型中,回归参数是 $\boldsymbol{X}^\mathrm{T}\boldsymbol{X}\hat{\boldsymbol{\beta}}=\boldsymbol{X}^\mathrm{T}\boldsymbol{y}$ 的解.设 $\boldsymbol{A}=\boldsymbol{X}^\mathrm{T}\boldsymbol{X}, \boldsymbol{b}=\boldsymbol{X}^\mathrm{T}\boldsymbol{y}$,只要依次算出 $\boldsymbol{A}$ 的所有的共轭向量 $\boldsymbol{p}_i$ 和对应的系数 $\alpha_i=\dfrac{\boldsymbol{p}_i^\mathrm{T}\boldsymbol{b}}{\boldsymbol{p}_i^\mathrm{T}\boldsymbol{A}\boldsymbol{p}_i}$,就可以得出最小二乘估计 $\hat{\boldsymbol{\beta}}$.与梯度法和牛顿法相比,共轭梯度法收敛速度快,所需存储量小,效果好.

在高斯-马尔可夫(Gauss-Markov)条件 $E(\boldsymbol{y})=\boldsymbol{X}\boldsymbol{\beta}, D(\boldsymbol{y})=\sigma^2\boldsymbol{I}_n$ 下,最小二乘估计 $\hat{\beta}_i$ 是回归参数 β_i 的最小方差线性无偏估计(Best Linear Unbiased Estimator,BLUE).这说明最小二乘估计在高斯-马尔可夫条件下具备优良性,但同时也要看到最小二乘估计的优良性依赖于较强的数学假定:当自变量间存在较强的相关性或者数据中有异常值时,最小二乘估计的稳健性差.

得到最小二乘估计后,可以计算 $y_i(i=1,2,\cdots,n)$ 的回归值.称

$$\hat{y}_i = \hat{\beta}_0 + \hat{\beta}_1 x_{i1} + \hat{\beta}_2 x_{i2} + \cdots + \hat{\beta}_p x_{ip}$$

为观测值 y_i 的回归值或拟合值;称

$$e_i = y_i - \hat{y}_i$$

为 y_i 的残差.

对于线性回归模型中的另外一个参数误差方差 σ^2,可以使用最大似然估计.假设 $\boldsymbol{y}\sim N(\boldsymbol{X}\boldsymbol{\beta},\sigma^2\boldsymbol{I}_n)$,于是似然函数为

$$L(\boldsymbol{\beta},\sigma^2) = (2\pi)^{-n/2}(\sigma^2)^{-n/2}\exp\left(-\frac{1}{2\sigma^2}(\boldsymbol{y}-\boldsymbol{X}\boldsymbol{\beta})^\mathrm{T}(\boldsymbol{y}-\boldsymbol{X}\boldsymbol{\beta})\right). \tag{1-6}$$

取对数似然函数,得

$$\ln L(\boldsymbol{\beta},\sigma^2) = -\frac{n}{2}\ln(2\pi) - \frac{n}{2}\ln\sigma^2 - \frac{1}{2\sigma^2}(\boldsymbol{y}-\boldsymbol{X}\boldsymbol{\beta})^\mathrm{T}(\boldsymbol{y}-\boldsymbol{X}\boldsymbol{\beta}). \tag{1-7}$$

由(1-7)式易知,回归参数 $\boldsymbol{\beta}$ 的最大似然估计应满足

$$(\boldsymbol{y}-\boldsymbol{X}\boldsymbol{\beta})^\mathrm{T}(\boldsymbol{y}-\boldsymbol{X}\boldsymbol{\beta})$$

达到最小.因此,$\boldsymbol{\beta}$ 的最大似然估计与最小二乘估计相同,即

$$\hat{\boldsymbol{\beta}} = (\boldsymbol{X}^\mathrm{T}\boldsymbol{X})^{-1}\boldsymbol{X}^\mathrm{T}\boldsymbol{y}.$$

将 $\hat{\boldsymbol{\beta}}$ 代入对数似然函数(1-7)式,得到

$$\ln L(\hat{\boldsymbol{\beta}}, \sigma^2) = -\frac{n}{2}\ln(2\pi) - \frac{n}{2}\ln\sigma^2 - \frac{1}{2\sigma^2}SSE,$$

式中 $SSE = (\boldsymbol{y} - \boldsymbol{X}\hat{\boldsymbol{\beta}})^{\mathrm{T}}(\boldsymbol{y} - \boldsymbol{X}\hat{\boldsymbol{\beta}})$ 称为残差平方和. $\hat{\sigma}_L^2$ 应满足

$$\left.\frac{\mathrm{d}\ln L(\hat{\boldsymbol{\beta}}, \sigma^2)}{\mathrm{d}\sigma^2}\right|_{\sigma^2 = \hat{\sigma}_L^2} = -\frac{n}{2\hat{\sigma}_L^2} + \frac{1}{2(\hat{\sigma}_L^2)^2}SSE = 0.$$

解方程得到误差方差 σ^2 的最大似然估计为

$$\hat{\sigma}_L^2 = \frac{1}{n}SSE.$$

$\hat{\sigma}_L^2$ 是 σ^2 的有偏估计,容易证明,σ^2 的无偏估计为

$$\hat{\sigma}^2 = \frac{1}{n-p-1}SSE.$$

1.4.5 显著性检验

在实际问题的研究中,对于因变量 y 与自变量 $x_1, x_2, \cdots, x_p$ 是否为线性关系需要进行检验.下面介绍回归方程的显著性检验.假定 $\boldsymbol{y} \sim N(\boldsymbol{X\beta}, \sigma^2 \boldsymbol{I}_n)$,提出原假设

$$H_0: \beta_1 = \beta_2 = \cdots = \beta_p = 0.$$

首先对总离差进行平方和分解,即

$$\sum_{i=1}^{n}(y_i - \bar{y})^2 = \sum_{i=1}^{n}(\hat{y}_i - \bar{y})^2 + \sum_{i=1}^{n}(y_i - \hat{y}_i)^2. \tag{1-8}$$

记

$$SST = \sum_{i=1}^{n}(y_i - \bar{y})^2,$$

$$SSR = \sum_{i=1}^{n}(\hat{y}_i - \bar{y})^2,$$

$$SSE = \sum_{i=1}^{n}(y_i - \hat{y}_i)^2,$$

称 SST, SSR, SSE 分别为总平方和、回归平方和、残差平方和.(1-8)式可简写为

$$SST = SSR + SSE.$$

构造 F 检验统计量如下:

$$F = \frac{SSR/p}{SSE/(n-p-1)}. \tag{1-9}$$

原假设下,F 检验统计量服从自由度为 $(p, n-p-1)$ 的 F 分布.当 $F > F_\alpha(p, n-p-1)$

时,拒绝原假设 H_0,认为在显著性水平 α 下,y 与 $x_1,x_2,\cdots,x_p$ 有显著的线性关系,回归方程是显著的.需要注意的是,拒绝原假设并不意味着 y 与 $x_1,x_2,\cdots,x_p$ 的真实的回归关系就是线性关系,不排除遗漏了重要自变量的可能,也不排除回归函数中应该包含各因素间的交互作用的情况.是否应该选用线性回归模型,需要结合实际经验,并结合模型选择和评价的其他准则来进行判断.

另外,回归方程的显著性不意味着每个自变量 x_j 对 y 的作用显著,因此还需要对回归系数是否显著进行检验.为此提出原假设

$$H_{0j}:\beta_j=0,\quad j=1,2,\cdots,p.$$

记

$$(\boldsymbol{X}^{\mathrm{T}}\boldsymbol{X})^{-1}=(c_{ij}),\quad i,j=0,1,2,\cdots,p,$$

$$\hat{\sigma}=\sqrt{\frac{1}{n-p-1}SSE}=\sqrt{\frac{1}{n-p-1}\sum_{i=1}^{n}e_i^2},$$

其中 $\hat{\sigma}$ 是回归标准差.称

$$se(\hat{\beta}_j)=\sqrt{c_{jj}}\hat{\sigma}$$

为 $\hat{\beta}_j$ 的标准误差.构造 t 统计量:

$$t_j=\frac{\hat{\beta}_j}{se(\hat{\beta}_j)}. \tag{1-10}$$

当 $|t_j|>t_{\alpha/2}(n-1)$ 时,拒绝原假设,认为 β_j 显著不为 0.

F 检验作为严格的显著性检验,反映了回归拟合的效果,为了更清楚而直观地反映回归拟合的效果,还可以进行拟合优度检验.定义样本决定系数:

$$R^2=\frac{SSR}{SST}=\frac{\sum_{i=1}^{n}(\hat{y}_i-\bar{y})^2}{\sum_{i=1}^{n}(y_i-\bar{y})^2}. \tag{1-11}$$

样本决定系数 R^2 用于检验回归方程对样本观测值的拟合程度,其取值范围为 $[0,1]$.R^2 的值反映了因变量 y 的变异中可以由回归关系解释的比例.R^2 的值越接近于 1,y 的变异中可以由回归部分解释的比例越高,回归方程对样本观测值的拟合效果越好;R^2 的值越接近于 0,回归拟合的效果越差.

通常,R^2 越高越好,但并没有统一的评判标准.不同行业和应用场景对 R^2 的期望值存在显著差异.例如,在股票价格预测中,即使模型的 R^2 较低,只要其实际盈利能力良好,仍可视为有效模型.拟合优度并不是检验模型优劣的唯一标准,对模型的优劣评价要从模型的可解释性、稳定性、预测精度等多方面进行.另外,R^2 的大小与回归方程中自变量的个数及样本量有关.当样本量 n 与自变量个数 p 接近时,R^2 易接近 1,但是如果使用未参与拟合的新数据去测试模型的预测精度,则

效果较差,也就是说,模型出现了过拟合的问题.因此为了防止过拟合,可以使用交叉验证的方法对模型进行选择和评价.

1.4.6 回归诊断

建立线性回归方程并通过显著性检验之后,应该使用残差图对模型的基本假定进行检查,以便对模型进行修正.

残差 $e_i = y_i - \hat{y}_i$ 是 y 的观测值 y_i 与拟合值 $\hat{y}_i$ 的差,可以看作误差项 $\varepsilon_i = y_i - \hat{y}_i$ 的实现值,为了便于使用残差进行比较,可以引入标准化残差和学生化残差:

标准化残差:

$$ZRE_i = \frac{e_i}{\hat{\sigma}};$$

学生化残差:

$$SRE_i = \frac{e_i}{\hat{\sigma}\sqrt{1-h_{ii}}},$$

式中 h_{ii} 为帽子矩阵 $\boldsymbol{H} = \boldsymbol{X}(\boldsymbol{X}^\mathrm{T}\boldsymbol{X})^{-1}\boldsymbol{X}$ 的对角线元素. $|ZRE_i| > 3$ 或 $|SRE_i| > 3$ 的相应观测值为异常值.

以因变量拟合值 $\hat{y}$ 或 x 作为横轴,残差、标准化残差或学生化残差作为纵轴,将残差点画在直角坐标系上,就得到了残差图.如果残差图中所有残差在 $e=0$ 附近的一个带状区域内随机变化,表明回归模型满足基本假定,如图 1-5(a)所示.如果残差图是一个向左或向右开口的喇叭状,表明回归模型违背了误差项同方差的假设,如图 1-5(b)所示.如果残差图出现了非线性的趋势,表明模型中可能出现了遗漏重要自变量、误差项之间存在自相关,或者回归函数非线性等情况,如图 1-5(c)所示.如果残差图出现了蛛网现象,表明模型中误差项之间存在自相关,如图 1-5(d)所示.

在回归模型中,如果出现了违背基本假设的情况,需要进行修正.在实际问题中,异方差是一种常见的违背基本假设的情况,异方差是指

$$\mathrm{var}(\varepsilon_i) \neq \mathrm{var}(\varepsilon_j), \quad i \neq j.$$

引起异方差的原因很多,但相对于时间序列数据,当样本数据为横截面数据时,由于个体间或者组间差异更大,容易出现异方差性.比如,在研究城镇居民收入与消费额的关系时使用截面数据,设 x_i 表示第 i 户的收入, y_i 表示第 i 户的消费额.在此问题中,存在明显的异方差性.低收入家庭收入低,消费选择余地小,大都选择消费食品、衣着、居住、交通、通信等生活必需品,因此消费差异性小,消费额的方差小.高收入家庭的消费性支出差异性很大,除了吃穿住行等基本生活消费外,有的高收入家庭选择购买各种高档消费品,有的高收入家庭选择购买知识型服务(如教育)、发展型项目(如技能培训)等,由于消费需求弹性大,因此消费差异性大.异

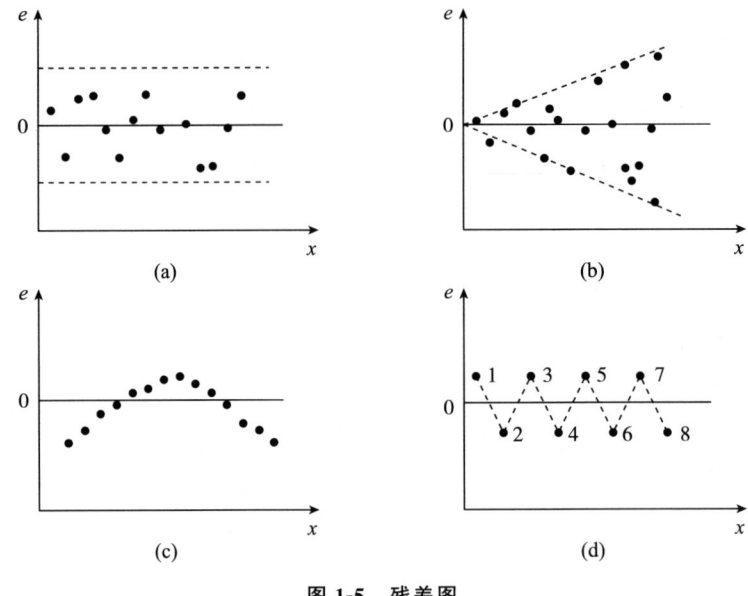

图 1-5 残差图

方差现象在实际问题中,特别是截面数据中是普遍存在的.

当回归问题中出现异方差现象时,最小二乘估计和回归系数的显著性检验失效,进而影响回归方程的应用效果.为了避免异方差导致的严重后果,需要使用残差图、散点图或严格的检验程序对异方差性进行检验.当发现模型中存在异方差问题时,需要对模型进行修正,加权最小二乘估计和方差稳定变换是常见的消除异方差的方法.

加权最小二乘的离差平方和为

$$Q_w = \sum_{i=1}^{n} w_i (y_i - \beta_0 - \beta_1 x_{i1} - \beta_2 x_{i2} - \cdots - \beta_p x_{ip})^2, \tag{1-12}$$

其中,w_i 为给定的第 i 个观测值的权.误差方差 σ_i^2 大的观测值给予较小的权数,误差方差 σ_i^2 小的观测值给予较大的权数,从而调整各项在平方和中的作用,消除异方差的影响.在实际应用中,可取 $w_i = 1/\sigma_i^2$.称满足 Q_w 最小的 $\hat{\boldsymbol{\beta}}_w = (\hat{\beta}_{0w}, \hat{\beta}_{1w}, \hat{\beta}_{2w}, \cdots, \hat{\beta}_{pw})^\mathrm{T}$ 为 $\boldsymbol{\beta}$ 的加权最小二乘估计.

记

$$\boldsymbol{W} = \begin{bmatrix} w_1 & & & \\ & w_2 & & \\ & & \ddots & \\ & & & w_n \end{bmatrix}.$$

不难证明,加权最小二乘估计 $\hat{\boldsymbol{\beta}}_w = (\hat{\beta}_{0w}, \hat{\beta}_{1w}, \hat{\beta}_{2w}, \cdots, \hat{\beta}_{pw})^T$ 可以表示为

$$\hat{\boldsymbol{\beta}}_w = (\boldsymbol{X}^T \boldsymbol{W} \boldsymbol{X})^{-1} \boldsymbol{X}^T \boldsymbol{W} \boldsymbol{y}. \tag{1-13}$$

加权最小二乘估计有时仅能部分解决异方差问题,不能完全消除异方差,方差稳定变换是另一种消除异方差的有效方法.方差稳定变换是指对因变量进行对数变换、倒数变换或者平方根变换等以消除异方差.其中,对因变量 y 进行对数变换,得到对数线性回归模型是解决异方差问题的有效方法.

在经济学中,经常对数据先取对数再进行回归.取对数可以缩小数据的绝对数值,方便计算.在一些实际问题中,使用对数回归模型比使用线性回归模型更合理.例如,在劳动经济学中研究教育回报率问题时,通常以工资对数为被解释变量,因为对数回归模型假设"每多接受一年教育,工资增长的百分数相同"比假设"每多接受一年教育,工资增长相同"更合理.另外,对数回归模型中的回归系数表示弹性或半弹性.弹性是经济学中的一个重要指标,衡量了一个变量的百分比变动会导致另一个变量百分比变动的程度;半弹性,即因变量取对数,自变量不取,则表示自变量变动一个单位引起因变量的百分比变化程度.对数回归模型不仅可以消除异方差,还可以修正非正态的问题.许多经济数据都是偏态分布,使用对数回归模型有利于解决异方差和非正态的问题.在实际问题中,应该选用线性回归模型还是对数线性回归模型,需要结合问题的实际背景,从多方面进行比较分析,从而选出最优的模型.

1.4.7 模型选择与评价

在建立回归模型时,首要问题是确定回归自变量.通常会根据所研究问题的目的,结合专业知识和理论,罗列出很多的候选自变量.然而,过多的自变量会导致数据采集成本增加、计算量增大、模型复杂度提高,且得到的回归方程的稳定性变差.如果变量中包含很多质量差和不太重要的自变量,那么回归方程的估计和预测精度会下降.这种现象可以用模型泛化误差的偏差-方差分解理论来理解.假设 y 是目标变量, x 是自变量,回归模型为 $y = f(x) + \varepsilon, \varepsilon \sim N(0, \sigma^2)$.若在数据集 D 上训练得到模型 $\hat{f}_D(x)$,则模型的泛化误差(即模型在未知新数据(测试数据)上的期望平方误差)可以写作:

$$E_D[(y - \hat{f}_D(x))^2] = [\text{Bias}(\hat{f}_D(x))]^2 + \text{Var}[\hat{f}_D(x)] + \sigma^2, \tag{1-14}$$

其中

$$[\text{Bias}(\hat{f}_D(x))]^2 = [E_D(\hat{f}_D(x)) - f(x)]^2,$$
$$\text{Var}[\hat{f}_D(x)] = E_D[(\hat{f}_D(x) - E_D(\hat{f}_D(x)))^2].$$

(1-14)式中,$[\text{Bias}(\hat{f}_D(x))]^2$ 表示偏差平方,衡量模型偏离真实函数的系统

误差,反映模型对数据的拟合能力;$\mathrm{Var}[\hat{f}_D(x)]$表示方差,度量模型的稳定性,反映模型对数据扰动的敏感性;σ^2表示不可约误差,指无法通过建模消除的误差,来自数据本身的随机性.模型的泛化误差、偏差、方差的关系如图1-6所示,可以看到,随着模型复杂度的增加,模型偏差平方降低,方差升高,泛化误差先降低后升高,其最优点出现在偏差和方差平衡处.如果模型过于简单,那么表达能力有限,就无法捕捉到训练数据的复杂模式,导致模型对真实目标函数的拟合能力不足,表现为偏差平方较高;同时,由于这类模型对数据波动不敏感,使得模型在不同数据集上的输出值波动较小,表现为方差相对较低.这种高偏差的特性导致模型在训练数据上误差大,在测试数据上泛化误差也大,从而出现"欠拟合"现象.反之,如果模型中自变量过多,模型过于复杂,那么模型表达能力很强,能够高度拟合训练数据的细节甚至噪声,使得模型偏差平方很低;同时,由于模型对训练数据高度敏感,导致模型在不同数据集上的输出值的波动较大,表现为方差较高.虽然低偏差使得模型在训练数据上表现优异,误差小,但是高方差带来不稳定性,导致模型在测试集上泛化能力差,泛化误差显著增大,从而出现"过拟合"现象.

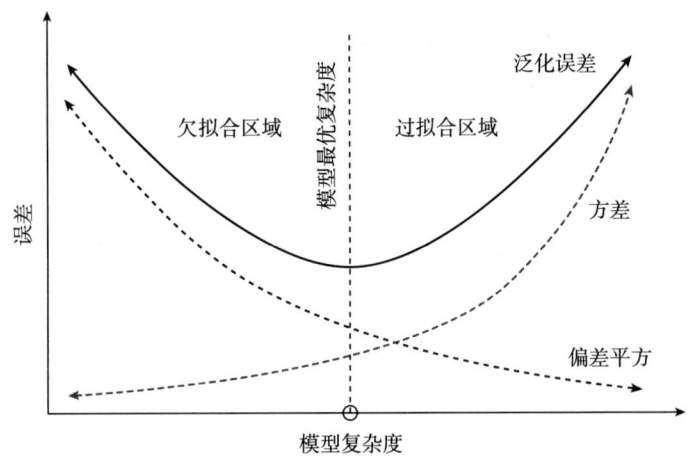

图1-6 偏差-方差分解

"欠拟合"和"过拟合"的情形说明不存在对于所有任务中都能够达到低偏差、低方差、高泛化性能的最优模型,这一结论印证了没有免费午餐定理(No Free Lunch Theorem)的核心思想.在建模过程中,需要综合考虑偏差和方差,平衡复杂性与泛化能力,选择合适复杂度的模型,避免过度建模.对于线性回归模型,自变量选择本质上是模型选择问题,为了保证模型的简洁和稳健,自变量的选择非常重要.自变量选择的总原则是少而精,即保留那些对因变量有重要影响的自变量.应该看到,变量选择准则不同,最优变量子集也会不同.对于有p个自变量的回归建模问题,下面介绍几种常见的变量选择准则.

准则 1 自由度调整复决定系数达到最大.

定义自由度调整复决定系数为

$$R_a^2 = 1 - \frac{SSE/(n-p-1)}{SST/(n-1)} = 1 - \frac{\sum_{i=1}^{n}(\hat{y}_i - y_i)^2/(n-p-1)}{\sum_{i=1}^{n}(y_i - \bar{y})^2/(n-1)}, \quad (1\text{-}15)$$

其中, n 为样本量, p 为回归模型中自变量的个数. 自由度调整复决定系数越大,方程和数据拟合得越好, R_a^2 达到最大的回归方程为最优.

准则 2 赤池信息量准则.

日本统计学家赤池弘次(Akaike Hirotsugu)于 1974 年基于信息论中的库尔贝克-莱布勒(Kullback-Leibler)信息量提出赤池信息量准则(Akaike Information Criterion,AIC)[20]. 对一般情况,模型的似然函数记为 $L(\boldsymbol{\theta},\boldsymbol{x})$,定义赤池信息量准则的表达式为

$$AIC = -2\ln L(\hat{\boldsymbol{\theta}}_L, \boldsymbol{x}) + 2p, \quad (1\text{-}16)$$

其中, $\hat{\boldsymbol{\theta}}_L$ 是 $\boldsymbol{\theta}$ 的最大似然估计, p 是模型中未知参数的个数. (1-16)式中,第一项表示模型拟合的优良性,其值越小越好;第二项表示对模型中参数个数的惩罚,赤池信息量准则的表达式体现了模型选择中拟合优度和复杂度的一种平衡,使赤池信息量准则值达到最小的模型被认为是最优模型.

在线性回归模型中,假设 $\boldsymbol{\varepsilon} \sim N(\boldsymbol{0}, \sigma^2 \boldsymbol{I}_n)$,回归参数和误差方差的最大似然估计分别为

$$\hat{\boldsymbol{\beta}} = (\boldsymbol{X}^T \boldsymbol{X})^{-1} \boldsymbol{X}^T \boldsymbol{y}, \quad \hat{\sigma}_L^2 = \frac{1}{n} SSE.$$

将上述最大似然估计代入(1-16)式,并忽略与 p 无关的常数得到赤池信息量准则表达式为

$$AIC = n\ln(SSE) + 2p. \quad (1\text{-}17)$$

准则 3 贝叶斯信息准则.

在使用赤池信息量准则进行模型选择时,存在选择过多自变量的倾向,容易导致过拟合. 为了防止过拟合,需要加大对模型复杂度的惩罚力度. 贝叶斯信息准则(Bayesian Information Criterion,BIC)根据贝叶斯方法加强了对模型中自变量个数的惩罚. 在正态线性回归模型中,定义贝叶斯信息准则的表达式为

$$BIC = n\ln(SSE) + p\ln n. \quad (1\text{-}18)$$

贝叶斯信息准则值达到最小的模型被认为是最优模型. 贝叶斯信息准则对模型中自变量个数的惩罚项考虑了样本数量,样本数量越多,惩罚项的系数越大,从而防止样本数量过多时造成模型复杂度过高的问题. 与赤池信息量准则相比,贝叶

斯信息准则在数据量较大时对模型中自变量个数的惩罚更多,因此贝叶斯信息准则在选择自变量进入模型时更加谨慎,倾向于选择自变量更少的简单模型.

准则 4 C_p 统计量最小.

1964 年马勒斯(Mallows)从预测的角度提出一个可以用来选择自变量的统计量——C_p 统计量[21]. C_p 统计量考虑用包含 p 个自变量的选模型做回归预测,从预测误差最小的角度构造出了 C_p 统计量定义为

$$C_p = \frac{SSE_p}{\hat{\sigma}^2} - n + 2p, \tag{1-19}$$

其中,SSE_p 是选模型下的残差平方和,$\hat{\sigma}^2$ 是包含全部自变量的全模型中 σ^2 的无偏估计.

当自变量个数过多时,求出一切可能的回归方程进行比较是非常困难的,因此,人们提出了一些逐步回归的方法,主要包括前进法、后退法和逐步回归法.下面介绍依据赤池信息量准则的逐步回归方法.

前进法的思想是每次增加一个变量,直到无法继续引入为止.首先,用全部 p 个自变量分别建立 p 个一元线性回归方程,然后从这 p 个方程中选赤池信息量准则值最小的方程.不妨设将 x_1 引入时,回归方程对应的赤池信息量准则值最小,将最小值记为 AIC_1,于是将 x_1 选入.接着,将剩下的 $p-1$ 个自变量分别作为新变量引入包含 x_1 的回归方程,重新建立二元回归方程,计算每个回归方程的赤池信息量准则值.不妨设将 x_2 引入时,方程对应的赤池信息量准则值最小,将最小值记为 AIC_2,并且 $AIC_2 < AIC_1$,于是将 x_2 选入.继续进行下去,直到引入新变量得到的新回归方程的赤池信息量准则值无法更小,由此得到了最终的回归方程.

后退法的思想是变量由多到少,每次删除一个变量,直到无法继续删除为止.首先,用全部 p 个自变量建立一个线性回归方程,然后从这 p 个变量中依次剔除每一个自变量,计算剔除变量后回归方程的赤池信息量准则值,选择赤池信息量准则值最小的方程.不妨设将 x_1 剔除时,回归方程对应的赤池信息量准则值最小,将最小值记为 AIC_1,于是将 x_1 剔除.接着,将剩下的 $p-1$ 个自变量分别从方程中剔除,计算剔除后的回归方程的赤池信息量准则值,选择赤池信息量准则值最小的方程.不妨设将 x_2 剔除时,回归方程对应的赤池信息量准则值最小,将最小值记为 AIC_2,并且 $AIC_2 < AIC_1$,于是将 x_2 剔除.继续进行下去,直到剔除变量得到的新回归方程的赤池信息量准则值无法更小,由此得到了最终的回归方程.

逐步回归方法的思想是有进有出.首先,给定一个包含 m 个自变量的初始模型,计算初始模型的赤池信息量准则值.接着,将 m 个自变量分别从初始模型中剔除,或添加其余 $p-m$ 个自变量中的任一变量,计算剔除或增加变量后的新回归方程的赤池信息量准则值,选择赤池信息量准则值最小的方程,直到增加新变量或剔除原

有变量都无法减小回归方程的赤池信息量准则值,于是得到最终的回归方程.

除了上述评估准则外,模型评估还应考虑如下方面.

(1) 模型的可解释性:根据问题的实际背景和专业知识,评估进入回归方程中的变量是否合理、回归系数的符号和大小是否合理等.

(2) 模型的实用性:评估回归方程中的变量是否可观察,数据是否保护隐私,数据使用是否合法,数据是否真实可靠,数据收集的成本是否可承担,模型的可迁移性,以及模型是否在实际应用中创造了价值等.

(3) 模型的充分性:评估模型的基本假设是否成立,检查残差图是否正常,回归诊断结果是否令人满意,模型中是否存有异常值或强影响点(对最小二乘估计有重要影响的点),以及自变量之间是否存在多重共线性等.

(4) 预测的准确性:为了评估预测的准确性,一般将数据分为训练集、验证集和测试集.其中,训练集用来训练模型,验证集用来选择模型和调参,而测试集则用来检验最终选择的最优模型的泛化性能(模型对未知数据的预测能力).一个常见的划分比例是训练集占总样本的 60%,而其他各占 20%,三部分都是从样本中随机抽取.但是,当样本总量较少时,上面的划分就不合适了,常用的做法是留少部分做测试集,然后对其余 n 个样本采用 k 折交叉验证法(k-fold cross validation),具体方法为:将样本随机均匀分成 k 份,轮流选择其中 $k-1$ 份训练,剩余的 1 份做验证,计算预测误差,最后选择 k 次预测误差平均值最小的模型作为最优模型.如果 k 取 n,就是留一法(leave one out).

对于回归问题的预测误差,常用的评估指标为

均方误差(MSE): $MSE = \dfrac{\sum\limits_{i=1}^{n}(\hat{y}_i - y_i)^2}{n}$.

均方根误差(RMSE): $RMSE = \sqrt{\dfrac{\sum\limits_{i=1}^{n}(\hat{y}_i - y_i)^2}{n}}$.

平均绝对误差(MAE): $MAE = \sqrt{\dfrac{\sum\limits_{i=1}^{n}|\hat{y}_i - y_i|}{n}}$.

决定系数: $R^2 = 1 - \dfrac{SSE}{SST} = 1 - \dfrac{\sum\limits_{i=1}^{n}(\hat{y}_i - y_i)^2}{\sum\limits_{i=1}^{n}(y_i - \bar{y})^2}$.

在上面的计算公式中,n 表示测试集中的样本量,y_i 表示测试集中第 i 个样本的真实值,$\hat{y}_i$ 表示测试集中第 i 个样本的预测值.

1.4.8 Python 中线性回归的代码实现

Python 中多元线性回归可以使用 Sklearn 学习库中的 LinearRegression 实现,具体用法为如下:

```
from sklearn.linear_model import LinearRegression
lr = LinearRegression( * , fit_intercept=True, copy_X=True, n_jobs=None, positive=False)
```

LinearRegression 中各参数说明:
$fit\_intercept$:是否在模型中添加截距. 默认$=True$
$copy\_X$:是否复制 X. 默认$=True$
n_jobs:CPU 数量.
  当 $positive$ 设置为 $True$ 时,n_jobs 为并行任务指定 CPU 的核数
  n_jobs 设置为 $None$ 时使用的 CPU 为 1
  设置为 -1 则使用所有可用的 CPU
  默认$=None$
$positive$:是否设置系数为正. 默认$=False$

LinearRegression 返回值:
$coef\_$:线性模型的回归系数
$rank\_$:X 的秩
$singular\_$:X 的奇异值
$intercept\_$:线性模型的截距
$n\_features\_in\_$:特征数量
$feature\_names\_in\_$:特征的名字

此外,多元线性回归也可以利用 Statsmodels 库中的 OLS(Ordinary Least Squares,普通最小二乘法)完成.

1.4.9 线性回归模型应用场景

线性回归作为一种基础的回归模型,广泛应用于多个领域.例如,它可用于收入与消费关系分析、股票价格预测、房价预测、风险管理与信用评分、广告投入与销售额关系分析、教育成果预测、社会经济因素分析、污染物与空气质量分析等场景.

线性回归的简单性和可解释性,使其成为处理连续变量预测问题的常用工具.

1.5 正则化线性回归模型

正则化回归方法通过在回归模型中加入惩罚项防止过拟合.

1.5.1 正则化回归方法简介

在很多现实任务中,线性回归模型中自变量的个数 p 往往很多,而样本数量 n 却很小.例如在研究基因表达水平与疾病(如癌症)的关系时,可能涉及成千上万个基因(变量),但实际病患样本数量可能非常有限.这时变量之间容易高度相关,造成多重共线性.使用最小二乘估计时,很容易造成过拟合,即最小二乘回归在训练集上表现良好,但是在测试集和新数据上表现很差.因此为了消除多重共线性、缓解过拟合问题,并提高模型在高维数据和小样本场景下的泛化能力,需要在(1-4)式中引入正则化项.岭回归(ridge regression)[22]、最小绝对收缩与选择算子(Least Absolute Shrinkage and Selection Operator,Lasso)回归[23]和最小角回归(Least Angle Regression,LARS)[24]都是常见的正则化回归方法.

1.5.2 岭回归

若使用 L_2 范数正则化,则有

$$Q(\hat{\boldsymbol{\beta}}_{\text{ridge}}) = \min_{\boldsymbol{\beta}} \left\{ \sum_{i=1}^{n} \left(y_i - \beta_0 - \sum_{j=1}^{p} \beta_j x_{ij} \right)^2 + k \sum_{j=1}^{p} \beta_j^2 \right\}. \qquad (1\text{-}20)$$

(1-20)式等价于

$$Q(\hat{\boldsymbol{\beta}}_{\text{ridge}}) = \min_{\boldsymbol{\beta}} \left\{ \sum_{i=1}^{n} \left(y_i - \beta_0 - \sum_{j=1}^{p} \beta_j x_{ij} \right)^2 \right\}, \quad \hat{\boldsymbol{\beta}}_{\text{ridge}} \text{ 满足条件} \sum_{j=1}^{p} \beta_j^2 \leqslant t.$$

$$(1\text{-}21)$$

求解可得

$$\hat{\boldsymbol{\beta}}_{\text{ridge}} = (\boldsymbol{X}^{\text{T}} \boldsymbol{X} + k \boldsymbol{I})^{-1} \boldsymbol{X}^{\text{T}} \boldsymbol{Y}.$$

$\hat{\boldsymbol{\beta}}_{\text{ridge}}$ 称为 $\boldsymbol{\beta}$ 的岭回归估计,k 称为岭参数(L_2 正则化参数).当岭参数 k 在$(0,\infty)$内变化时,$\hat{\beta}_{\text{ridge},j}(k)$ 是 k 的函数.在平面直角坐标系中,将函数 $\hat{\beta}_{\text{ridge},j}(k)$ 描绘出来,画出的曲线称为岭迹,见图 1-7.在实际应用中,可以根据岭迹图来确定岭参数.选择岭参数的一般原则包括:

(1) 各回归系数的岭回归估计基本稳定;
(2) 岭回归估计的符号和大小合理;
(3) 残差平方和不要太大.

如图 1-7 所示,当 $k=k_0$ 时,各回归系数的岭回归估计基本稳定,因此可以选

择岭参数 $k=k_0$。除使用岭迹图确定岭参数外,还可以采用赫尔-肯纳德-鲍德温(Hoerl-Kennard-Baldwin,HKB)公式、劳利斯-王(Lawless-Wang,L-W)公式和广义交叉验证法(Generalized Cross-Validation,GCV)等方法来估计岭参数。

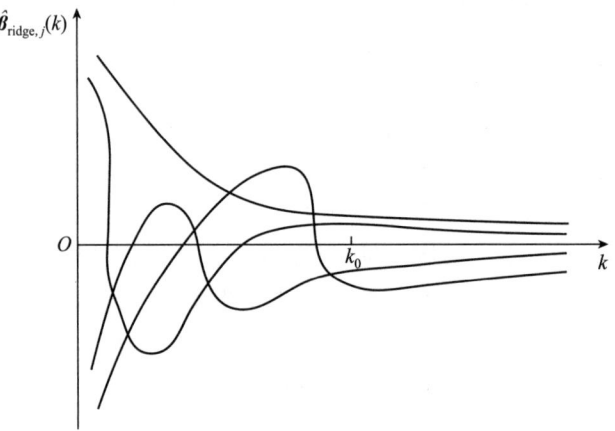

图 1-7 岭迹图

岭回归估计是一种有偏压缩估计,是对最小二乘估计的改进,可以有效改善多重共线性问题,并降低过拟合的风险。但是岭回归估计无法将回归系数直接压缩为 0,因此岭回归无法自动进行变量选择。

1.5.3 Lasso 回归

Lasso 回归于 1996 年由罗伯特·蒂布希拉尼(Robert Tibshirani)首次提出。与岭回归不同,Lasso 回归在线性回归模型的损失函数中使用 L_1 正则化。

若使用 L_1 范数正则化,则有

$$Q(\hat{\boldsymbol{\beta}}_{\text{lasso}}) = \min_{\boldsymbol{\beta}}\left\{\sum_{i=1}^{n}\left(y_i - \beta_0 - \sum_{j=1}^{p}\beta_j x_{ij}\right)^2 + \lambda\sum_{j=1}^{p}|\beta_j|\right\}. \qquad (1\text{-}22)$$

(1-22)式等价于

$$Q(\hat{\boldsymbol{\beta}}_{\text{lasso}}) = \min_{\boldsymbol{\beta}}\left\{\sum_{i=1}^{n}\left(y_i - \beta_0 - \sum_{j=1}^{p}\beta_j x_{ij}\right)^2\right\}, \quad \hat{\boldsymbol{\beta}}_{\text{lasso}} \text{ 满足条件} \sum_{j=1}^{p}|\beta_j| \leqslant t,$$

$$(1\text{-}23)$$

其中参数 $\lambda>0$ 为 L_1 正则化参数。岭回归和 Lasso 回归都有利于降低过拟合风险,但是 Lasso 回归比岭回归更容易获得稀疏解,也就是 Lasso 估计会有更少的非零分量。考虑只有两个变量的例子,假设待估计的系数为 β_1 和 β_2,图 1-8 中的椭圆表示 β_1 和 β_2 取不同值时误差平方和的等值线,椭圆的半径随着误差平方和的增大而增大。$\hat{\boldsymbol{\beta}}$ 为最小二乘估计,它是使得误差平方和最小的点。图中的正方形和圆形分

别表示 L_1 范数和 L_2 范数的等值线.岭回归估计出现在圆形与椭圆的相切点处,由于切点常出现在某个象限内,因此回归系数的岭回归估计通常不为 0.与岭回归估计不同,Lasso 回归估计出现在正方形与椭圆的相切点处,由于切点常出现在坐标轴上,因此回归系数的 Lasso 回归估计常常为 0.由于采用 L_1 范数比 L_2 范数更容易得到稀疏解,从而 Lasso 回归能够实现变量选择和模型简化.

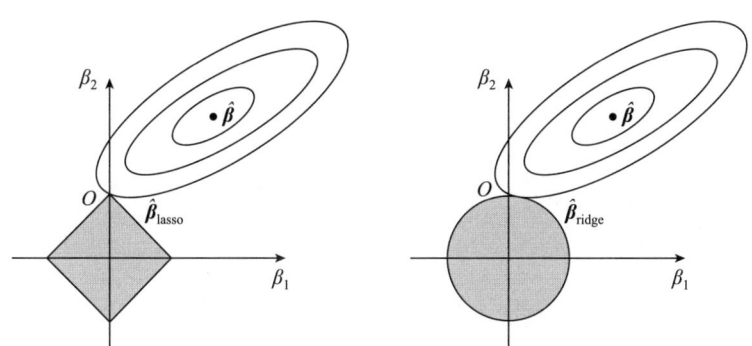

图 1-8 Lasso 估计与岭估计的示意图

1.5.4 LARS

LARS 是一种快速高效求解 Lasso 回归模型的算法,由布拉德利·埃夫隆(Bradley Efron)、特雷弗·哈斯蒂(Trevor Hastie)、伊恩·约翰斯通(Iain Johnstone)和罗伯特·蒂布希拉尼共同开发完成.类似逐步回归,LARS 首先找出和因变量相关度最高的那个变量,然后沿着最小二乘估计的方向逐步调整系数.在这个过程中,所选变量和残差的相关系数会逐渐减小,直到另一个变量和新残差的相关性等于所选变量和新残差之间的相关性.这时选入新的变量,然后重新沿着最小二乘估计的方向进行变动.而到最后,所有变量都被选中,LARS 的估计结果就和最小二乘估计相同了.

对于只有两个自变量 x_1 和 x_2(已经标准化)的情形,$\boldsymbol{X}=(x_1,x_2)$,记 $\hat{\boldsymbol{\mu}}$ 是当前的回归估计,$\hat{\boldsymbol{y}}$ 是 $\boldsymbol{y}$ 向 x_1 和 x_2 张成空间的投影,$c(\hat{\boldsymbol{\mu}})$ 为当前相关向量,则

$$c(\hat{\boldsymbol{\mu}})=\boldsymbol{X}^{\mathrm{T}}(\boldsymbol{y}-\hat{\boldsymbol{\mu}})=\boldsymbol{X}^{\mathrm{T}}(\hat{\boldsymbol{y}}-\hat{\boldsymbol{\mu}}).$$

令 $\hat{\boldsymbol{\mu}}_0=\boldsymbol{0}$,由于 $\hat{\boldsymbol{y}}_2-\hat{\boldsymbol{\mu}}_0$ 与 x_1 的夹角比 $\hat{\boldsymbol{y}}_2-\hat{\boldsymbol{\mu}}_0$ 与 x_2 的夹角更小,即

$$c_1(\hat{\boldsymbol{\mu}}_0)>c_2(\hat{\boldsymbol{\mu}}_0).$$

所以回归估计沿着 x_1 的方向移动,有

$$\hat{\boldsymbol{\mu}}_1=\hat{\boldsymbol{\mu}}_0+\hat{\gamma}_1 x_1,$$

其中 $\hat{\gamma}_1$ 满足残差 $\hat{\boldsymbol{y}}-\hat{\boldsymbol{\mu}}_1$ 和 x_1 的相关性等于 $\hat{\boldsymbol{y}}-\hat{\boldsymbol{\mu}}_1$ 和 x_2 的相关性,也就是残差 $\hat{\boldsymbol{y}}-$

$\hat{\boldsymbol{\mu}}_1$ 平分 x_1 和 x_2 的夹角。下一步回归估计沿着 x_1 和 x_2 角平分线的方向移动，有

$$\hat{\boldsymbol{\mu}}_2 = \hat{\boldsymbol{\mu}}_1 + \hat{\gamma}_2 \boldsymbol{u}_2,$$

其中 $\boldsymbol{u}_2$ 是角平分线的单位向量，$\hat{\gamma}_2$ 满足 $\hat{\boldsymbol{\mu}}_2 = \hat{\boldsymbol{y}}$，如图 1-9 所示。

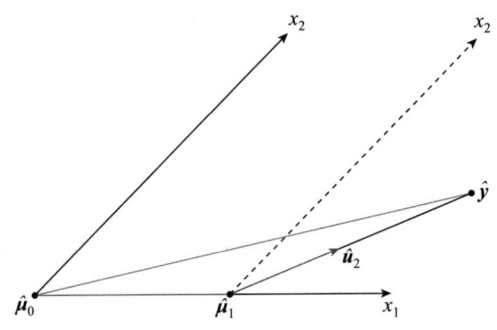

图 1-9　只有两个自变量的 LARS 算法

类似两个自变量的情形，LARS 算法在每次加入新变量后，都是沿着与原有变量等角的方向继续调整系数，即最小角方向，直到下一个变量进入，所以称为最小角回归。

LARS 的步骤如下：

(1) 对自变量进行标准化，初始的所有系数都设为 0。

(2) 找出和残差 r 相关度最高的变量 x_j。

(3) 将 x_j 的系数 $\hat{\beta}_j$ 从 0 开始，沿着只有一个变量 x_j 的最小二乘估计的方向调整，直到某个新的变量 x_k 与残差 r 的相关性等于 x_j 与残差 r 的相关性。

(4) 将 x_j 和 x_k 的系数 $\hat{\beta}_j$ 和 $\hat{\beta}_k$ 一起沿着加入了新变量 x_k 的最小二乘估计的方向调整，直到有新的变量被选入。

(5) 重复以上步骤，直到所有变量被选入，最后得到的估计结果就是普通的最小二乘估计。

1.5.5　Python 中岭回归的代码实现

Python 中岭回归可以使用 Sklearn 学习库中的 Ridge 实现，具体用法如下：

```
from sklearn.linear_model import Ridge
ridge = Ridge(alpha = 1.0, *, fit_intercept = True, copy_X =
    True, max_iter = None, tol = 0.0001, solver =
    'auto', positive = False, random_state = None)
```

Ridge 中各参数说明：

$alpha$：正则化参数. 默认＝1.0

$fit\_intercept$：是否计算模型中的截距. 默认＝$True$

$copy\_X$：是否复制 X. 默认＝$True$

max_iter：共轭梯度下降的最大迭代次数. 默认＝500

tol：解的精确度. 默认＝1e－4

$solver$：求解最优化的算法.

  设置为$'auto'$ 自动选择算法

  设置为$'svd'$ 使用 X 的奇异值分解

  设置为$'cholesky'$ 使用 $cholesky$ 分解

  设置为$'sparse\_cg'$ 使用梯度下降法

  设置为$'lsqr'$ 使用正则化最小二乘法

  设置为$'sag'$ 使用随机平均梯度下降算法

  设置为$'saga'$ 使用随机平均梯度下降的改进算法

  设置为$'lbfgs'$ 使用 L-BFGS-B 算法（仅 $positive＝True$ 时适用）

  默认＝$auto$

$positive$：系数是否为正. 默认＝$False$

$random\_state$：随机数种子.

  设置为 $solver＝'sag'$ 或$'saga'$ 时混洗数据

  设置为整数指定随机数生成器的种子

  设置为 $RandomState$ 实例指定随机数生成器

  设置为$'None'$ 时，使用默认随机数生成器

  默认＝$None$

Ridge 返回值：

$coef\_$：岭回归的系数

$intercept\_$：岭回归的截距

$n\_iter\_$：迭代的次数

$n\_features\_in\_$：特征数量

$feature\_names\_in\_$：特征的名字

  另外可以使用岭回归交叉验证（Ridge Cross-Valiclation，RidgeCV）对岭回归进行交叉验证.

1.5.6 Python 中 Lasso 回归与 LARS 的代码实现

LARS 算法稍加修改,可以得到 Lasso 回归的路径解.在 Sklearn 学习库中,LassoLARS(Lasso Least Angle Regression,Lasso 最小角回归)可以通过 LARS 算法实现 Lasso 回归,具体用法为:

```
from sklearn.linear_model import LassoLars
lls = LassoLars(alpha=1.0, *, fit_intercept=True, verbose=False, normalize='deprecated', precompute='auto', max_iter=500, eps=2.220446049250313e-16, copy_X=True, fit_path=True, positive=False, jitter=None, random_state=None)
```

LassoLars 中各参数说明:

$alpha$:正则化参数.默认 $=1.0$

$fit\_intercept$:是否计算模型中的截距.默认 $=True$

$verbose$:是否输出日志信息.默认 $=False$

$normalize$:自变量是否标准化.默认 $=deprecated$(sklearn 1.0 后已弃用)

$precompute$:是否使用预先计算的 Gram 矩阵来加速计算.默认 $='auto'$

max_iter:最大迭代次数.默认 $=500$

eps:浮点数

$copy\_X$:自变量 X 的值是否被复制.默认 $=True$

fit_path:是否存储完整路径解.默认 $=True$

$positive$:是否将系数限制为非负.默认 $=False$

$jitter$:抖动.默认 $=None$

$random\_state$:确定抖动的随机数生成.

  设置为整数指定随机数生成器的种子

  设置为 $RandomState$ 实例指定随机数生成器

  设置为 $'None'$ 使用默认随机数生成器

  默认 $=None$

LassoLars 返回值:

$alphas\_$:每次迭代的协方差的最大值

$active\_$:路径末端活动变量的索引

$coef\_path\_$:系数沿路径的变化值

*coef_*：参数向量

*intercept_*：Lasso 回归的截距

*n_iter_*：迭代的次数

*n_features_in_*：特征数量

*feature_names_in_*：特征的名字

另外，还可以使用函数 LassoLARSCV(Lasso Least Angle Regression Cross-Validation，Lasso 最小角回归交叉验证算法) 对 LARS 算法实现的 Lasso 回归通过交叉验证进行变量选择，或者使用函数 LassoLARSIC(Lasso Least Angle Regression Information Criterion，Lasso 最小角回归信息准则算法) 对 LARS 算法实现的 Lasso 回归利用赤池信息量准则或贝叶斯信息准则进行变量选择.

1.5.7 正则化线性回归模型应用场景

岭回归和 Lasso 回归等正则化线性回归模型常用于处理高维数据降维的问题.这种方法在图像处理、文本分析和推荐系统等领域中尤为常见.正则化线性回归模型通过引入正则化项，可以在一定程度上实现特征选择，帮助识别出对模型预测最重要的特征.在实际应用中，这种方法不仅可以优化模型，还可以提高预测的准确性和解释性.岭回归和 Lasso 回归在金融领域可以用于风险评估和预测，在生物信息学领域可用于基因表达数据分析，如识别与特定疾病相关的基因.岭回归和 Lasso 回归也广泛应用于社会科学研究，如经济学、心理学和教育学.

1.6 Logistic 回归模型

在实际应用中，经常会遇到因变量是分类变量的情形.本节介绍因变量是分类变量的 Logistic 回归模型.

1.6.1 Logistic 回归模型发展史

Logistic 回归的历史相当悠久，迄今大概已经有 200 年.19 世纪 30 至 40 年代，比利时数学家弗赫尔斯特(Verhulst)为了研究人口增长的规律，提出了描述人口总量 $W(t)$ 随时间 t 变化的一个模型：

$$P(t) = \frac{\exp(\alpha + \beta t)}{1 + \exp(\alpha + \beta t)}.$$

弗赫尔斯特称其为 Logistic 函数，式中 $P(t) = \frac{W(t)}{\Omega}$，$\Omega$ 为人口上限(人口饱和水平)[25].用 Logistic 函数来描述人口增长的情况是对指数增长模型的一种修正.其特点是:在起初阶段,人口增长大致是指数增长;随着人口总量增长,数量逐渐趋于饱和,增长速度变慢;最后,人口达到饱和时,增长趋停.1920年,两位美国人口学家珀尔(Pearl)和里德(Reed)在研究美国人口问题时,再次独立得到Logistic曲线[26].1925年,英国统计学家尤尔(Yule)将弗赫斯特提出的S(Sigmoid)型曲线重新命名为Logistic曲线,这个名称一直沿用至今[27].1929年,里德还与美国生物统计学家伯克森(Berkson)合作,将Logistic曲线应用于化学领域的自催化反应中[28].

1934年,美国统计学家布利斯(Bliss)提出了概率单元(Probability Unit,Probit)的概念.在布利斯引用的例子中,杀虫剂的使用率x和昆虫的死亡率P之间并不具备线性关系.实验的结果显示x和P的关系可以用S型曲线刻画.因此,可以将P转化为相应的概率单元$\tilde{Z}$,再使用最小二乘法.相应的公式为

$$P = \Phi(\tilde{Z}),$$

其中

$$\tilde{Z} = \alpha + \beta x.$$

此模型称为概率单位模型[29].

1944年,伯克森提出可以用Logistic函数替代概率单元模型中的正态分布的累积函数,相对应的Logit转换为

$$\mathrm{Logit}(p) = \ln(odds) = \ln\left(\frac{p}{1-p}\right).$$

于是相应的模型便被称为对数概率(the log of an odd, Logit)模型.对数概率模型广泛应用在生物学、计量经济学、流行病学、社会学等领域.后来,分析二分类离散响应变量与多个协变量之间关系的模型被称为Logistic回归模型.1973年,麦克法登(McFadden)因"将多分类Logistic模型与离散选择理论相结合[30]"这一贡献获得了2000年诺贝尔经济学奖.现在Logistic回归模型是工业界应用得最多的模型之一,主要应用于风控领域、推荐系统和广告点击率预测等场景.

1.6.2 Logistic回归模型概述

与线性回归中因变量为连续型数值变量不同,Logistic回归应用于因变量是分类变量的情形.下面看因变量是分类变量的几个例子.

例1 广告点击率(Click-Through Rate,CTR)预测.点击率预测广泛应用于在线广告平台,如搜索引擎广告、社交媒体广告和展示广告等.点击率预测作为在线广告领域的核心技术,支撑着全球广告市场的增长.随着互联网广告的不断发展,点击率预测在精准营销、竞价广告和个性化推荐中扮演着关键角色.在广告点击率预测问题中,需要预测用户在特定页面点击广告的概率.广告平台通过预测用

户是否点击某个广告来决定广告的展示顺序和出价策略.预测的准确与否直接影响整个推荐系统或者说广告系统的收益以及用户体验.点击率预测关注的重点是广告点击率,因变量 y 表示广告是否被点击,$y=1$ 表示发生过点击,$y=0$ 表示未发生点击.广告点击率预测问题的任务是根据用户相关信息(如年龄、性别、职业、所在区域、城市、IP 地址、点击记录、浏览记录、购买记录等)和广告相关信息(如广告的商品类别、创意内容、展示形式、展示位置、展示时间、历史点击数据等),预测用户的点击行为[31].

例 2 乳腺癌诊断.乳腺癌是女性常见的恶性肿瘤,其发病率呈逐年上升趋势.根据国家癌症中心的数据,2022 年中国女性乳腺癌发病率为 $51.17/10^5$,位列女性恶性肿瘤发病率的第二位[32].这一数据表明乳腺癌对女性健康构成了严重威胁.尽管随着医疗科技的进步和治疗手段的改善,乳腺癌患者的生存情况和生活质量得到了一定程度的提高,但乳腺癌对女性健康的影响仍然是一个重要的公共卫生问题,尤其是晚期诊断的患者仍然面临较差的预后.早期发现乳腺癌能够显著提高治愈率,因此有效的筛查和诊断方法至关重要.乳腺癌诊断问题关注的重点是乳腺肿瘤是否为恶性.因变量 y 表示肿瘤是否为恶性肿瘤,$y=1$ 表示肿瘤为恶性,$y=0$ 表示肿瘤为良性.乳腺癌诊断问题中,需要根据患者相关信息(如年龄、职业、体重、家族肿瘤史等)、患者症状与体征(如肿块发现时间、肿块部位、病灶大小、病灶质地、病灶形态、病灶活动度等)、钼靶 X 线检查指标(如肿块部位、病灶大小、病灶边缘、病灶形态、病灶结构等)、超声检查指标(如肿块部位、病灶大小、病灶边缘、病灶形态、回声、血流信号等),以及肿瘤的穿刺活检细胞特征(如细胞核的半径、纹理、周边、面积、平滑度等)等,预测乳腺肿瘤是良性还是恶性.

例 3 信用卡违约预测.信用卡违约预测是金融领域中的一个重要课题.预测信用卡用户的违约风险对于银行和其他金融机构至关重要,因为有效的风险预测可以帮助他们采取措施减少坏账,提高贷款回收率,并优化信用卡发放策略.信用卡违约预测通过预判客户违约风险实现风险控制,促进银行信用卡业务的良性发展.信用卡违约预测问题中关注的重点是客户的违约风险.因变量 y 表示客户是否违约,$y=1$ 表示违约,$y=0$ 表示不违约.信用卡违约预测的任务是根据客户的基本信息(如信用卡额度、性别、教育水平、年龄、婚姻状况等)、客户的还款记录、客户的账单记录、客户的还款金额记录等,预测客户是否违约[33].

在以上几个例子中,因变量 y 都是分类变量.对于因变量是分类变量的回归问题,如果使用线性回归模型,会出现误差项离散非正态、异方差以及回归方程超出因变量取值范围等问题.所以对于因变量是具有两个类别的二分类变量的情形,需要构造二项(二元)Logistic 回归模型进行拟合.

假设因变量 y 为 0-1 分类变量,$x=(x_1,x_2,\cdots,x_p)$ 是自变量,Logistic 回归模

型为

$$p = P(y=1|\boldsymbol{x}) = \frac{\exp(\beta_0 + \beta_1 x_1 + \beta_2 x_2 + \cdots + \beta_p x_p)}{1 + \exp(\beta_0 + \beta_1 x_1 + \beta_2 x_2 + \cdots + \beta_p x_p)}. \tag{1-24}$$

上式等价于

$$p' = \ln \frac{p}{1-p} = \beta_0 + \beta_1 x_1 + \beta_2 x_2 + \cdots + \beta_p x_p, \tag{1-25}$$

其中

$$p' = \ln \frac{p}{1-p}$$

称为 Logit 变换. 称 odds $= \frac{p}{1-p}$ 为发生比、概率、比率、比值或比数等,odds 指事件发生的可能性与不可能性的比值. $OR = \frac{odds1}{odds2}$ 称为比值比、机会比、优势比或相对比值(Odds Ratio)等,OR 为第一组事件发生的比值 odds1 与第二组事件发生的比值 odds2 的比值. 在医学研究中, OR 是很重要的指标. 病例对照研究中, OR 指病例组中暴露与非暴露人数的比值和对照组中暴露与非暴露人数的比值的比,即暴露比值比. 在队列研究中, OR 指的是暴露组中患病与非患病者的比值和非暴露组中患病与非患病者的比值的比,即发病比值比. 若 $0<OR<1$, 该暴露因素为保护因素; 若 $OR>1$, 该暴露因素为风险因素; 若 $OR>3$, 该暴露因素就是高风险因素. Logistic 回归系数 $\exp(\beta_i)$ 解释为控制其他变量不变时, x_i 每增加一个单位,发生比所变化的倍数. 若 $\beta_i>0$, 那么控制其他变量不变, x_i 增加, $P(y=1|\boldsymbol{x})$ 会增加,也就是说, x_i 对 $P(y=1|\boldsymbol{x})$ 是正向影响; 若 $\beta_i<0$, 那么控制其他变量不变, x_i 增加, $P(y=1|\boldsymbol{x})$ 会减少,也就是说, x_i 对 $P(y=1|\boldsymbol{x})$ 是负向影响; 若 $\beta_i=0$, 那么控制其他变量不变, x_i 对 $P(y=1|\boldsymbol{x})$ 没有影响.

1.6.3 Logistic 回归优化算法与并行计算

设 $(x_1, x_2, \cdots, x_p; y)$ 的 n 组观测数据为 $(x_{i1}, x_{i2}, \cdots, x_{ip}; y_i), i=1,2,\cdots,n$, 记 $\boldsymbol{x}_i = (x_{i1}, x_{i2}, \cdots, x_{ip})$, 二项 Logistic 回归方程为

$$p_i = P(y_i=1|\boldsymbol{x}_i) = \sigma(\beta_0 + \beta_1 x_{i1} + \beta_2 x_{i2} + \cdots + \beta_p x_{ip}),$$

其中

$$\sigma(x) = \frac{e^x}{1+e^x}$$

称为 S 型函数(Sigmoid 函数). y_i 服从参数为 p_i 的 0-1 分布,概率分布为

$$P(y_i=1|\boldsymbol{x}_i) = p_i,$$
$$P(y_i=0|\boldsymbol{x}_i) = 1 - p_i.$$

记 $\boldsymbol{\beta}=(\beta_0,\beta_1,\beta_2,\cdots,\beta_p)^{\mathrm{T}}$, $y_1,y_2,\cdots,y_n$ 的似然函数为

$$L(\boldsymbol{\beta}) = \prod_{i=1}^{n} p_i^{y_i}(1-p_i)^{1-y_i}. \tag{1-26}$$

取对数似然函数为

$$\begin{aligned}
\ln L(\boldsymbol{\beta}) &= \sum_{i=1}^{n}[y_i \ln p_i + (1-y_i)\ln(1-p_i)] \\
&= \sum_{i=1}^{n}\left[y_i \ln \frac{p_i}{1-p_i} + \ln(1-p_i)\right] \\
&= \sum_{i=1}^{n}\{y_i(\beta_0 + \beta_1 x_{i1} + \beta_2 x_{i2} + \cdots + \beta_p x_{ip}) \\
&\quad - \ln[1 + \exp(\beta_0 + \beta_1 x_{i1} + \beta_2 x_{i2} + \cdots + \beta_p x_{ip})]\}.
\end{aligned} \tag{1-27}$$

称

$$L = -\frac{1}{n}\ln L(\boldsymbol{\beta}) \tag{1-28}$$

为 Logistic 回归的对数损失函数,也称为交叉熵损失函数,所以最大化对数似然函数等价于最小化交叉熵损失函数.

由于 L 是关于 $\boldsymbol{\beta}$ 的高阶可导连续凸函数,因此可以利用梯度下降法、牛顿法等求其最优解 $\hat{\boldsymbol{\beta}}$. 对于二分类问题和多分类问题,常使用交叉熵损失函数,而非均方误差损失函数.因为使用均方误差损失函数进行梯度下降时可能会出现梯度消失(梯度接近于 0,参数更新缓慢导致收敛速度慢),而使用交叉熵损失函数可以克服梯度消失的问题,学习速度快.特别对于 Logistic 回归模型,由于交叉熵损失函数是凸函数,因而求最优解是一个凸优化问题,可以保证其收敛性.

若使用梯度下降法求(1-28)式的最优解,损失函数的梯度的表达式为

$$\begin{aligned}
\Delta\beta_j &= \frac{\partial L}{\partial \beta_j} = -\frac{1}{n}\frac{\partial \ln L(\boldsymbol{\beta})}{\partial \beta_j} \\
&= -\frac{1}{n}\sum_{i=1}^{n}\left[y_i - \frac{\exp(\beta_0 + \beta_1 x_{i1} + \beta_2 x_{i2} + \cdots + \beta_p x_{ip})}{1 + \exp(\beta_0 + \beta_1 x_{i1} + \beta_2 x_{i2} + \cdots + \beta_p x_{ip})}\right]x_{ij} \\
&= -\frac{1}{n}\sum_{i=1}^{n}[y_i - \sigma(\beta_0 + \beta_1 x_{i1} + \beta_2 x_{i2} + \cdots + \beta_p x_{ip})]x_{ij}.
\end{aligned} \tag{1-29}$$

参数更新公式为

$$\beta_j(t+1) = \beta_j(t) - \alpha\Delta\beta_j, \tag{1-30}$$

其中 α 为学习率.由(1-29)式可知,通过样本的乘积与相加运算可以得到梯度.因此,很容易地将每个迭代过程拆分成相互独立的计算步骤,由不同的节点进行独立计算,最后归并计算结果.首先将样本矩阵按行划分,将样本特征向量分布到不同的

计算节点,由各计算节点完成自己所负责样本的乘积与求和计算,然后将计算结果进行归并,由此实现了"按行并行的 Logistic 回归".针对高维特征向量进行 Logistic 回归的场景,不仅仅需要按行进行并行处理,还需要按列将高维特征向量拆分成若干小的向量进行求解.对于样本数量巨大和高维特征的情形,通过对损失函数梯度计算的并行化,可以实现 Logistic 回归的并行化,减少训练时间,提升计算效率.

得到回归方程之后,需要对 Logistic 回归方程进行显著性检验.为此提出原假设

$$H_0: \beta_1 = \beta_2 = \cdots = \beta_p = 0.$$

检验的似然比检验统计量为

$$G = -2(\ln L_1 - \ln L_0),$$

其中,L_1 是包含所有自变量的回归模型的似然函数,L_0 是仅包含常数项的回归模型的似然函数.当 n 充分大时,G 在原假设成立时服从自由度为 p 的 χ^2 分布.当回归方程的显著性检验通过后,还需要对回归系数进行显著性检验.回归系数进行显著性检验可以使用瓦尔德(Wald)χ^2 检验.

1.6.4　特征编码与分箱

需要注意的是,在使用 Logistic 回归模型建模之前,需要对使用的特征进行预处理.Logistic 回归模型使用的特征包括分类特征和连续特征.对分类特征要进行独热(One-Hot)编码.假设分类特征 c 在数据集中有 M 种可能的取值,则将 c 编码为二值元素组成的 M 维向量

$$c = (b^1, b^2, \cdots, b^M),$$

其中每个元素 $b^i \in \{0, 1\}$,$\sum_{i=1}^{M} b^i = 1$.对于连续型的特征,首先利用分箱(binning)技术将其转化为分类特征再进行编码.常用的分箱有等宽、等频、χ^2 分箱、决策树分箱等方式,分箱后可以进行独热编码或证据权重(Weight of Evidence,WOE)编码.在风控领域,特征离散后常用证据权重编码,连续型特征变量第 i 个分箱的 WOE_i 为

$$WOE_i = \ln \frac{p_i}{p_T} = \ln \frac{bad_i/good_i}{bad_T/good_T}, \tag{1-31}$$

其中,p_i 为第 i 个分箱中坏客户(违约客户,对应 $y=1$)与好客户(正常客户,对应 $y=0$)的比例,p_T 为整个样本中坏客户与好客户的比例,WOE_i 表示当前分箱中坏客户与好客户的比例和整个样本中所有坏客户占所有好客户的比例的差异.证据权重值越大表明这种差异越大,当前分箱里的客户是坏客户的可能性就越大;证据权重值越小表明差异越小,这个分箱里的客户是坏客户的可能性就越小;若 $WOE=0$,则说明这个分箱没有预测能力.证据权重描述了特征变量的当前分箱对判断客户是否属于坏客户所起的影响和大小.当证据权重值为正,特征变量的当前分箱对判断客户是否属于坏客户起正向影响;当证据权重值为负,则起负向影响,影响

的大小为证据权重值的绝对值[34].

Logistic 回归本质是线性分类模型,拟合能力有限.当连续特征变量离散化为多个特征后,每个特征有单独的权重,相当于为模型引入了非线性,能够提升模型拟合能力的同时,也有更好的解释性.在特征离散化的基础上还可以进行特征交叉,进一步增加模型的非线性表达能力,有效提升模型预测能力.而且离散化后的特征对异常数据有较强的稳健性,离散化后模型也会更稳定,减少过拟合风险.除此之外,通过特征离散化可以获得稀疏特征,稀疏向量内积运算速度快,有利于计算和存储.

1.6.5 ROC 曲线与阈值

对于新观测值 $\boldsymbol{x}^* = (x_1^*, x_2^*, \cdots, x_p^*)$,Logistic 回归的预测值为

$$\hat{p}^* = \sigma(\hat{\beta}_0 + \hat{\beta}_1 x_1^* + \cdots + \hat{\beta}_p x_p^*) = \frac{\exp(\hat{\beta}_0 + \hat{\beta}_1 x_1^* + \cdots + \hat{\beta}_p x_p^*)}{1 + \exp(\hat{\beta}_0 + \hat{\beta}_1 x_1^* + \cdots + \hat{\beta}_p x_p^*)},$$

其中 $\hat{\boldsymbol{\beta}} = (\hat{\beta}_0, \hat{\beta}_1, \cdots, \hat{\beta}_p)^{\mathrm{T}}$ 为 Logistic 回归的最优解.

因变量的类别预测值为

$$\hat{y}^* = \begin{cases} 1, & \hat{p}^* > \alpha, \\ 0, & \hat{p}^* \leqslant \alpha, \end{cases}$$

其中阈值 α 可以通过 ROC(Receiver Operating Characteristic,受试者操作特征)曲线来确定.下面介绍 ROC 曲线的绘制方法.

首先定义二分类问题的混淆矩阵,见表 1-1.表 1-1 中各种情况出现的总数分别记作:

TP——将正例预测为正例(真正例,真阳性)的样本数;
FP——将负例预测为正例(假正例,假阳性)的样本数;
FN——将正例预测为负例(假负例,假阴性)的样本数;
TN——将负例预测为负例(真负例,真阴性)的样本数.

表 1-1 二分类混淆矩阵

预测值	真实值	
	正例($y=1$)	负例($y=0$)
正例($y=1$)	TP	FP
负例($y=0$)	FN	TN

基于混淆矩阵可以定义如下评价指标:

(1) TPR(True Positive Rate).

$$TPR = \frac{TP}{TP + FN}.$$

TPR 称为真正例率、真阳性率、灵敏度(sensitivity)、召回率(recall)或查全率等. TPR 为正例(病人)被预测为正例(病人)的比例.

(2) FPR(False Positive Rate).

$$FPR = \frac{FP}{FP+TN}.$$

FPR 称为假正例率或假阳性率. FPR 为负例(无病)被预测为正例(病人)的比例.

(3) TNR(Ture Negative Rate).

$$TNR = \frac{TN}{FP+TN}.$$

TNR 称为真负例率、真阴性率或特异度(specificity). TNR 为负例(无病)被预测为负例(无病)的比例.

(4) FNR(False Negative Rate).

$$FNR = \frac{FN}{TP+FN}.$$

FNR 称为假负例率或假阴性率. FNR 为正例(病人)被预测为负例(无病)的比例.

ROC 曲线是根据 Logistic 回归方程分类的不同阈值 α,以分类的真阳性率(灵敏度)TPR 为纵坐标,假阳性率(1－特异度)FPR 为横坐标绘制的曲线,见图 1-10. 当 $\alpha=0$,对应 $TPR=1$,$FPR=1$,阈值 α 在坐标系上对应 ROC 曲线上的点为(1,1);当 α 增大时,TPR 和 FPR 都减小,因此对应的 ROC 点向左下角移动;当 $\alpha=1$,对应的 $TPR=0$,$FPR=0$,阈值 α 在坐标系上对应 ROC 曲线上的点为(0,0). ROC 曲线与下方坐标轴围成的曲线面积为 AUC(Area Under the Curve,曲线下的面积). AUC 是分类方法(分类器)分类性能的重要评估指标,取值在 0.5 和 1 之间,AUC 的值越接近 1,分类器的性能越好. Logistic 回归方程的最优阈值 α 可以通过约登指数(Youden index)确定,Youden＝灵敏度＋特异度－1＝TPR－FPR. 约登指数最大的点对应的阈值为最优阈值.

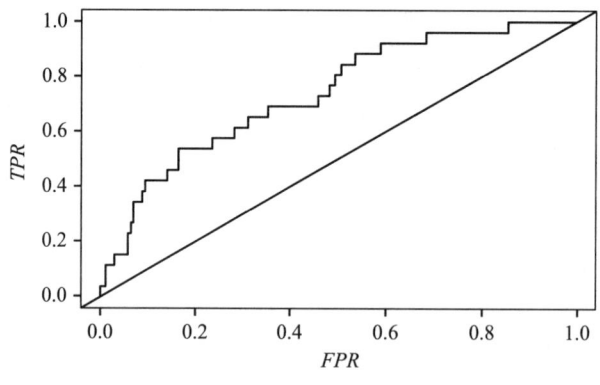

图 1-10　ROC 曲线

1.6.6 多分类 Logistic 回归模型

以上讨论了因变量 y 为二分类情况的 Logistic 回归模型,但是很多实际应用中, y 为多分类变量.

例 1 邮件分类.邮件分类的任务是将邮箱中的邮件进行分类管理.由于邮箱中的邮件可以分为来自工作的邮件、来自朋友的邮件、来自家人的邮件,以及其他邮件,所以这是一个多分类问题.邮件的类别有四个,分别用 $y=1, y=2, y=3, y=4$ 来代表.

例 2 手写数字识别.手写数字识别的任务是通过识别手写体图片来判断数字.因为数字类别是 0—9,所以手写数字识别是一个多分类问题:数字的类别一共有 10 个,分别用 $y=0, y=1, y=2, \cdots, y=9$ 来代表.

对于多分类(K 个类别)任务,使用 Logistic 模型分类,有一对一(one-vs-one)、一对多(one-vs-rest)、多分类 Logistic 回归三种策略.

(1) 一对一:K 类样本中,每次选出 2 个类别,形成 C_K^2 个二分类问题.对于每个二分类问题,分别构建 Logistic 回归模型.对于新观测值 x,有 C_K^2 个类别预测结果, x 预测类别为预测结果中数量最多的类别(众数类别).

(2) 一对多:分别取第 k 个类别($y=k$)样本作为正例类,将剩余的所有类别的样本看作负例类,这样就形成了 K 个二分类问题.对于每个二分类问题,分别构建 Logistic 回归模型.对于新观测值 x,将自变量代入这 K 个回归模型中得到 $p_k = P(y=k|x)$, $k=1, 2, \cdots, K$, x 预测类别为预测概率 p_k 最大的那个模型对应的类别 k.

(3) 多分类 Logistic 回归:设因变量为 y,自变量为 $\boldsymbol{x}=(x_1, x_2, \cdots, x_p)$,将二分类 Logistic 回归模型直接推广到多分类:

$$\begin{aligned} p_k &= P(y=k|\boldsymbol{x}) \\ &= \sigma(\beta_{0k} + \beta_{1k}x_1 + \cdots + \beta_{pk}x_p) \\ &= \frac{\exp(\beta_{0k} + \beta_{1k}x_1 + \cdots + \beta_{pk}x_p)}{\exp(\beta_{01} + \beta_{11}x_1 + \cdots + \beta_{p1}x_p) + \cdots + \exp(\beta_{0K} + \beta_{1K}x_1 + \cdots + \beta_{pK}x_p)}, \\ k &= 1, 2, \cdots, K, \end{aligned} \tag{1-32}$$

上式中 $\sigma(z_k) = \dfrac{\exp(z_k)}{\exp(z_1) + \cdots + \exp(z_K)}$, $k=1, 2, \cdots, K$ 称为 Softmax(归一化指数)函数.(1-32)式称为 Softmax 回归模型.

由于 Softmax 回归模型中回归系数不唯一,因此可以把第 K 类作为基准参照,把分母第 K 项 $\exp(\beta_{0K} + \beta_{1K}x_1 + \cdots + \beta_{pK}x_p)$ 的系数设为 0,建立多分类 Logistic 模型:

$$p_k = P(y=k \mid \boldsymbol{x})$$
$$= \frac{\exp(\beta_{0k}+\beta_{1k}x_1+\cdots+\beta_{pk}x_p)}{1+\exp(\beta_{01}+\beta_{11}x_1+\cdots+\beta_{p1}x_p)+\cdots+\exp(\beta_{0,K-1}+\beta_{1,K-1}x_1+\cdots+\beta_{p,K-1}x_p)},$$
$$k=1,2,\cdots,K. \tag{1-33}$$

对于新观测值 $\boldsymbol{x}$,将自变量代入多分类回归模型中得到 $p_k = P(y=k|\boldsymbol{x})$, $k=1,2,\cdots,K$. $\boldsymbol{x}$ 预测类别为预测概率 p_k 最大的类别对应的类别 k.

1.6.7 分类模型评价指标与评测基准

二分类问题常用的评价指标有:

(1) 准确率.
$$Accuracy = \frac{TP+TN}{TP+TN+FP+FN}.$$
准确率为模型预测正确的样本(包括正例和负例)占全部样本的比例.

(2) 精确率(查准率).
$$P = \frac{TP}{TP+FP}.$$
精确率为预测为正例的样本中,真正例所占的比例. 在信息检索领域,精确率又被称为查准率.

(3) 召回率(Recall,TPR,查全率).
$$R = \frac{TP}{TP+FN}.$$
召回率为正例预测为正例的比例.在信息检索领域,召回率又被称为查全率.

(4) F_1 值.
$$F_1 = \frac{2PR}{P+R}.$$
F_1 值是精确率和召回率的调和均值.

(5) LogLoss(对数损失,Logistic 回归损失,交叉熵损失).
$$LogLoss = -\frac{1}{n}\sum_{i=1}^{n}\left[y_i \ln p_i + (1-y_i)\ln(1-p_i)\right],$$
其中 y_i 为第 i 个样本观测值 x_i 的真实类别,p_i 为 x_i 属于正例类的概率的预测值.

除上述标准之外,二分类问题的评价指标还有前文提过的混淆矩阵、ROC 曲线、AUC 值等.对于多分类任务,可以先简化为二分类任务再进行评价.

在实际应用场景中,对各种算法进行评价是一个很重要也很复杂的问题.对于各种具体的机器学习任务,需要建立评测基准来评估算法的表现.评测基准是用于衡量算法在各种任务中表现的标准数据集。比如针对广告点击率预测问题，可以使用一些公开数据集和竞赛作为点击率任务的评测基准，Criteo 数据集和 Avazu 数据集是两个常用于点击率任务评估的公开数据集。电商平台的数据集是研究推荐问题的经典数据集，一些影评网站的数据集可用于电影推荐系统、评分预测等任务。在公开数据集上，可以将算法与基准模型（baseline）进行比较来评估算法的性能。这些公开数据集来自电商、竞赛、学术机构、政府部门等。加州大学欧文分校提出的用于机器学习的数据库，包括 678 个数据集且数目还在不断增加，是一个常用的标准测试数据集。数据科学竞赛也是各种算法进行比较和评估的重要方式，如安东尼·戈德布卢姆（Anthony Goldbloom）和本·哈姆纳（Ben Hamner）创立于 2010 年的 Kaggle 数据科学竞赛是全球知名的数据科学竞赛在线平台，2014 年阿里巴巴推出的天池竞赛是国内最具有影响力的大数据竞赛平台。这些竞赛题涉及电商、金融、医疗、交通等多个领域和场景，参与者有机会运用其设计的算法解决各类社会问题或业务问题。随着数字经济的发展，建设行业标准数据集变得尤为重要，这是算法公开化评估的基础，也是人工智能技术规模化应用的前提。

计算机视觉和自然语言处理领域建立了很多常用的基准（benchmark）数据集。这些基准数据集通常包括数据、任务和评估指标。在计算机视觉领域，ImageNet 数据集是目前世界上最大的图像识别数据库，由美国斯坦福大学的计算机科学家李飞飞建立，包含 1400 多万幅图片，涵盖 2 万多个类别。ImageNet 数据集对深度学习的发展起了巨大的推动作用。ImageNet 从 2010 年开始举办。ImageNet 大规模视觉识别挑战赛（ImageNet Large Scale Visual Recognition Challenge，ILSVRC），包括图像分类与目标定位、目标检测、视频目标检测、场景分类等任务。其他的计算机视觉领域数据集还有图片分类数据集 CIFAR（Canadian Institute for Advanced Research，加拿大高等研究院）、目标检测数据集 MS COCO（Microsoft Comnon Objects in Context，微软上下文常见物体）、人脸识别数据集 LFW（Labeled Faces in the Wild，无约束环境标记人脸）等。

在自然语言处理领域，纽约大学、华盛顿大学等机构联合创建了一个多任务的自然语言理解基准和分析平台，也就是通用语言理解评估基准（General Language Understanding Evaluation，GLUE）。通用语言理解评估基准包含九项自然语言理解（Natural Language Understanding，NLU）任务，语言均为英语。通用语言理解评估基准包含的九项任务涉及自然语言推断、文本蕴含、情感分析和语义相似等多个任务，每项任务均包括对应的评价准则并设有榜单。通用语言理解评估基准的升级版本为 SuperGLUE。中文语言理解评估（Chinese Language Understanding Evaluation Benchmark，CLVE）基准是第一个大规模中文评估基准，覆盖了九项句子分类和机器阅读理解任务，提供了一个大的预训练中文语库和一个诊断评估数据集并设有榜单.目前,中文语言理解评估榜单已经成为中文语言理解领域最为权威的榜单.

多模态评测数据集用于评估模型处理文本、图像、视频等多种数据类型的能力,尤其是在跨模态任务中的表现.常用的多模态评测数据集有 VQA(Visual Question Answering,视觉问答)、CLIP(Contrastive Language-Image Pre-training,对比语言-图像预训练)等.随着大模型的发展,能够处理多种任务的能力成为评估重点.常用的多任务评估基准有 BIG-bench(Beyond the Imitation Game Benchmark,大规模多任务基准)、MMLU(Massive Multitask Language Understanding,大规模多任务语言理解)等.

目前,评估模型的主要指标还是准确性,而对模型的可解释性、隐私性、伦理性、公平性、安全性、泛化性、实用性、时效性、节能性等方面,还缺乏评估的标准.随着各种人工智能模型的迅速发展和广泛应用,需要制定相应的行业标准和国家标准,完善法律法规,并加强监管.

1.6.8 Python 中 Logistic 回归的代码实现

Python 中可以使用 Sklearn 学习库中的 LogisticRegression 实现 Logistic 回归,具体用法如下:

```
from sklearn.linear_model import LogisticRegression
LogisticRegression(penalty='l2', *, dual=False, tol=0.0001, C=1.0,
    fit_intercept=True, intercept_scaling=1, class_weight=None,
    random_state=None, solver='lbfgs', max_iter=100, multi_class='auto',
    verbose=0, warm_start=False, n_jobs=None, l1_ratio=None)
```

LogisticRegression 中各参数说明:

$penalty$:惩罚的模.
  设置为$'none'$,为没有惩罚
  设置为$'l2'$,为 $l2$ 惩罚
  设置为$'l1'$,为 $l1$ 惩罚
  设置为$'elasticnet'$,为弹性网惩罚
  默认$=l2$
$dual$:对偶方程.默认$=False$
tol:停止准则的容忍限.默认$=1e-4$
C:正则化强度(正则化系数)的倒数.默认$=1.0$

- $fit\_intercept$：决策函数中是否包含偏差或截距. 默认 = $True$
- $intercept\_scaling$：仅在使用 $solver$ 为 $'liblinear'$ 且 $fit\_intercept = True$ 时有用. 默认 = 1
- $class\_weight$：一个字典或者字符串 $'balanced'$.
  - 字典给出每个分类的权重
  - $'balanced'$ 给出的每个分类的权重与该分类在样本集中出现的频率成反比
  - 如果未指定,那么每个分类权重都为 1
  - 默认 = $None$
- $random\_state$：随机数种子.
  - 当 $solver$ 选择 $'sag'$,$'saga'$ 或者 $'liblinear'$ 时混洗数据
  - 设置为整数指定随机数生成器的种子
  - 设置为 $RandomState$ 则指定了随机数生成器
  - 设置为 $'None'$ 则使用默认随机数生成器
  - 默认 = $None$
- $solver$：求解最优化的算法.
  - 设置为 $'newton\text{-}cg'$ 使用牛顿法(仅适用于 $penalty = 'l2'$ 或 $'none'$)
  - 设置为 $'lbfgs'$ 使用拟牛顿法(仅适用于 $penalty = 'l2'$ 或 $'none'$)
  - 设置为 $'liblinear'$ 使用坐标轴下降法(适用于小数据集,仅适用于 $penalty = 'l2'$ 或 $'l1'$)
  - 设置为 $'sag'$ 使用随机平均梯度下降算法(适用于大数据集,仅适用于 $penalty = 'l2'$ 或 $'none'$)
  - 设置为 $'saga'$ 使用 sag 的加速版本(适用于大数据集,适用所有惩罚设置)
  - 默认 = $lbfgs$
- max_iter：最大迭代数. 默认 = 100
- $multi\_class$：对于多分类问题的策略.
  - 设置为 $'ovr'$ 采用 one-vs-rest(一对多)策略
  - 设置为 $'multinomial'$ 采用多分类逻辑回归策略(如果 $solver$ 设置为 $'liblinear'$ 此选项不可用)
  - 设置为 $'auto'$ 自动选择策略(二分类问题或 $solver = 'liblinear'$ 自动选择 $'ovr'$,对于多分类问题自动选择 $'multinomial'$)

默认 $=auto$

$verbose$：日志显示. 默认 $=0$

$warm\_start$：热启动. 默认 $=False$

n_jobs：CPU 数量.

当 $multi\_class$ 设置 $'ovr'$ 时 n_jobs 为并行任务指定 CPU 的核数.

设置为 $'None'$ 时使用的 CPU 为 1

设置为 -1 则使用所有可用的 CPU

默认 $=None$

$l1\_ratio$：弹性网混合参数.

$l1\_ratio$ 仅适用于 $penalty='elasticnet'$

默认 $=None$

LogisticRegression 中最重要的超参数为 $penalty$, C, $solver$ 和 $multi\_class$, 调整这些参数可以优化模型性能并控制过拟合. 传统的手动调参方法依赖平时经验, 费时费力. 常用的自动调参方法主要有三种: 网格搜索、随机搜索和贝叶斯调优. 网格搜索在指定的超参数范围内按步长依次调整参数, 利用调整的超参数训练模型, 从所有的超参数中找到在测试集上精度最高的超参数, 这其实是一个训练和比较的过程. 网格搜索比较耗时, 随机搜索采用的方法与网格搜索稍有不同. 它不是详尽地尝试超参数的每一个单独组合, 而是随机抽样超参数, 寻找参数近似的最佳组合. 有时可以通过随机抽样, 粗略地确定每个超参数的大致范围, 然后再用网格搜索进行密集运算. 随机搜索的运行时间比网格搜索少很多, 但是不能保证找到最优的超参数. 贝叶斯调优, 属于概率模型, 需要根据已有的调参历史, 建立目标函数, 根据替代函数选择下一个超参数, 并用这个新的超参数来更新目标函数[35]. 贝叶斯调参考虑了上一次参数的信息, 从而可以更好地调整当前的参数.

LogisticRegression 返回值：

$classes\_$：类别

$coef\_$：决策函数中特征的系数

$intercept\_$：决策函数中的截距

$n\_features\_in\_$：输入特征数量

$feature\_names\_in\_$：输入特征名字

$n\_iter\_$：迭代次数

另外可以用 LogisticRegressionCV 实现 Logistic 回归的交叉验证. 除了 Sklearn 库, Logistic 回归可使用 Statsmodels 库中的 Logit 实现.

1.6.9 Logistic 回归模型应用场景

Logistic 回归模型适用于线性可分问题,最常用于二分类问题,但有时也可以扩展到多分类。Logistic 回归模型具备计算快、稳健性强、适合并行运算、可解释强等优点,并且可以给出预测的概率。在实际应用中,Logistic 回归模型广泛应用于信用风险评估、医疗诊断、广告点击率预测[36]、客户分类、手写数字识别以及文本分类等多个领域。

Logistic 回归的广泛应用得益于 Sigmoid 函数。该函数的图像为 S 型曲线:初始阶段增长缓慢,接下来的阶段大致是指数增长阶段,然后开始变得饱和,增加变慢,最后达到成熟时增加停止。S 型曲线广泛应用在社会学、生物学、医学、心理学以及经济学等领域,例如 S 型曲线很好地描述疾病发展中综合危险因素的影响状态。Logistic 回归模型适合描述因变量为 1 的概率和自变量的线性组合呈现 S 型曲线的情形。

Logistic 回归可用于高维稀疏数据分类。大规模稀疏数据体现在搜索、推荐和广告等任务上,例如某电商系统一共有 10 亿商品量,那么用户访问过的每一个商品就是一维特征。因此,表征用户的特征维度就可能有 10 亿维,经独热编码后只有访问过的商品才有值 1,未访问过的商品全为 0,因此产生了用户的高维稀疏表征。除了用户的稀疏表征,商品同样也是稀疏的,它们可能有各种各样的特征,例如颜色、形状、图像和名称等,商品的各种特征,经独热编码后就成为高维稀疏向量。稀疏向量内积运算速度快,有利于计算和存储,因此 Logistic 回归模型可用于高维稀疏数据分类。随着数据规模的增大,分布式和并行计算技术的研究成为热点,诸如分布式随机梯度下降和分布式坐标下降法等优化算法使得 Logistic 回归可以在大规模数据集上高效训练。

Logistic 回归是线性分类模型,无法捕获高阶特征,为了提高模型拟合能力,可以在模型中增加二阶特征组合。Logistic 回归模型对样本量要求较高,如果样本量有限而特征维度高,容易出现过拟合。为了防止过拟合,可以使用赤池信息量准则或贝叶斯信息准则逐步回归进行变量选择,也可以建立带 L_1 惩罚函数的 Logistic 回归模型。进行 Logistic 回归建模时需要尽量避免多重共线性问题,严重的多重共线性会引起信息重叠,不仅浪费计算资源,还会降低模型的解释性。此外,Logistic 回归在处理类别不平衡时,可能表现不佳。

Logistic 回归适合简单、线性、可解释的分类问题,对于复杂、高维、非线性或不平衡的任务,Logistic 回归的性能可能受到限制,这时候需要使用决策树、神经网络等更复杂的模型。近年来,有人提出将 Logistic 回归与深度学习结合起来,用于捕捉复杂的非线性关系。

习 题

1. 试述实际应用中常见的分类与回归问题.
2. 简述线性回归与 Logistic 回归的联系与区别.
3. 实践题:糖尿病数据分析.

糖尿病是一种代谢性疾病,其特点是血糖(葡萄糖)水平持续偏高,主要由胰岛素分泌不足或胰岛素作用受损引起.长期高血糖会对身体的各个系统造成损害,可能导致心血管疾病、肾病、视网膜病变等许多并发症.

糖尿病数据集(Diabetes Dataset)来源于埃夫隆(Efron)等(2004)关于最小角回归的研究[24].该数据包括糖尿病患者的血液化验指标 y(442×1 向量),x(442×10 的矩阵),x_2(442×64 的矩阵),将 y 作为因变量,x_2 作为自变量,建立最小二乘线性回归、逐步回归、岭回归、Lasso 回归等模型,并分析比较回归的结果.

4. 实践题:信用卡违约预测.

信用卡违约预测在评估个人和企业的信用状况方面发挥着至关重要的作用,它使贷款机构能够就贷款批准和风险管理做出明智的决策.

加州大学欧文分校信用卡违约数据集(Default of Credit Card Clients)为某地区信用卡客户数据,数据包括过去六个月的账单还款情况,共有 30000 个样本.各变量含义如下:

Y:下个月还款违约情况(1=逾期,0=未逾期).

X_1:信用额度,包括其个人和家庭补充信用.

X_2:性别(1=男;2=女).

X_3:教育(1=研究生,2=大学,3=高中,4=其他).

X_4:婚姻状况(1=已婚,2=单身,3=其他).

X_5:年龄(年).

$X_6 - X_{11}$:过去六个月的还款情况.X_6(2005 年 9 月还款情况),…,X_{11}(2005 年 4 月还款情况).−1=按时还款,1=延迟一个月还款,2=延迟两个月还款,…,8=延迟八个月还款,9=延迟九个月及以上还款.

$X_{12} - X_{17}$:过去六个月的账单金额.X_{12}(2005 年 9 月账单金额),…,X_{11}(2005 年 4 月账单金额).

$X_{18} - X_{23}$:过去六个月的还款金额.X_{18}(2005 年 9 月还款金额),…,X_{23}(2005 年 4 月还款金额).

请从加州大学欧文分校的机器学习数据库或 Kaggle 数据科学竞赛平台网站

下载信用卡违约数据集(Default of Credit Card Clients),将 Y 作为因变量,X_1—X_{23} 作为自变量,建立 Logistic 回归模型并评价预测的效果,分析信用卡逾期的影响因素,探索模型的应用方向

参考文献

[1] SAMUEL A L. Some studies in machine learning using the game of checkers[J]. IBM Journal of Research and Development,1959,3(3):210-229.

[2] 闫娇娇. 基于大数据的互联网金融征信体系研究[D]. 天津:天津大学,2016.

[3] MCKINNEY S M, SIENIEK M, GODBOLE V, et al. International evaluation of an AI system for breast cancer screening[J]. Nature,2020,577:89-94.

[4] 头豹研究院. 2022 年中国 AI 医学影像行业概览[R/OL].(2022-06-08)[2025-01-07]. https://www.leadeo.com/report/details/62a012c5635d9d4f6bf5bd58.

[5] 宋春莹. 北京房价的影响因素分析及预测研究[D]. 北京:首都经济贸易大学,2022.

[6] 张轶伦. 上市公司主要 App 评论对公司股价波动的影响(以腾讯为例)[D]. 苏州:苏州大学,2022.

[7] 李凤雷. 基于深度学习的药物设计方法[J]. 自然杂志,2021,43(5):383-390.

[8] 戴青青,余俊霖,李国菠. 深度学习辅助药物发现的研究进展[J]. 药学进展,2022,46(1):60-70.

[9] 新华网. 人工智能加速落地新药研发[N/OL].(2024-10-24)[2025-01-07]. https://baijiahao.baidu.com/s?id=1813759746337288851.

[10] JUMPER J, EVANS R, PRITZEL A, et al. Highly accurate protein structure prediction with AlphaFold[J]. Nature,2021,596(7873):583-589.

[11] 上海证券报. 8 年,15 倍!AI 制药,新风口![N/OL].(2022-11-20)[2025-01-09]. https://baijiahao.baidu.com/s?id=1750058005762623846.

[12] 红星新闻."AI 制药"成都上线,它为何被视为医药研发"破局神器"?[N/OL].(2022-10-29)[2025-01-09]. https://baijiahao.baidu.com/s?id=1750058005762623846.

[13] 搜狐网. 2024 年中国人脸识别市场规模及行业发展前景预测分析(图)[N/OL].(2024-11-27)[2025-01-09]. https://www.sohu.com/a/830736512_350221.

[14] 何晓群,刘文卿. 应用回归分析[M]. 5 版. 北京:中国人民大学出版社,2019.

[15] GALTON F. Regression towards mediocrity in hereditary stature[J]. The

Journal of the Anthropological Institute of Great Britain and Ireland, 1886, 15: 246-263.

[16] PEARSON K. Mathematical contributions to the theory of evolution. III. Regression, heredity, and panmixia[J]. Philosophical Transactions of the Royal Society of London, Series A, 1896, 187: 253-318.

[17] SIMPSON E H. The interpretation of interaction in contingency tables[J]. Journal of the Royal Statistical Society: Series B, 1951, 13(2): 238-241.

[18] Rubin D B. Estimating causal effects of treatments in randomized and non-randomized studies[J]. Journal of Educational Psychology, 1974, 66(5): 688-701.

[19] PEARL J. Causality: models, reasoning, and inference[M]. 2nd ed. Cambridge: Cambridge University Press, 2009.

[20] AKAIKE H. A new look at the statistical model identification[J]. IEEE Transactions on Automatic Control, 1974, 19(6): 716-723.

[21] MALLOWS C L. Some comments on Cp[J]. Technometrics, 1973, 15(4): 661-675.

[22] HOERL A E, KENNARD R W. Ridge regression: biased estimation for non-orthogonal problems[J]. Technometrics, 1970, 42(1): 80-86.

[23] TIBSHIRANI R. Regression shrinkage and selection via the lasso[J]. Journal of the Royal Statistical Society: Series B, 1996, 58(1): 267-288.

[24] EFRON B, HASTIE T, JOHNSTONE I, et al. Least angle regression[J]. The Annals of Statistics, 2004, 32(2): 407-451.

[25] VERHULST P F. Notice sur laloi que la population poursuit dans son accroissement[J]. Correspondance Mathématique et Physique, 1838, 10: 113-121.

[26] PEARL R, REED L J. On the rate of growth of the population of the United States since 1790 and its mathematical representation[J]. Proceedings of the National Academy of Sciences of the United States of America, 1920, 6(6): 275-288.

[27] YULE G U. The growth of population and the factors which control it[J]. Journal of the Royal Statistical Society, 1925, 38: 1-59.

[28] BERKSON J. Application of the logistic function to bio-assay[J]. Journal of the American Statistical Association, 1944, 39(227): 357-365.

[29] BLISS C I. The method ofprobits[J]. Science, 1934, 79(2037): 38-39.

[30] MCFADDEN D. Economic choices[J]. American Economic Review,2001,91:352-370.

[31] 刘梦娟,曾贵川,岳威,等.面向展示广告的点击率预测模型综述[J].计算机科学,2019,46(7):38-49.

[32] HAN B, ZHENG R, ZENG H, et al. Cancer incidence and mortality in China,2022[J]. Journal of the National Cancer Center,2024,4:47-53.

[33] 张良海.基于模型融合的信用卡违约预测研究[D].北京:北京工业大学,2020.

[34] 托马斯 L C,爱德曼 D B,克鲁克 J N.信用评分及其应用[M].王晓蕾,译.北京:中国金融出版社,2006.

[35] SNOEK J, LAROCHELLE H, ADAMS R P. Practical Bayesian optimization of machine learning algorithms[C]//Advances in Neural Information Processing Systems. 2012:2951-2959.

[36] MCMAHAN H B, HOLT G, SCULLEY D, et al. Ad click prediction:a view from the trenches[C]//Proceedings of the 19th ACM SIGKDD International Conference on Knowledge Discovery and Data Mining. 2013:1222-1230.

第 2 章

基于决策树的模型

第 1 章介绍的经典线性模型是比较简单的统计模型,适用于样本量较小的情形.随着样本量的增大,需要建立更复杂的非线性模型进行分类或回归.本章首先介绍一种简单的非线性模型——决策树,决策树是一种树状结构的经典机器学习模型,具有可解释性强的优点,但同时也是一种稳定性较差的算法.

集成学习是提高模型稳定性和预测精度的有效途径.集成学习指通过构建并结合多个学习器来完成学习任务.集成学习中的单个模型称为基学习器或弱学习器,以决策树作为基学习器,将多棵决策树结合进行学习,可以获得比单棵决策树更好的性能表现.本章介绍以决策树为基模型构建的几种具备代表性的集成学习模型:随机森林、梯度提升决策树(Gradient Boosted Decision Tree,GBDT)、极端梯度提升(Extreme Gradient Boosting,XGBoost)、轻量梯度提升机(Light Gradient Boosting Machine,LightGBM)和类别特征梯度提升(Categorical Boosting,CatBoost).

2.1 决策树

决策树是利用树形结构来进行分类或回归的一种决策方法[1].

2.1.1 决策树概述

亨特(Hunt)等人于 1966 年提出概念学习系统(Concept Learning System,CLS)决策树算法[2],之后决策树算法日益受到关注,在此基础上陆续出现了迭代二分器 3(Iterative Dichotomise 3,ID3,昆兰(Quinlan))[3]、分类器 4.5(Classifier 4.5,C4.5,昆兰)[4]、分类回归树(Classification and Regression Tree,CART,布莱曼(Breiman))[5]等算法.决策树具有非线性、简单易解释的特点,是集成学习中应用最为广泛的基模型,以决策树为基学习器产生了随机森林、极端梯度提升等组合预测方法.决策树、随机森林和极端梯度提升等各种树方法现在已成为经典机器学习领域广泛使用的主流方法.

决策树的决策过程类似于人类面临问题时进行决策的处理机制.考虑网络购物的案例,消费者进行网络购物时,首先考虑商品的价格,如果价格不合适不购买,如果价格合适再考虑商品的属性(品牌、尺寸、颜色、款式等),如果属性不适合不考虑购买,如果适合再看一下商品的评价,如果评价好决定购买,评价不好放弃购买.网络购物的决策过程可以用一棵决策树表示,见图 2-1.决策树的决策过程类似一棵倒置的树,因此称为决策树.在网络购物的例子中,输出变量 y 为是否购买,如果购买 $y=1$,否则 $y=0$,输入特征为商品的价格、属性、评价等.人类的决策规则主要基于经验,决策树通过训练样本获得决策规则.

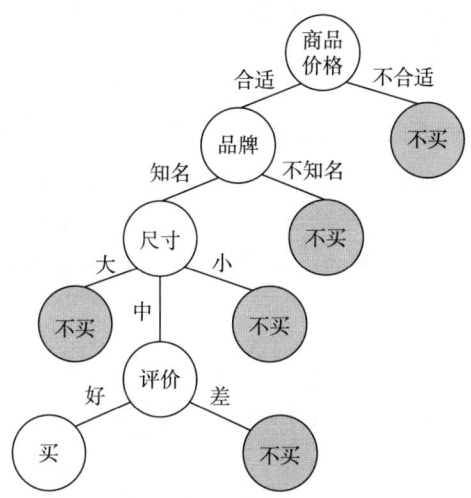

图 2-1　商品购买决策树

决策树由节点和有向边组成.决策树的节点包括根节点、中间节点和叶节点.决策树最上方的节点为根节点,没有下层节点的为叶节点,位于根节点下且自身有下层的节点为中间节点.

决策树的生长是对训练数据不断分组的过程,核心算法是确定决策树的分枝规则.分枝规则需要根据分组前后样本的差异性来制定,差异性显著指分组后样本的异质性(不纯度)随决策树的生长而显著降低.达到叶节点的一般标准是节点中的样本属于同一类别,或样本量过小,或达到用户指定的停止生长标准.为了防止过拟合,还需要对决策树进行剪枝,剪枝分为预剪枝和后剪枝.

决策树体现了对样本数据分组的过程,反映了输入变量和输出变量之间的逻辑关系.其本质是一组嵌套的 if-else 判定规则,由决策树的根节点到叶节点的每一条路径构建一条规则.决策树还能表示给定特征条件下类的概率分布,其决策函数是分段常数函数,对应于用平行于坐标轴的平面对空间的划分[6].决策树可以用于分类,也可以用于回归.常见的决策树算法包括:

(1) ID3:在各个节点应用信息增益选择属性.

(2) C4.5:在各个节点应用信息增益率选择属性.

(3) CART:二叉树,可用于分类,也可用于回归,分类树采用基尼(Gini)指数,回归树用误差平方和选择属性.

2.1.2 决策树的生长

分类树的异质性测度指标有信息熵和基尼指数.

信息熵是信息论中的基本概念,表示信源发出信息的平均的不确定性[7].借助于信息熵的概念,定义分类树节点 t 的信息熵为

$$Ent(t) = -\sum_{j=1}^{k} p_j \log_2 p_j, \qquad (2\text{-}1)$$

其中 p_j 为节点 t 中第 j 类样本所占比例,k 为类别个数.信息熵度量节点集合的纯度,节点纯度越高,信息熵越小.当 t 中所有样本属于同一类别时,信息熵为 0;当所有 p_j 相等时(类均匀分布),信息熵最大.随着分类树的生长,节点的异质性逐渐降低,信息熵减少.如果依据某个属性 a 分割父节点 t 形成左右两个子节点,那么属性 a 获得的信息增益为

$$Gains(t) = Ent(t) - \frac{N_l}{N} Ent(t_l) - \frac{N_r}{N} Ent(t_r), \qquad (2\text{-}2)$$

其中,$Ent(t)$ 和 N 分别为划分前的父节点 t 的信息熵和样本量.$Ent(t_l)$,N_l 和 $Ent(t_r)$,N_r 分别为划分后的左右子节点的条件信息熵和样本量.信息增益用于衡量属性 a 对节点 t 进行划分获得的节点的异质性下降的程度.信息增益的值越大,分组所获得的节点纯度提升越大,分类的不确定性减少的程度越大.因此,可以利用信息增益为准则来选择决策树的最佳划分变量.最佳划分变量应使信息增益达到最大.著名的 ID3 算法正是以信息增益为准则来选择划分变量的.

信息增益准则对取值较多的属性有所偏好,因此信息增益率作为一种补偿措施来解决信息增益所存在的问题.著名的 C4.5 算法以信息增益率为准则选择划分变量.信息增益率在信息增益的基础上考虑到划分属性自身的固有值.属性 a 对节点 t 进行划分获得的信息增益率为

$$Gains\_ratio(t) = \frac{Gains(t)}{IV(a)},$$

其中

$$IV(a) = -\left(\frac{N_l}{N} \log_2 \frac{N_l}{N} + \frac{N_r}{N} \log_2 \frac{N_r}{N}\right)$$

为划分属性 a 的固有值.

分类树的另一个异质性测度指标为基尼指数,其定义为

$$Gini(t) = \sum_{i \neq j} p_i p_j = 1 - \sum_{j=1}^{k} p_j^2, \quad (2\text{-}3)$$

其中 p_j 为节点 t 中第 j 类样本所占比例,k 为类别个数.基尼指数反映了从节点集合中随机抽取两个样本,其类别不一致的概率.类似于信息熵,基尼指数也是一种度量节点集合纯度的指标,节点集合纯度越高,基尼指数值越小.当 t 中所有样本属于同一类别时,基尼指数为 0;当所有 p_j 相等时(类均匀分布),基尼指数最大. CART 决策树使用基尼指数选择划分属性.基尼指数和信息熵在测量节点集合纯度上无明显差异.如果依据某个属性 a 分割父节点 t 形成左右两个子节点,那么属性 a 获得的基尼指数变化为

$$\Delta Gini(t) = Gini(t) - \frac{N_r}{N} Gini(t_r) - \frac{N_l}{N} Gini(t_l), \quad (2\text{-}4)$$

其中,$Gini(t)$ 和 N 分别为划分前的父节点 t 的基尼指数和样本量,$Gini(t_l)$,N_l 和 $Gini(t_r)$,N_r 分别为划分后的左右子节点的基尼指数和样本量.基尼指数表示属性 a 对节点 t 进行划分获得的节点的异质性下降的程度.基尼指数的值越大,划分获得的节点纯度提升越大,属性 a 对节点的分类能力越强.因此,可以利用基尼指数作为另外一种准则来选择决策树的最佳划分变量.最佳划分变量应使基尼指数达到最大.

类似于分类树,回归树的异质性测度指标为输出变量的方差,其定义为

$$R(t) = \frac{1}{N_t - 1} \sum_{i=1}^{N_t} (y_i(t) - \overline{y}(t))^2, \quad (2\text{-}5)$$

其中 t 为节点,N_t 为节点 t 所含样本量,$y_i(t)$ 为节点 t 中第 i 个观测值的输出变量值,$\overline{y}(t)$ 为节点 t 中输出变量的平均值.方差是节点集合差异性的一种度量指标,节点集合差异性越小,方差越小.CART 决策树使用方差选择划分属性.如果依据某个属性 a 分割父节点 t 形成左右两个子节点,那么属性 a 获得的方差变化为

$$\Delta R(t) = R(t) - \frac{N_r}{N} R(t_r) - \frac{N_l}{N} R(t_l), \quad (2\text{-}6)$$

其中,$R(t)$ 和 N 分别为划分前的父节点 t 的方差和样本量,$R(t_l)$,N_l 和 $R(t_r)$,N_r 分别为划分后的左右子节点的方差和样本量.选择最佳划分属性,使方差的变化最大.

2.1.3 决策树的剪枝

将已经生成的树进行简化的过程称为剪枝,剪枝的目的是防止过拟合.剪枝分为预剪枝和后剪枝.预剪枝为决策树生长过程中指定一些参数控制决策树充分生长,这些参数包括决策树最大深度、父节点和子节点所包含的最小样本量或比例、

树节点的最小异质性减少量.

后剪枝为决策树长到一定程度后,根据一定规则剪去决策树中不具有代表性的叶节点和子树.分类回归树采用的后剪枝算法为最小代价复杂度剪枝法.决策树 T 的代价复杂度定义为

$$R_\alpha(\{T\})=R(T)+\alpha|\tilde{T}|, \quad (2\text{-}7)$$

其中 $R(T)$ 为 T 在训练样本集的预测误差,$|\tilde{T}|$ 为 T 的叶节点的数量,α 为复杂度参数(Complexity Parameter,CP).$R(T)$ 表示决策树的拟合程度,$|\tilde{T}|$ 为决策树的复杂度,代价复杂度 $R_\alpha(\{T\})$ 体现了决策树的复杂度和精度之间的一种平衡,复杂度参数控制两者之间的影响.

在剪枝的过程中,需要比较中间节点 $\{t\}$ 的代价复杂度

$$R_\alpha(\{t\})=R(t)+\alpha$$

和子树 T_t 的代价复杂度

$$R_\alpha(\{T_t\})=R(T_t)+\alpha|\tilde{T_t}|.$$

如果中间节点的代价复杂度大于它的子树的代价复杂度,则保留子树;如果中间节点的代价复杂度小于它的子树的代价复杂度,则剪掉子树.所以从小到大调整复杂度参数 $\alpha_1<\alpha_2<\cdots<\alpha_k$,根据复杂度参数得到 k 个备选子树 $T_{\alpha_1},T_{\alpha_2},\cdots,T_{\alpha_k}$,在 k 个子树中选出最优子树.

2.1.4　Python 中决策树的代码实现

Python 中决策树分类可以通过 Sklearn 学习库中的 DecisionTreeClassifier 实现,回归可以通过 DecisionTreeRegressor 实现.下面以 DecisionTreeClassifier 为例介绍其使用方法:

```python
from sklearn.tree import DecisionTreeClassifier
dt = DecisionTreeClassifier(*, criterion='gini', splitter='best',
    max_depth=None, min_samples_split=2, min_samples_leaf=1,
    min_weight_fraction_leaf=0.0, max_features=None, random_state=None,
    max_leaf_nodes=None, min_impurity_decrease=0.0, class_weight=None,
    ccp_alpha=0.0)
```

DecisionTreeClassifier 中各参数说明:

$criterion$: 度量节点分裂质量的指标.

设置为 $'gini'$ 表示基尼不纯度

设置为 $'entropy'$ 和 $'log\_loss'$ 表示香农(Shannon)信息增益

默认 $= gini$

$splitter$: 节点进行分裂的策略.

设置为 $'best'$ 表示选择最佳分裂

设置为 $'random'$ 表示选择最佳随机分裂

默认 $= best$

max_depth: 树的最大深度.

设置为整数时表示最大深度为此整数

设置为 $'None'$ 表示直到所有叶子节点中的样本属于同一类或叶子节点,样本量小于 $min\_samples\_split$ 时停止分裂

默认 $= None$

$min\_samples\_split$: 节点分裂所需要的最小样本量.

设置为整数表示最小样本量为此整数

设置为浮点数表示最小样本量为 $ceil(min\_samples\_split * n\_samples)$,其中 $ceil$ 表示四舍五入,n 为样本量

默认 $= 2$

$min\_samples\_leaf$: 叶节点的最小样本量.

设置为整数表示最小样本量为此整数

设置为浮点数表示最小样本量为 $ceil(min\_samples\_leaf * n\_samples)$,其中 $ceil$ 表示四舍五入,n 为样本量

默认 $= 1$

$min\_weight\_fraction\_leaf$: 叶节点样本的最小权重和. 默认 $= 0.0$

$max\_features$: 分裂时考虑的最大特征数.

设置为 $'sqrt'$ 表示特征数为 $sqrt(n\_features)$

设置为 $'log2'$ 表示特征数为 $log2(n\_features)$

设置为整数表示特征数为此整数

设置为浮点数表示特征数为 $max(1, int(max\_features * n\_features))$

　　　　　　　　　　设置为$'None'$表示使用的特征数为n

　　　　　　　　　　默认$=None$

　　$random\_state$：随机数种子.

　　　　　　　　　　设置为整数表示以给定的数为随机数种子

　　　　　　　　　　设置为$RandomState$对象表示使用指定的随机数生成器

　　　　　　　　　　设置为$'None'$表示使用默认的随机数种子

　　　　　　　　　　默认$=None$

　　max_leaf_nodes：最大叶节点数.

　　　　　　　　　　设置为整数表示最大叶节点数为此整数

　　　　　　　　　　设置为$'None'$表示无限制

　　　　　　　　　　默认$=None$

　　$min\_impurity\_decrease$：最小不纯度减少值. 默认$=0.0$

　　$class\_weight$：类别的权重.

　　　　　　　　　　设置为$'balanced'$，利用y的值修正权重（类别出现频率越高，权重越小）

　　　　　　　　　　设置为$'balanced\_subsample'$，利用自助样本计算权重

　　　　　　　　　　设置为$'None'$表示所有类别的权重为1

　　　　　　　　　　也可以以字典或字典列表的形式指定类别的权重

　　　　　　　　　　默认$=None$

　　ccp_alpha：最小代价复杂度剪枝的复杂度参数.

　　　　　　　　　　选择代价复杂度最大且小于ccp_alpha的子树

　　　　　　　　　　设置为0表示不进行剪枝

　　　　　　　　　　默认$=0$

DecisionTreeClassifier中最重要的超参数为：max_depth，$min\_samples\_split$，$criterion$ 和 $max\_features$

这些参数可以通过调整来平衡模型的准确率和复杂度

DecisionTreeClassifier 返回值：

$classes\_$ ：类别标签

$feature\_importances\_$ ：特征重要性

$max\_features\_$ ：最大特征值

$n\_classes\_$ ：类别的数量

> *n_features_in_*：输入特征的数量
> *feature_names_in_*：输入特征的名字
> *n_outputs_*：输出的数量
> *tree_*：基础树对象

2.1.5 决策树应用场景

决策树算法无需任何分布假定,运算速度快,可解释性强,对异常值、缺失值、多重共线性不敏感.决策数是一种对小样本友好的非参数模型,并且是运行机制和决策过程对用户完全透明的白盒机器学习模型.缺点是稳定性较差,无法得到光滑的预测边界.决策树及各种以决策树为基础的集成树模型适用于许多领域的分类和预测任务,如医疗领域的疾病诊断和药物治疗等方面,金融领域的信用评级和风险评估等方面、电商领域的商品推荐和用户画像等方面.特别是在需要可解释性和易于理解的场景中,如医疗和金融领域,树模型更具优势.

2.2 随机森林

随机森林是一种以决策树为基学习器构建的袋装(bagging)集成方法,或自助聚合(bootstrap aggregation)方法,可以用于分类和回归任务,被誉为"代表集成学习技术水平的方法".

2.2.1 随机森林简介

美国统计学家里奥·布莱曼(Leo Breiman)于1994年提出了袋装算法[8];随后贝尔实验室的何天琴(Tin Kam Ho)于1995年提出了随机决策森林的概念[9];布莱曼与新西兰统计学家阿黛尔·卡特斯(Adele Cutler)于2001年提出了随机森林[10]算法.

随机森林算法通过随机选择特征和样本,构建多个决策树,然后将它们的结果进行集成,从而提高模型的准确性和泛化能力.除此之外,随机森林还可以给出变量重要性的度量.

2.2.2 随机森林基本原理

随机森林从原始数据中抽取自助样本,为每个样本建立决策树(CART决策树),最终的预测结果是所有结果的平均.对于分类任务,使用简单投票法,预测结果为得票最多的类别;对于回归任务,使用简单平均法,预测结果为预测值的平均.随机森林最大的特点是双随机,表现在自助采样时的样本随机性和建立决策树的过程中候选特征的随机性.

样本随机性指利用自助采样为每棵决策树构建数据集,即对原始数据集进行有放回重复抽样,得到 M 个与原始数据集样本量相同的自助样本.由于自助抽样是有放回的,因此有一些样本在自助样本中重复出现,而有一些样本则可能从未出现,原始数据集中约有 63.2% 的样本出现在自助样本中.利用自助采样得到的 M 个数据集既具有差异性,也有一定程度的交叠,这保证了基于每个数据集所构建的决策树具有较好的性能,同时每棵决策树具有较大的差异性.

特征随机性指在建立决策树过程中,随机构建候选特征子集,即在构建随机森林的第 i 棵决策树的过程中,每个节点分裂时,不是从所有特征中选择最佳分裂点,而是通过随机方式选取部分特征构成候选特征子集,然后从候选特征子集中选取一个最优特征进行划分,没有进入候选特征子集的特征不能参与此节点最优变量的竞争.在样本随机性的基础上,特征随机性进一步增加了随机森林中决策树的差异性.而且通常不对每棵树进行剪枝,可以保证每棵决策树的预测精度较高.构建候选特征子集的方式主要有 Forest-RI(Radom Input,随机输入)和 Forest-RC(Regression Classification,回归分类)两种.

(1) Forest-RI.

从 p 个特征中随机选取 k 个特征构建候选子集.当 $k=1$ 时,每棵决策树随机选取一个特征进行节点划分;当 $k=p$ 时,每棵决策树与传统决策树相同.一般情况下,推荐 $k=\log_2 p$.

(2) Forest-RC.

当 p 较小时,使用 Forest-RI 构建候选特征子集可能会导致决策树之间的差异过小,从而影响随机森林的最终效果.为了提高决策树的差异性,可以随机选择 L 个特征,将这 L 个特征以一定系数进行线性组合,系数可以从 $[-1,1]$ 区间等概率选择,由此得到 L 个特征的组合构成候选变量子集.

随机森林的双随机特性确保了每棵决策树"好而不同".通过对性能较好且具有差异性的 k 棵决策树进行集成,随机森林可以获得比单棵决策树更高的稳定性和预测准确性.

2.2.3 特征重要性

随机森林不仅可以提供准确的预测,还可以给出多种特征重要性的测度.依据随机森林给出的特征重要性评分,可以对随机森林的预测结果作出更好的解释,或者进行特征筛选来提升模型预测的效果.常用的基于随机森林的特征重要性计算方法有:

(1) 基于平均不纯度下降(mean decrease impurity)的重要性.

对于每个特征,首先计算随机森林中各决策树使用该特征进行分割时不纯度的(基尼指数或方差)减少量,再对各决策树的不纯度减少量取平均,平均值越大,说明输入变量越重要.

(2) 基于平均预测准确率下降(mean decrease accuracy)的重要性.

对于随机森林中的每一棵决策树,在自助抽样的过程中,大约有 36.8% 的样本未被抽中,这些未被抽中的样本构成了袋外(Out-Of-Bag,OOB)样本.在随机森林中,对每个样本计算其作为袋外样本时对应决策树(大约 1/3 的树)的预测值,以简单多数投票或平均作为该样本的预测结果,称为该样本的袋外预测值.样本的袋外预测值与真实观测值之间的差异称为袋外误差.对于分类问题,袋外误差为袋外错误率,即样本的袋外预测结果错误分类次数占总样本的比例;对于回归问题,袋外误差为袋外均方误差.可以用袋外误差估计作为泛化误差的无偏估计,而无需做交叉验证或利用测试集计算泛化误差.

以袋外误差为基础,可以度量变量的重要性,其主要思想为:对某一个特征添加随机噪声后,随机森林泛化误差的增大程度可以刻画该变量的重要性.具体做法是:

① 对于第 i 棵树,$i=1,2,\cdots,M$,找到其袋外数据,并利用第 i 棵树对袋外数据进行预测,计算第 i 棵树在袋外数据上的预测误差 e_i.

② 随机重排袋外样本在第 j 个特征的取值,再次利用第 i 棵树对袋外数据进行预测,计算重排后第 i 棵树在袋外数据上的预测误差 e_i^j.

③ 计算 $d^j = \dfrac{1}{M}\sum\limits_{i=1}^{M}(e_i - e_i^j)$,表示对袋外样本第 j 个特征加以扰动后模型的平均预测准确率的降低程度.平均预测准确率的降低程度越大,表示该特征越重要.最终计算出每个特征的重要性之后,将该值归一化得到最终的重要性得分.

(3) 基于排列(permutation)的重要性.

首先随机地打乱每个样本在某个特征上的取值,之后计算对该特征扰动前后模型精度的变化.模型精度变化越大,说明该特征对模型表现的影响越大,其越重要.

2.2.4 SHAP 算法

SHAP(SHapley Additive exPlancitions,沙普利可加性解释)[11][12]算法是一种可解释机器学习算法,能够提供全面的特征重要性评估指标.SHAP 算法可以应用于大多数机器学习算法,如决策树、随机森林、神经网络等.

Shapley 值由劳埃德·沙普利(Lloyd Shapley)于 1953 年提出,源自合作博弈理论,旨在解决合作博弈论中的分配均衡问题.该方法根据玩家对总支出的贡献为各个玩家分配支出,玩家在联盟中合作并从这种合作中获得一定的收益[13].2017年,伦德伯格(Lundberg)和李(Lee)基于 Shapley 值提出了 SHAP 算法,这是一种解释机器学习模型的方法,该方法通过计算每个特征对预测结果的贡献来解释预测结果,SHAP 算法的解释方法与人类直觉一致[11].

SHAP 算法将模型的预测值解释为每个输入特征的归因值之和,其数学定义为

$$g(z') = \phi_0 + \sum_{i=1}^{M} \phi_i z_i', \qquad (2\text{-}8)$$

其中 g 是解释模型,$z' \in \{0,1\}^M$ 表示相应特征 x 是否能被观察到(1 或 0),M 是输入特征的数目,$\phi_i \in \mathbf{R}$ 是每个特征的归因值(Shapley 值).

SHAP 算法具有三个理想的属性:局部准确性(local accuracy)、缺失性(missingness)和一致性(consistency).局部准确性表示特征归因的总和等于我们要解释的模型的输出:

$$f(x) = g(x') = \phi_0 + \sum_{i=1}^{M} \phi_i x_i',$$

其中,x 为输入特征,x' 为 x 的简化特征,ϕ_0 是所有训练样本的预测均值.缺失性表示缺失特征的归因值为 0.一致性要求,如果模型发生改变使得某个特征对模型的影响增大,那么该特征的归因值不会减少.

定义 $f_x(S) = E(f(x)|x_S)$,其中 $f(x)$ 为要解释的模型,S 为可观察到的输入特征的一个集合,$E(f(x)|x_S)$ 为 $f(x)$ 在输入特征子集 S 上的期望值.Shapley 值由下式给出:

$$\phi_i = \sum_{S \subseteq N \setminus \{i\}} \frac{|S|!(M-|S|-1)!}{M!} [f_x(S \cup \{i\}) - f_x(S)],$$

其中 N 为所有输入特征的集合.

SHAP 算法解决了很多特征归因方法不一致的问题.更重要的是,传统的特征重要性方法只能判断哪个特征重要,而不清楚该特征怎样影响预测结果.SHAP 算法不仅能够反映各个特征的重要性,还能揭示该特征对预测结果的正负影响.由 Shapley 值推广得到的 SHAP 交互效应值可以用来评估特征间的交互效应.值得一提的是,SHAP 算法可以提供丰富的可视化手段.

2.2.5 Boruta 算法

Boruta(博鲁塔)算法[14]是一种以随机森林为框架的包裹式特征选择方法,其基本思想是:每个真实特征进行随机打乱重排构造出影子特征,并将真实特征与影子特征拼接形成新的特征矩阵进行训练,最后以影子特征的特征重要性得分作为参考,从真实特征中选出与输出变量真正相关的特征集合.Boruta 算法的具体步

骤为

(1) 创建影子特征：将真实特征矩阵 X 中的各个特征取值进行随机打乱，得到影子特征，将影子特征与真实特征进行拼接，构成新的特征矩阵．

(2) 获取特征重要性：使用新特征矩阵作为输入，利用随机森林、梯度提升决策树或极端梯度提升等集成决策树模型计算出特征重要评分的基于袋外预测误差得到影子特征和真实特征的特征重要性评分．

(3) 设置阈值：从影子特征中找出最大的特征重要性评分作为阈值，对于真实特征，若其重要性评分大于阈值的真实特征，则记录一次命中．

(4) 特征筛选：累计各特征命中次数，基于二项分布作假设检验，根据显著性水平标记特征为：接受的重要特征、无法确定的特征或拒绝的不重要特征．删除不重要的特征．

(5) 迭代：重复以上步骤，直到所有特征都被标记为重要或者不重要．

2.2.6　Python 中随机森林的代码实现

Python 中随机森林分类可以通过 Sklearn 学习库中的 RandomForest-Classifier 实现，回归可以通过 RandomForestRegressor 实现．下面以 RandomForest-Classifier 为例介绍其使用方法：

```
from sklearn.ensemble import RandomForestClassifier
rf = RandomForestClassifier(n_estimators=100, *, criterion='gini', max_depth=None, min_samples_split=2, min_samples_leaf=1, min_weight_fraction_leaf=0.0, max_features='sqrt', max_leaf_nodes=None, min_impurity_decrease=0.0, bootstrap=True, oob_score=False, n_jobs=None, random_state=None, verbose=0, warm_start=False, class_weight=None, ccp_alpha=0.0, max_samples=None)
```

RandomForestClassifier 中各参数说明：

$n\_estimators$：随机森林中树的数量．默认=100

$criterion$：节点分裂质量的度量指标．

设置为 $'gini'$ 表示基尼不纯度

设置为 $'entropy'$ 和 $'log\_loss'$ 表示香农信息增益

默认 = $gini$

max_depth：树的最大深度。

设置为整数时表示最大深度为此整数

设置为 $'None'$ 表示直到所有叶节点中的样本属于同一类或叶子节点中

样本量小于 $min\_samples\_split$ 时停止分裂

默认 = $None$

$min\_samples\_split$：节点分裂所需要的最小样本量。

设置为整数表示最小样本量为此整数

设置为浮点数表示最小样本量为 $ceil(min\_samples\_split * n\_samples)$，其中 $ceil$ 表示四舍五入，n 为样本量

默认 = 2

$min\_samples\_leaf$：叶节点的最小样本量

设置为整数表示最小样本量为此整数

设置为浮点数表示最小样本量为 $ceil(min\_samples\_leaf * n\_samples)$，其中 $ceil$ 表示四舍五入，n 为样本量

默认 = 1

$min\_weight\_fraction\_leaf$：叶节点样本的最小权重和。默认 = 0.0

$max\_features$：分裂时考虑的最大特征数。

设置为 $'sqrt'$ 表示特征数为 $sqrt(n\_features)$

设置为 $'log2'$ 表示特征数为 $log2(n\_features)$

设置为整数表示特征数为此整数

设置为浮点数表示特征数为 $max(1, int(max\_features * n\_features))$

设置为 $'None'$ 表示使用所有特征

默认 = $sqrt$

max_leaf_nodes：最大叶节点数。

设置为整数表示最大叶节点数为此整数

设置为 $'None'$ 表示无限制

默认 = $None$

min_impurity_decrease：最小不纯度减少值. 默认＝0.0

bootstrap：建树时是否使用自助样本.
　　　　　设置为'*True*' 表示使用自助样本
　　　　　设置为'*False*' 表示使用所有数据
　　　　　默认＝*True*

oob_score：是否使用袋外样本估计泛化得分.
　　　　　设置为'*True*' 表示使用袋外样本估计得分
　　　　　设置为'*False*' 表示不使用
　　　　　默认＝*False*

n_jobs：并行计算使用的 CPU 数量.
　　　　　设置为'*None*' 表示使用 1 个 CPU
　　　　　设置为 −1 表示使用所有 CPU
　　　　　设置为整数表示使用的 CPU 数为此整数
　　　　　默认＝*None*

random_state：随机数种子.
　　　　　设置为整数表示以给定的数为随机数种子
　　　　　设置为 RandomState 对象表示使用指定的随机数生成器
　　　　　设置为'*None*' 表示使用默认的随机数种子
　　　　　默认＝*None*

verbose：输出打印的详细程度. 默认＝0

warm_start：是否热启动.
　　　　　设置为'*True*' 表示调用之前的解并增加新的基学习器
　　　　　设置为'*False*' 表示建立新的随机森林
　　　　　默认＝*False*

class_weight：类别的权重.
　　　　　设置为'*balanced*'，利用 *y* 的值修正权重（类别出现的频率越高, 权重越小）
　　　　　设置为'*balanced_subsample*'，利用自助样本计算权重
　　　　　设置为'*None*' 表示所有类别的权重为 1
　　　　　也可以以字典或字典列表的形式指定类别的权重
　　　　　默认＝*None*

ccp_alpha：最小代价复杂度剪枝的复杂度参数.
　　　　　选择代价复杂度最大且小于 *ccp_alpha* 的子树

设置为 0 表示不进行剪枝

默认＝0

$max\_samples$：自助法采样的样本数.

设置为整数表示抽取的样本数为此整数

设置为浮点数表示抽取的样本数为 $max(round(n\_samples * max\_samples), 1)$

设置为 $'None'$ 表示抽取所有样本

默认＝$None$

RandomForestClassifier 中最重要的参数为：$n\_estimators$，max_depth，$min\_samples\_split$ 和 $max\_features$

合理调整这些参数可以有效提高随机森林的性能

RandomForestClassifier 返回值：

$estimator\_$：基学习器

$estimators\_$：基学习器的集合

$classes\_$：类别标签

$n\_classes\_$：类别的数量

$n\_features\_in\_$：输入特征数量

$feature\_names\_in\_$：输入特征名字

$n\_outputs\_$：输出的数量

$feature\_importances\_$：基于不纯度的特征重要性

$oob\_score\_$：袋外样本得分

$oob\_decision\_function\_$：袋外样本的决策函数

2.2.7 随机森林应用场景

随机森林算法作为一种应用十分广泛的机器学习算法，具有如下优点：

（1）预测精度高.

随机森林可以处理上千维数据，而无需特征选择.对于自变量相关和高阶交互的情况，随机森林是一种理想模型.它可以在类别大小不平衡的条件下保持分类误差平衡，并且能够有效抑制过拟合.随机森林适合处理高维非线性数据，在很多数据集上表现良好，是各种数据竞赛中广泛应用的算法.

（2）无需预处理.

随机森林无需特征提取，可以处理包含缺失值和异常值的数据集.它能够忽略缺失值,不需要进行额外的处理,并且在数据大比例遗失时仍能保持较高的预测准确度.随机森林对异常值不敏感,因此,随机森林方法通常不需要对数据进行预处理.

(3) 提供多种数据刻画.

虽然随机森林是一种结构复杂、预测过程不透明的黑盒模型.但是随机森林能够估计特征重要性,因此具有一定的可解释性.另外,它可以给出袋外样本预测误差、估计遗失数据,以及对离群数据进行定位,提供多种输出结果.

(4) 训练速度快.

随机森林可以进行并行计算,且训练效率高.

由于上述优点,随机森林算法广泛应用于计算机视觉、自然语言理解、医疗、工业、金融等领域.具体应用场景包括:

(1) 在计算机视觉领域,随机森林算法应用于人脸识别、手写数字识别、目标检测和图像分割等方面.

(2) 在自然语言理解领域,随机森林算法可以进行文本分类、情感分析和关键词提取等方面.

(3) 在生物信息领域,随机森林算法可用于基因表达数据的分类和筛选、蛋白质分析、肿瘤诊断及药物检测等方面.

(4) 在工业领域,随机森林算法可应用于质量检测、缺陷检测和质量预测等方面,可以起到非常好的效果.

(5) 在金融领域,随机森林算法可用于信用卡违约检测、信用卡欺诈检测和股票预测等方面.

随机森林由于其对高维数据的处理能力和出色的泛化能力,在分类、回归、特征选取等任务中表现优异.近年来,还出现了其他基于"森林"概念的算法,如深度森林[15]、孤立森林[16]、因果森林(causal forest)[17][18][19]等.这些算法的出现展示了随机森林的多样化发展前景和创新潜力.

2.3 因果森林

因果森林将随机森林与因果推断结合,用来估计异质性因果效应.

2.3.1 因果森林简介

阿西(Athey)和英本斯(Imbens)于 2016 年提出了一种诚实估计的方法构建因果树(causal tree),利用因果树估计异质性因果效应的算法[17].韦杰(Wager)和阿西于 2017 年将随机森林与因果推断结合,提出了因果森林算法,用来估计因果效应[18].阿西和提布施拉尼(Tibshirani)于 2019 年提出了广义随机森林

(Generalized Random Forest,GRF)算法[19].广义随机森林算法可完成因果效应估计、分位数回归等任务.

2.3.2 因果关系

如果控制其他变量不变时,变量 X 的变化引起变量 Y 的变化,那么称这两个变量之间存在因果关系,称 X 是 Y 的因,Y 是 X 的果.因果关系在我们的日常生活中十分常见.

例 1 吸烟与肺癌.20 世纪 50 年代,统计学家和医生就"吸烟会导致肺癌吗"的问题,展开了激烈的争论.很多统计学家通过实验研究证实:吸烟越多,患肺癌的风险越高[20].然而,著名的统计学家费舍尔(Fisher)对这一结论始终持怀疑态度,他认为混杂因子是吸烟基因,吸烟基因的携带者可能更偏好吸烟,更容易染上烟瘾,患肺癌的风险也更高.

半个多世纪过去了,全球范围内已有大量流行病学研究证实吸烟是导致肺癌的首要危险因素.吸烟过程中可产生四十多种致癌物质,烟雾中的苯并芘、尼古丁、焦油、一氧化碳等是导致肺癌的元凶.肺癌是全球发病率及死亡率最高的恶性肿瘤,在我国,肺癌也是最常见的癌症类型,约占我国癌症新发病例总数的17.9%[21],每年有上百万人死于肺癌.尽管肺癌的发生受环境、遗传、基因突变等多种因素的影响,不是所有的吸烟者都会患肺癌,但是吸烟者患肺癌的发生率是不吸烟者患肺癌的 10～20 倍,死亡率高 10～30 倍.

2023 年,我国吸烟人数超 3.5 亿人,被动吸烟人口高达 7.4 亿[22].二手烟和三手烟是最常见的被动吸烟方式.吸烟是迄今为止全球范围内最大的公共卫生威胁之一,可诱发肺癌、口腔癌、冠心病和脑中风等多种疾病.2014 年,我国颁布了《中华人民共和国公共场所控制吸烟条例(送审稿)》,规定在公共场所的室内区域一律禁止吸烟.世界卫生组织(World Health Organization,WHO)将每年的 5 月 31 日定为"世界无烟日".

例 2 教育回报率.它是劳动与教育经济学中的重要研究议题,同时也是政策制定者和受教育者都很关心的问题.教育与收入回报率之间存在因果关系,教育是因,收入回报率是果,我们这里所说的教育回报特指教育对收入产生的因果效应.

中国历来有重视读书的传统.随着社会竞争日益激烈,父母对子女教育的关注与投入与日俱增,很多家庭在子女的课业学习、兴趣培养和社交等方面的教育费用上支出巨大.这些家庭希望子女能够进入名校、获取高学历,其中也有相当一部分希望子女获得收入上的高回报.

教育回报率受家庭背景、先天能力、年龄、性别和工作经验等多种因素的影响.在教育成本不断提高,回报率逐渐下降的背景下,人们普遍关心的问题是:教育投资的收益有多大？受教育时间的长短对未来收入会产生怎样的影响？教育回报率下降后，"卷学历"还有意义吗？名校毕业生是否收入更高？

美国经济学家乔舒亚·D.安格里斯特(Joshua D.Angrist)与其合作者利用义务教育法设计了一项自然实验，以出生季度作为工具变量，消除了个人天赋等其他因素的影响，分析了美国人受教育时间与收入回报之间的关系[23]。根据美国义务教育法，各州规定在当年年底前年满6岁的孩子可以在当年9月份入学。因此第四季度出生的孩子入学时年龄较小，而第一季度出生的孩子入学时年龄较大。同时，美国义务教育法还明确规定，学生必须年满16岁才能离开学校(也就是从高中辍学)。因此，第一季度出生的孩子比第四季度出生的孩子理论上少接受近一年的教育。利用义务教育法可以将16岁辍学的孩子分成两组，一组孩子生日比较早(对照组)，一组孩子生日比较晚(处理组)，两组孩子的教育年限相差一段时间，并比较他们未来的收入，可以估计教育回报率。研究发现，多接受一年教育对个人日后的收入水平是有正向影响的。受教育年限越少，教育回报率越低；受教育越多，教育回报率越高。对于20世纪40年代出生的孩子，多接受一年教育的回报率是10.2%。由于对因果关系的方法论贡献，安格里斯特等三位经济学家被授予2021年诺贝尔经济学奖，见图2-2。

图 2-2 2021年诺贝尔经济学奖三位获奖者(中间者是安格里斯特)

此外，其他经济学研究表明，在控制其他因素的情况下，选择名校和普通大学的学生在未来收入上并无显著的差异。虽然随着教育程度的普遍提升，教育回报率有所下降，但是长期来看，教育对个人发展具有很大的促进作用。教育的价值不仅体现在收入上，还体现在知识、技能、素养和视野等方面，这些都是影响个人综合能力和幸福感的重要因素。

2.3.3 因果效应

在实际应用中，随机化试验是因果效应评估的金标准。费舍尔(1935)在其经典著作《试验设计》中首次提出了"随机化试验"的思想，指出通过随机分组的方法比较不同的干预方法和处理措施，可以获得准确的因果效应[24]。随机化试验设计需遵循随机、对照和重复的原则。例如，在药物研发的临床试验阶段，就需要做随机双盲

(或单盲)对照试验来评估药物的疗效.试验过程中,将受试者进行随机化分组.一组为试验组,给予药物;一组为对照组,给予安慰剂.由于两组个体的其他因素取值随机,因此这种方法可以最大限度地减少其他因素对试验结果的影响,从而通过比较两组个体的试验效果得出药物的因果效应.

随机化试验方法在政策评估、健康医疗和市场营销等多个领域都有重要应用,但这种方法的花销巨大,且可能涉及伦理道德问题.例如,在研究吸烟是否导致肺癌时,不可能对人群做随机化试验,因此我们得到的数据都是观察性数据.传统统计学认为,观察性数据只能识别相关关系,而不适合进行因果推断.20世纪70年代,鲁宾提出了适用于观察性研究的潜在因果框架,该框架可以基于观察性数据得到因果效应[25].因果效应的数学定义如下:假设有N个样本,设$(Y_i(0),Y_i(1))$为每个样本的潜在结果变量,$W_i \in \{0,1\}$为处理(干预)的示性变量,其中$W_i=0$表示样本不接受处理(对照组、控制组),$W_i=1$表示接受一种处理,则有

$$y_i^{\text{obs}}=y_i(w_i)=\begin{cases}Y_i(0), & \text{若 } w_i=0,\\ Y_i(1), & \text{若 } w_i=1.\end{cases}$$

在无混淆性假设下,

$$W_i \perp\!\!\!\perp Y_i(0), Y_i(1) | X_i,$$

定义条件平均处理效应(Conditional Average Treatment Effect,CATE)为

$$\tau(x)=E(Y_i(1)-Y_i(0)|X_i=x).$$

因果效应用来描述因果关系的效果或结果.以吸烟与肺癌为例,$W_i=0$表示不吸烟,$W_i=1$表示吸烟,$Y_i(0)$表示个体在不吸烟的情况下是否患肺癌的潜在结果,$Y_i(1)$表示个体在吸烟的情况下是否患肺癌的潜在结果.由于一个人不可能同时处于吸烟和不吸烟两种状态,因此$Y_i(0)$和$Y_i(1)$中只有一个被观测到,不吸烟状态下观测到$Y_i(0)$,吸烟状态下观测到$Y_i(1)$,y_i^{obs}为实际观测值.无混淆性假设,又称为条件独立性假设,要求在控制协变量X_i的条件下,潜在结果变量与处理变量独立,也就是个体处理状态的分配不依赖于潜在结果.无混淆性假设要求控制所有混淆因素(即影响处理和结果的因素).例如,一个人是否患肺癌受年龄、性别、职业、运动、饮食、基因等因素的影响,X_i代表这些所有的混淆因素.在无混淆因素的条件下,条件平均处理效应为控制协变量条件下所有个体吸烟患肺癌的概率与不吸烟个体患肺癌的概率的差值.

除了条件平均处理效应,常见的因果效应还包括平均因果效应(Average Causal Effect,ACE)和个体处理效应(Individual Treatment Effect,ITE)等.

2.3.4 因果树和因果森林

为了估计异质性因果效应,需要将随机森林进行推广.首先基于诚实(honest

分裂准则建立因果树,然后集成因果树得到因果森林.

因果树采用诚实分裂方法,将样本分成两部分:一部分用于因果树的生长分裂过程,建立因果树;另一部分用于估计每个叶节点的因果效应.类似于机器学习中的交叉验证的思想."诚实"的方法相较于传统的"自适应"(adaptive)的方法,有较好的泛化能力.

对于训练样本$(X_i, Y_i, W_i), i=1,2,\cdots,n$,建立因果树的过程如下:

(1) 无重复随机抽取容量为 s 的子样本,将样本分成大小相同的互不相交的两个子集 I 和 J.

(2) 构建因果树:在树的生长过程中,从 J 样本中选择数据或从 I 样本中选择 X 和 W 的值进行分裂,分裂准则为使条件平均处理效应的均方误差最小(等价于方差最大).因果树第 L 个叶节点的样本 x 的条件平均处理效应 $\tau(x)$ 的估计值为

$$\hat{\tau}(x) = \frac{1}{|\{i: W_i=1, X_i \in L\}|} \sum_{i \in W_i=1, X_i \in L} Y_i - \frac{1}{|\{i: W_i=0, X_i \in L\}|} \sum_{i \in W_i=0, X_i \in L} Y_i.$$

(3) 利用 I 样本估计叶节点的条件平均处理效应的值.

重复上述过程构建 B 棵因果树,假设第 b 棵因果树的因果效应估计值为 $\hat{\tau}_b(x)$,则因果森林的预测值为

$$\hat{\tau}(x) = \frac{1}{B} \sum_{b=1}^{B} \hat{\tau}_b(x).$$

在一定条件下,因果森林估计 $\hat{\tau}(x)$ 具有渐近正态性并且是无偏的.

2.3.5 广义随机森林

在随机森林和因果森林的基础上,广义随机森林算法进一步推广了其应用范围.广义随机森林算法可以估计任何感兴趣的参数,如分位数、因果效应等.

广义随机森林使用"诚实"方法,利用一部分数据构建随机森林,然后利用随机森林从另一部分数据中寻找与给定样本 x 相似的样本,从而得到 x 与训练样本的相似性权重 $\alpha_i(x)$,最后通过优化加权打分函数来估计感兴趣的参数:

$$(\hat{\theta}, \hat{v}) \in \underset{\theta, v}{\operatorname{argmin}} \left\{ \left\| \sum_{i=1}^{n} \alpha_i(x) \varphi_{\theta, v}(O_i) \right\|_2 \right\}. \tag{2-9}$$

给定样本集 J,对于每一棵树,父节点 P 通过最小化以下函数得到:

$$(\hat{\theta}_P, \hat{v}_P) \in \underset{\theta, v}{\operatorname{argmin}} \left\{ \left\| \sum_{i \in J; X_i \in P} \varphi_{\theta, v}(O_i) \right\|_2 \right\},$$

其中,θ 为感兴趣的参数,v 为讨厌参数,$O_i = \{Y_i, W_i\}$ 为观测结果,$\varphi_{\theta, v}(O_i)$ 为得分函数.

因果树的分裂准则为

$$\Delta(C_1, C_2) = \frac{n_{c_1} n_{c_2}}{n_P^2} (\hat{\theta}_{c_1} - \hat{\theta}_{c_2})^2, \tag{2-10}$$

其中 n_P, n_{c_1}, n_{c_2} 分别为父节点、左子节点和右子节点的样本量，$\hat{\theta}_{c_1}$ 和 $\hat{\theta}_{c_2}$ 分别为左右子节点的因果效应，由（2-9）式计算得到。

2.3.6 Python 中因果森林的代码实现

Python 中因果森林使用 CausalForest 实现，具体用法如下：

```
fromeconml.grf import CausalForest
    cf = CausalForest(n_estimators=100, criterion='mse', max_depth=
        None, min_samples_split=10, min_samples_leaf
        =5, min_weight_fraction_leaf=0.0, min_var_
        fraction_leaf=None, min_var_leaf_on_val=
        False, max_features='auto', min_impurity_de-
        crease=0.0, max_samples=0.45, min_
        balancedness_tol=0.45, honest=True, inference=
        True, fit_intercept=True, subforest_size=4, n_
        jobs=-1, random_state=None, verbose=0, warm
        _start=False)
```

CausalForest 中各参数说明：

$n\_estimators$：树的棵数。默认 = 100

$criterion$：分裂准则。

　　　　　　$'mse'$ 表示均方误差

　　　　　　$'het'$ 表示异质性分数

　　　　　　默认 = mse

max_depth：树的最大深度。默认 = $None$

$min\_samples\_split$：节点分裂的最小样本量。默认 = 10

$min\_samples\_leaf$：叶节点的最小样本量。默认 = 5

$min\_weight\_fraction\_leaf$：叶节点的最小权重和。默认 = 0.0

$min\_var\_fraction\_leaf$：叶节点处理效应方差与总方差的最小比例。默认 = $None$

$min\_var\_leaf\_on\_val$：是否在诚实分裂中使用 $min\_var\_fraction\_leaf$ 限制。默认 = $False$

$max\_features$：最大特征数.
　　　　　　$'auto'$ 或 $None$ 表示使用全部特征
　　　　　　$'sqrt'$ 表示 $sqrt(n\_features)$
　　　　　　$'log2'$ 表示 $log2(n\_features)$
　　　　　　整数表示绝对数量
　　　　　　浮点数表示比例
　　　　　　默认$=auto$
$min\_impurity\_decrease$：最小不纯度减少. 默认$=0.0$
$max\_samples$：每棵树的最大样本量.
　　　　　　整数表示绝对数量
　　　　　　浮点数表示比例
　　　　　　默认$=0.45$
$min\_balancedness\_tol$：最小平衡样本数. 默认$=0.45$
$honest$：是否采用诚实分裂. 默认$=True$
$inference$：是否进行推断. 默认$=True$
$fit\_intercept$：是否拟合截距项. 默认$=True$
$subforest\_size$：子森林中树的数量. 默认$=4$
n_jobs：并行 CPU 核数.
　　　　$None$ 表示不并行
　　　　-1 表示使用所有核
　　　　整数表示指定核数
　　　　默认$=-1$
$random\_state$：随机数种子.
　　　　　　$None$ 表示使用默认
　　　　　　整数表示固定种子
　　　　　　RandomState 实例表示指定生成器
　　　　　　默认$=None$
$verbose$：输出详细程度. 默认$=0$
$warm\_start$：是否热启动.
　　　　　　$True$ 表示继续训练
　　　　　　$False$ 表示重新训练
　　　　　　默认$=False$

> **重要提示：**
> CausalForest 关键超参数：$n\_estimators$，max_depth，$min\_samples\_split$，$max\_features$
> 调节这些参数可以提升模型性能
>
> CausalForest 返回值：
> $feature\_importances\_$：特征重要性（基于参数异质性）
> $estimators\_$：树的数量

2.3.7 因果森林应用场景

因果森林算法可以应用在智能营销、政策评估、个性化医疗、教育领域等场景中。

（1）智能营销。

优惠券是电商运营中最常用的促销工具之一,是商家针对用户的一种补贴手段.电商平台经常使用优惠券、购物红包、折扣等促销方式提高转化率.对于用户而言,优惠券可以降低支付成本;对于商家而言,发放优惠券可以促进价格敏感度高的消费者消费,从而提升客单量.

优惠券的类型和额度多种多样,一般有折扣券、满减券、抵用券、特价券、现金券和体验券等.对于同一补贴力度的优惠券,某些用户会立即转化,而某些用户可能根本不会转化.用户可以分为补贴敏感型、自然转化型、无动于衷型和反作用型等不同群体.对于不同类型、不同补贴额度的优惠券,用户有不同的消费欲望和转化效果.如果大面积无区别地发放优惠券,可能导致成本偏高,且效果不可控.

优惠券等促销手段与转化率之间是因果关系,优惠券是因,转化率是果.智能营销的核心问题是：对于相同补贴力度的优惠(优惠券、红包、折扣等),如何准确区分出不同用户群体的异质性因果效应？对于不同额度的优惠力度,用户的转化效果差异有多大？使用因果森林可以估计出发放优惠券与转化率之间的因果效应,实施更细粒度的营销决策,精准指导商家如何发放补贴券,以及对哪些用户群体发放,以实现更好的促销效果,使效益最大化.

例如,某短视频平台的研究者们提出了大规模多元因果森林模型,能够使用一个模型同时处理任意多种促销手段,准确估计异质性因果效应,而无需维护相应数量的二元因果森林模型.网约车市场中存在大量多维、连续的处理变量,某网约车平台针对价格对网约车供需关系的影响问题,构建了连续因果森林模型,解决了连续变量处理效应的估计问题,为制定精细化定价和补贴策略提供了支持.

（2）政策评估.

2022 年大西洋因果推断会议（Atlantic Causal Inference Consortium 2022,

ACIC2022)数据挑战赛研究了医保政策对病人医疗花费的影响,基于因果森林算法可以对医保政策的效果进行评估.机器学习因果推断方法可以衡量各种政策的因果效应.例如,评估提高最低工资对不同地区的就业率影响,分析政府监管部门对城市建筑物安全风险检查的整改效果,研究绿色金融政策对碳排放量的影响,评估区域协调发展政策对各城市生产效率和公共福利的影响等.

(3) 个性化医疗.

在医疗领域,因果森林可以帮助医生为不同患者提供个性化治疗建议.通过因果森林分析,可以估计不同治疗方案(如不同药物、手术方式等)对个体患者的效果,从而选择最适合患者的治疗方法,以实现个性化治疗的目标.

(4) 教育领域.

在教育领域中,不同教学方法对学生的效果可能因学生的背景、能力和学习习惯而异.因果森林可以用于估计不同教学干预措施对个体学生的效果,从而实现个性化学习.例如,通过分析线上学习平台的使用效果,可以了解哪些学生从线上学习中获益更多,进而为学生推荐适合的学习资源.

此外,因果推断方法被广泛应用于推荐系统、计算机视觉、自动驾驶、自然语言处理等领域中.

2.4 梯度提升决策树

提升算法(boosting)是一种重要的集成学习算法,与袋装集成方法不同,提升算法通过改变训练样本的权重来训练多个基学习器,并将这些基学习器按照不同的权重组合成为一个强学习器,从而提高预测的性能.有代表性的提升算法包括自适应提升(Adaptive Boosting,AdaBoost),梯度提升决策树,极端梯度提升等.

2.4.1 梯度提升决策树简介

梯度提升决策树是一种以决策树为基学习器的提升算法,被认为是最好的机器学习算法之一.1999 年,美国统计学家弗里德曼(Friedman)在论文《贪心函数逼近:一种梯度提升机》(*Greedy Function Approximation : a Gradient Boosting Machine*)中正式提出了梯度提升决策树算法.该算法能够解决分类和回归问题[26],采用加法模型和前向分步算法,并以 CART 决策树作为基学习器.

2.4.2 梯度提升算法

考虑如下加法模型:

$$f_M(x) = \sum_{m=1}^{M} f_m(x) = \sum_{m=1}^{M} \beta_m h(x; a_m), \tag{2-11}$$

其中,$f_m(x)$为第m个预测值,$h(x;a_m)$表示第m个基础学习器,通常是回归树,a_m表示第m个基础学习器的参数,β_m为权重,M为基础学习器的个数.

采用前向分步算法求解加法模型.已知训练数据$(x_1,y_1),(x_2,y_2),\cdots,(x_N,y_N)$,设模型初始预测值为$f_0(x)$,第$m$步的模型可表示为

$$f_m(x)=f_{m-1}(x)+\beta_m h(x;a_m), \tag{2-12}$$

其中,$f_{m-1}(x)$为当前模型,参数(β_m,a_m)通过最小化

$$L=\sum_{i=1}^N l(y_i,f_m(x_i))=\sum_{i=1}^N l(y_i,f_{m-1}(x_i)+\beta_m h(x_i;a_m)) \tag{2-13}$$

得到.(2-13)式中$l(y,f(x))$为损失函数.类似于最速下降的算法,设

$$-g_m(x_i)=-\left[\frac{\partial l(y_i,f(x_i))}{\partial f(x_i)}\right]_{f(x)=f_{m-1}(x)}$$

为损失函数的负梯度在当前模型的值,$-g_m=(-g_m(x_1),-g_m(x_2),\cdots,-g_m(x_N))$给出了$N$维数据空间中损失函数在当前模型值处的最速下降方向,因此第m个基础学习器在各样本点的值$h(x_i;a_m)$应尽量接近负梯度$-g_m(x_i)$,即需要$h(x;a_m)$拟合$\tilde{y}_i=-g_m(x_i),\tilde{y}_i$也称为伪响应变量.$a_m$可以由

$$a_m=\underset{a,\beta}{\operatorname{argmin}}\sum_{i=1}^N(-g_m(x_i)-\beta h(x_i;a))^2 \tag{2-14}$$

得到.学习率ρ_m可以由线性搜索

$$\rho_m=\underset{\rho}{\operatorname{argmin}}\sum_{i=1}^N l(y_i,f_{m-1}(x_i)+\rho h(x_i;a_m)) \tag{2-15}$$

得到.接下来,利用$h(x_i;a_m)$作为负梯度的近似值来更新当前模型,得到新的模型

$$f_m(x)=f_{m-1}(x)+\rho_m h(x;a_m). \tag{2-16}$$

这种类似于最速下降的算法称为梯度提升(gradient boosting)算法,梯度提升算法的步骤如下:

(1) 初始化:$f_0(x)=\underset{\rho}{\operatorname{argmin}}\sum_{i=1}^N l(y_i,\rho)$.

(2) 计算伪响应变量:对于$m=1,2,\cdots,M$,$i=1,2,\cdots,N$,

$$\tilde{y}_i=-\left[\frac{\partial l(y_i,f(x_i))}{\partial f(x_i)}\right]_{f(x)=f_{m-1}(x)}.$$

(3) 拟合伪响应变量:$a_m=\underset{a,\beta}{\operatorname{argmin}}\sum_{i=1}^N(\tilde{y}_i-\beta h(x_i;a))^2$.

(4) 线性搜索学习率:$\rho_m=\underset{\rho}{\operatorname{argmin}}\sum_{i=1}^N l(y_i,f_{m-1}(x_i)+\rho h(x_i;a_m))$.

(5) 更新当前模型:$f_m(x)=f_{m-1}(x)+\rho_m h(x;a_m)$.

对于平方误差损失函数 $l(y,f(x))=(y-f(x))^2/2$,伪响应变量$\tilde{y}_i=y_i-$

$f_{m-1}(x_i)$ 为当前模型的残差，因此只需在梯度提升算法中拟合当前残差，并且学习率 $\rho_m = \beta_m$，β_m 为步骤(3)中最小二乘拟合的解．

2.4.3 梯度提升回归树

考虑基础学习器为包含 J 个叶节点的回归树，模型可以表示为

$$h(x;\Theta) = \sum_{j=1}^{J} b_j I(x \in R_j), \tag{2-17}$$

其中 $R_1, R_2, \cdots, R_J$ 为输入变量 x 所在的输入空间上互不相交的区域，b_j 为系数，I 为示性函数．按照上述表达，如果 x 在 R_j 上，得到的预测值为 b_j．

由梯度提升决策树算法，第 m 轮迭代更新公式为

$$f_m(x) = f_{m-1}(x) + \rho_m \sum_{j=1}^{J} b_{jm} I(x \in R_{jm}), \tag{2-18}$$

其中 $R_{jm}, j=1,2,\cdots,J$ 为第 m 轮迭代中回归树的区域划分，b_{jm} 为 x 在 R_{jm} 上的预测值．回归树的参数通过拟合伪响应变量 $\tilde{y}_i$ 确定，所以

$$b_{jm} = \operatorname*{ave}_{x_i \in R_{jm}} \tilde{y}_i. \tag{2-19}$$

更新公式可以改写为

$$f_m(x) = f_{m-1}(x) + \sum_{j=1}^{J} \gamma_{jm} I(x \in R_{jm}), \tag{2-20}$$

其中 $\gamma_{jm} = \rho_m b_{jm}$，$\gamma_{jm}$ 可以由

$$\{\gamma_{1m}, \gamma_{2m}, \cdots, \gamma_{Jm}\} = \operatorname*{argmin}_{\gamma_1, \gamma_2, \cdots, \gamma_J} \sum_{i=1}^{N} l\left(y_i, f_{m-1}(x_i) + \sum_{j=1}^{J} \gamma_j I(x_i \in R_{jm})\right)$$

得到．由于 R_{jm} 为互不相交的区域，在区域 R_{jm} 内，第 m 轮迭代更新的常数值为 γ_{jm}，因此，最优值 γ_{jm} 为

$$\gamma_{jm} = \operatorname*{argmin}_{\gamma} \sum_{x_i \in R_{jm}} l(y_i, f_{m-1}(x_i) + \gamma) \tag{2-21}$$

的解．

2.4.4 最小二乘梯度提升回归树

对于回归问题，定义平方误差损失函数 $l(y, f(x)) = (y - f(x))^2 / 2$．伪响应变量 $\tilde{y}_i = y_i - f_{m-1}(x_i)$ 为当前模型的残差，基于最小二乘准则建立回归树 $f_m(x)$ 预测 $\tilde{y}_i$，设 $f_m(x)$ 对应的叶节点区域为 $R_{jm}, j=1,2,\cdots,J$，那么在区域 R_{jm} 内，第 m 轮迭代更新的常数值 γ_{jm} 为

$$\gamma_{jm} = \operatorname*{argmin}_{\gamma} \sum_{x_i \in R_{jm}} (\tilde{y}_i - \gamma)^2. \tag{2-22}$$

易知

$$\gamma_{jm} = \operatorname*{ave}_{x_i \in R_{jm}} \tilde{y}_i. \tag{2-23}$$

平方误差损失函数的梯度提升决策树算法步骤为

(1) 初始化: $f_0(x) = \operatorname{ave} y_i$.

(2) 计算残差: 对于 $m = 1, 2, \cdots, M$, $i = 1, 2, \cdots, N$,
$$\tilde{y}_i = y_i - f_{m-1}(x_i).$$

(3) 建立回归树: 将 $(\tilde{y}_i, x_i), i = 1, 2, \cdots, N$ 作为训练数据, 建立包含 J 个叶节点的回归树 $f_m(x)$, 记 $f_m(x)$ 对应的叶节点区域为 $R_{jm}, j = 1, 2, \cdots, J$.

(4) 计算更新值: 对于叶节点区域 $R_{jm}, j = 1, 2, \cdots, J$, 计算最优更新值
$$\gamma_{jm} = \operatorname*{ave}_{x_i \in R_{jm}} \tilde{y}_i.$$

(5) 更新当前模型: $f_m(x) = f_{m-1}(x) + \sum_{j=1}^{J} \gamma_{jm} I(x \in R_{jm})$.

2.4.5 似然梯度提升回归树

对于二分类问题, 定义负二项对数似然损失函数
$$l(y, f(x)) = \ln(1 + \exp(-2yf(x))), \tag{2-24}$$
其中
$$f(x) = \frac{1}{2} \ln\left(\frac{P(y=1|x)}{P(y=-1|x)}\right).$$
伪响应变量为
$$\tilde{y}_i = 2y_i / (1 + \exp(2y_i f_{m-1}(x_i))).$$

基于最小二乘准则建立回归树 $f_m(x)$ 预测 $\tilde{y}_i$, 设 $f_m(x)$ 对应的叶节点区域为 $R_{jm}, j = 1, 2, \cdots, J$, 那么在区域 R_{jm} 内, 第 m 轮迭代更新的常数值 γ_{jm} 为
$$\gamma_{jm} = \operatorname*{argmin}_{\gamma} \sum_{x_i \in R_{jm}} \ln(1 + \exp(-2y_i(f_{m-1}(x_i) + \gamma))). \tag{2-25}$$

γ_{jm} 的近似解为
$$\gamma_{jm} = \frac{\sum_{x_i \in R_{jm}} \tilde{y}_i}{\sum_{x_i \in R_{jm}} |\tilde{y}_i|(2 - |\tilde{y}_i|)}. \tag{2-26}$$

负二项对数似然损失函数下的梯度提升决策树算法步骤为

(1) 初始化: $f_0(x) = \frac{1}{2} \ln \frac{1 + \bar{y}}{1 - \bar{y}}$.

(2) 计算残差: 对于 $m = 1, 2, \cdots, M$, $i = 1, 2, \cdots, N$,
$$\tilde{y}_i = 2y_i / (1 + \exp(2y_i f_{m-1}(x_i))).$$

(3) 建立回归树: 将 $(\tilde{y}_i, x_i), i = 1, 2, \cdots, N$ 作为训练数据, 建立包含 J 个叶节

点的回归树 $f_m(x)$，记 $f_m(x)$ 对应的叶节点区域为 $R_{jm}, j = 1, 2, \cdots, J$.

（4）计算更新值：对于叶节点区域 $R_{jm}, j = 1, 2, \cdots, J$，计算最优更新值

$$\gamma_{jm} = \frac{\sum_{x_i \in R_{jm}} \tilde{y}_i}{\sum_{x_i \in R_{jm}} |\tilde{y}_i|(2 - |\tilde{y}_i|)}.$$

（5）更新当前模型：$f_m(x) = f_{m-1}(x) + \sum_{j=1}^{J} \gamma_{jm} I(x \in R_{jm})$.

2.4.6 Python 中梯度提升决策树的代码实现

在 Python 中，梯度提升决策树分类可以通过 Sklearn 学习库中的 GradientBoostingClassifier 实现，而回归可以通过 GradientBoostingRegressor 实现. 下面以 GradientBoostingClassifier 为例，介绍其使用方法.

```
from sklearn.ensemble import GradientBoostingClassifier
gbdt = GradientBoostingClassifier(*, loss='log_loss', learning_rate=0.1, n_estimators=100, subsample=1.0, criterion='friedman_mse', min_samples_split=2, min_samples_leaf=1, min_weight_fraction_leaf=0.0, max_depth=3, min_impurity_decrease=0.0, init=None, random_state=None, max_features=None, verbose=0, max_leaf_nodes=None, warm_start=False, validation_fraction=0.1, n_iter_no_change=None, tol=0.0001, ccp_alpha=0.0)
```

GradientBoostingClassifier 中各参数说明：

$loss$：损失函数.

　　设置为 $'log\_loss'$ 表示对数损失

　　设置为 $'exponential'$ 表示指数损失

　　默认 $= log$

$learning\_rate$：学习率. 默认 $= 0.1$

$n\_estimators$：提升次数（决策树个数）. 默认 $= 100$

$subsample$：基学习器采样比例. 默认 $= 1.0$

$criterion$：节点分裂质量的度量指标.

　　　　设置为$'friedman\_mse'$表示$Friedman$均方误差

　　　　设置为$'squared\_error'$表示均方误差

　　　　默认$=friedman$

$min\_samples\_split$：节点继续分裂的最小样本数. 默认$=2$

$min\_samples\_leaf$：叶节点的最小样本数. 默认$=1$

$min\_weight\_fraction\_leaf$：叶节点样本的最小权重和. 默认$=0.0$

max_depth：树的最大深度. 默认$=3$

$min\_impurity\_decrease$：节点分裂的最小不纯度减小值. 默认$=0.0$

$init$：初始学习器.

　　　　可以设置为给定的学习器或$0,0$表示初始预测值为0

　　　　默认使用$DummyEstimator$进行预测

　　　　默认$=None$

$random\_state$：随机数种子.

　　　　设置为整数表示以给定的数为随机数种子

　　　　设置为$RandomState$对象表示使用指定的随机数生成器

　　　　设置为$'None'$表示使用默认的随机数种子

　　　　默认$=None$

$max\_features$：分裂时考虑的最大特征数.

　　　　设置为$'sqrt'$表示特征数为$sqrt(n\_features)$

　　　　设置为$'log2'$表示特征数为$log2(n\_features)$

　　　　设置为整数表示特征数为此整数

　　　　设置为浮点数表示特征数为$max(1, int(max\_features * n\_features))$

　　　　设置为$'None'$表示使用所有特征

　　　　默认$=None$

$verbose$：打印输出的详细程度.

　　　　设置为0表示不打印

　　　　设置为1表示间隔打印树的进展和性能

　　　　设置为大于1表示打印每棵树的进展和性能

　　　　默认$=0$

max_leaf_nodes：树的最大叶节点数量.

　　　　设置为$'None'$表示无限制

默认=None

$warm\_start$：是否热启动.
设置为$'True'$表示在之前模型基础上增加基学习器
设置为$'False'$表示重新训练
默认=False

$validation\_fraction$：用于早停验证的训练数据比例. 默认=0.1

$n\_iter\_no\_change$：早停轮数.
设置为整数时,如果前 $n\_iter\_no\_change$ 轮验证分数未提高则终止训练
设置为$'None'$表示不使用早停
默认=None

tol：早停的误差限. 默认=1e−4

ccp_alpha：最小代价复杂度剪枝的复杂度参数.
选择代价复杂度最大且小于 ccp_alpha 的子树
设置为 0 表示不进行剪枝
默认=0

GradientBoostingClassifier 中重要超参数：$n\_estimators$，max_depth，$learning\_rate$，$subsample$ 和 $min\_samples\_split$

优化这些参数可以提升模型性能

GradientBoostingClassifier 返回值：

$n\_estimators\_$：基学习器数量

$feature\_importances\_$：特征重要性

$oob\_improvement\_$：袋外数据损失函数的改进

$oob\_scores\_$：袋外数据的所有得分

$oob\_score\_$：袋外数据的最终得分

$train\_score\_$：袋内数据的得分

$init\_$：初始学习器

$estimators\_$：基学习器

$classes\_$：类标签

$n\_features\_in\_$：输入特征数量

$feature\_names\_in\_$：输入特征名字

$n\_classes\_$：类别数量

$max\_features\_$：最大特征数

2.4.7 梯度提升决策树应用场景

梯度提升决策树算法在工业界得到了广泛应用.例如,某国外互联网科技公司在 2014 年使用梯度提升决策树与 Logistic 回归结合的方案预测广告点击率.该方案利用梯度提升决策树来帮助筛选输入特征和特征组合,并将其作为线性回归模型的输入,从而增强线性回归的非线性学习能力.这一方案提升了点击率预测系统的性能,并提高了点击率预测的准确率[27].除此之外,梯度提升决策树在多个领域中被广泛应用,包括文本分类、信用评分、医学诊断、股票预测、搜索引擎排名和推荐系统等.梯度提升决策树广泛应用于各种结构化数据场景中.

2.5 极端梯度提升

极端梯度提升是一种高效的梯度提升算法,是对梯度提升决策树算法的进一步优化.

2.5.1 极端梯度提升简介

极端梯度提升由陈天奇于 2016 年在论文《极端梯度提升:一种可扩展树提升系统》($XGBoost:A\ Scalable\ Tree\ Boosting\ System$)中提出.极端梯度提升通过将损失函数展开到二阶导数,有效地提升了算法的预测能力,并通过在损失函数中加入正则化项,防止了模型过拟合[28].为了提高计算的速度,极端梯度提升针对稀疏数据提出了稀疏感知算法,并使用了加权 sketch 技巧来获得近似树学习.此外,极端梯度提升通过并行计算和优化缓存进一步提升了计算速度.极端梯度提升在 Kaggle 等数据科学竞赛中大放异彩,现在在工业界得到广泛应用.

2.5.2 极端梯度提升基本原理

极端梯度提升可表示为

$$\hat{y}_i^{(t)} = \hat{y}_i^{(t-1)} + f_t(x_i), \tag{2-27}$$

其中 $\hat{y}_i^{(t)}$ 为第 t 轮迭代后的模型预测值,$\hat{y}_i^{(t-1)}$ 为 $t-1$ 个基础模型的预测值,$f_t(x_i)$ 为第 t 个基础模型的预测值.

为了寻找 $f_t(x_i)$,最小化目标函数:

$$L = \sum_{i=1}^{n} l(y_i, \hat{y}_i) + \sum_{i=1}^{t} \Omega(f_i), \tag{2-28}$$

其中 $l(y_i, \hat{y}_i)$ 为可导的凸损失函数,表示预测值 $\hat{y}_i$ 和真实值 y_i 的差异,$\Omega(f_i)$ 为

基础模型 f_i 的正则化项,表示 f_i 的复杂度,如果基础模型为决策树,则模型的复杂度 $\Omega(f)$ 可表示为

$$\Omega(f) = \gamma T + \frac{1}{2}\lambda \| w \|^2 = \gamma T + \frac{1}{2}\lambda \sum_{j=1}^{T} w_j^2, \quad (2\text{-}29)$$

其中 T 为树的叶节点数,w 为叶子的权重,w_i 为第 i 个叶节点的得分。

目标函数 L 可以改写为

$$\begin{aligned} L^{(t)} &= \sum_{i=1}^{n} l(y_i, \hat{y}_i^{(t)}) + \sum_{i=1}^{t} \Omega(f_i) \\ &= \sum_{i=1}^{n} l(y_i, \hat{y}_i^{(t-1)} + f_t(x_i)) + \sum_{i=1}^{t} \Omega(f_i) \\ &= \sum_{i=1}^{n} l(y_i, \hat{y}_i^{(t-1)} + f_t(x_i)) + \Omega(f_t) + Constant. \end{aligned} \quad (2\text{-}30)$$

将损失函数 $l(y_i, \hat{y}_i^{(t-1)} + f_t(x_i))$ 进行二阶泰勒(Taylor)展开,可以得到

$$l(y_i, \hat{y}_i^{(t-1)} + f_t(x_i)) \approx l(y_i, \hat{y}_i^{(t-1)}) + g_i f_t(x_i) + \frac{1}{2} h_i f_t^2(x_i), \quad (2\text{-}31)$$

其中 g_i 和 h_i 分别为损失函数的一阶导数和二阶导数,它们可以分别表示为

$$g_i = \frac{\partial l(y_i, \hat{y}_i^{(t-1)})}{\partial \hat{y}_i^{(t-1)}},$$

$$h_i = \frac{\partial^2 l(y_i, \hat{y}_i^{(t-1)})}{\partial y_i \partial \hat{y}_i^{(t-1)}}.$$

将损失函数的泰勒展开式代入,可以得到目标函数的近似表达:

$$L^{(t)} \approx \sum_{i=1}^{n} \left[l(y_i, \hat{y}_i^{(t-1)}) + g_i f_t(x_i) + \frac{1}{2} h_i f_t^2(x_i) \right] + \Omega(f_t) + Constant.$$

略去常数项,有

$$L^{(t)} \approx \sum_{i=1}^{n} \left[g_i f_t(x_i) + \frac{1}{2} h_i f_t^2(x_i) \right] + \Omega(f_t). \quad (2\text{-}32)$$

定义 $I_j = \{i | q(x_i) = j\}$,其中 $q(x)$ 表示 x 的叶节点,有

$$f_t(x_i) = w_{q(x_i)} = \sum_{j=1}^{T} w_j \mathbf{1}(i \in I_j).$$

模型 f_t 的复杂度 $\Omega(f_t)$ 可表示为

$$\Omega(f_t) = \gamma T + \frac{1}{2}\lambda \sum_{j=1}^{T} w_j^2.$$

所以

$$L^{(t)} \approx \sum_{i=1}^{n}\left[g_i f_t(x_i) + \frac{1}{2}h_i f_t^2(x_i)\right] + \Omega(f_t)$$

$$= \sum_{i=1}^{n}\left[g_i \sum_{j=1}^{T} w_j \mathbf{1}(i \in I_j) + \frac{1}{2}h_i \sum_{j=1}^{T} w_j^2 \mathbf{1}(i \in I_j)\right] + \gamma T + \frac{1}{2}\lambda \sum_{j=1}^{T} w_j^2$$

$$= \sum_{j=1}^{T}\left[\left(\sum_{i=1}^{n} g_i \mathbf{1}(i \in I_j)\right) w_j + \frac{1}{2}\left(\sum_{i=1}^{n} h_i \mathbf{1}(i \in I_j)\right) w_j^2\right] + \gamma T + \frac{1}{2}\lambda \sum_{j=1}^{T} w_j^2$$

$$= \sum_{j=1}^{T}\left[\left(\sum_{i \in I_j} g_i\right) w_j + \frac{1}{2}\left(\sum_{i \in I_j} h_i + \lambda\right) w_j^2\right] + \gamma T.$$

定义

$$G_j = \sum_{i \in I_j} g_i, \quad H_j = \sum_{i \in I_j} h_i,$$

其中，G_j 理解为叶节点 j 所包含样本的一阶偏导数之和，H_j 理解为叶节点 j 所包含样本的二阶偏导数之和。由于一阶偏导数和二阶偏导数由前 $t-1$ 棵树决定，因此，相对于第 t 棵树，G_j 和 H_j 均为常量。

将 G_j 和 H_j 代入目标函数，简化为

$$L^{(t)} \approx \sum_{j=1}^{T}\left[G_j w_j + \frac{1}{2}(H_j + \lambda) w_j^2\right] + \gamma T. \tag{2-33}$$

$L^{(t)}$ 对 w_j 求偏导，可得最优点和最优值分别为

$$w_j^* = -\frac{G_j}{H_j + \lambda}, \tag{2-34}$$

$$L = -\frac{1}{2}\sum_{j=1}^{T} \frac{G_j^2}{H_j + \lambda} + \gamma T. \tag{2-35}$$

2.5.3 极端梯度提升分割算法

L 可以看作决策树的结构得分，类似于决策树中不纯度的概念。由于遍历所有可能的树结构以找到最佳的基础模型是不可行的，因此，通常选择精确贪心算法进行寻找。假设对决策树已有的节点按照某个特征进行分割，形成左右两个节点。设分割前的损失函数为

$$L_1 = -\frac{1}{2}\left[\frac{(G_L + G_R)^2}{H_L + H_R + \lambda}\right] + \gamma,$$

其中 G_L 和 H_L 分别是分割后左节点的样本所对应的一阶导数和二阶导数的和，G_R 和 H_R 分别是分割后右节点的样本所对应的一阶导数和二阶导数的和。分割后左节点的损失函数为

$$L_2 = -\frac{1}{2}\left(\frac{G_L^2}{H_L + \lambda}\right) + \gamma,$$

右节点的损失函数为

$$L_3 = -\frac{1}{2}\left(\frac{G_R^2}{H_R+\lambda}\right) + \gamma.$$

因此,分割后的信息增益为

$$Gain = L_1 - (L_2 + L_3)$$
$$= \frac{1}{2}\left[\frac{G_L^2}{H_L+\lambda} + \frac{G_R^2}{H_R+\lambda} - \frac{(G_L+G_R)^2}{H_L+H_R+\lambda}\right] - \gamma.$$

可以根据分割前后的信息增益值决定是否进行剪枝.如果信息增益大于 0,则考虑进行此次分割.在实际应用中通过遍历所有特征,寻找最大信息增益对应的最优特征.

精确贪心算法需要对特征的所有取值排序以找出分割点,因此这会耗费时间和内存.为了高效寻找特征的分割点,可以使用近似分位数算法(直方图算法)来查找分割点.该算法首先根据特征分布的分位数找到候选分割点,然后将特征值根据这些分割点划分到不同的桶中.接着对每个桶内的样本的一阶导数 G 和二阶导数 H 进行累加计算,最后根据这些累计统计量寻找最佳分割点.

极端梯度提升对特征稀疏问题也做了一些优化.极端梯度提升采用稀疏感知策略来处理这个问题,将缺失值和稀疏的 0 值统一视作缺失值,并将其绑定在一起.在分割节点时,只考虑特征未缺失的样本遍历,而特征缺失的样本无需遍历,直接分配到最优方向.最优方向可由数据得到,将特征缺失的样本分别归为左右分支,并计算信息增益,选择信息增益最大的方向为最优方向.稀疏感知算法大大提高了运算效率.

2.5.4 Python 中极端梯度提升的代码实现

在 Python 中,极端梯度提升分类可以通过与 scikit-learn 兼容的接口 XGBClassifier 实现,而回归可以通过 XGBRegressor 实现.下面以 XGBClassifier 为例介绍其使用方法:

```
from xgboost import XGBClassifier
xgb = XGBClassifier(*, objective='binary:logistic', **kwargs)
```

XGBClassifier 中各参数说明:

$n\_estimators$:迭代次数(决策树个数).默认$=100$

max_depth:基学习器(树)的最大深度.默认$=6$

max_leaves:树的最大叶节点数(0 表示无限制).默认$=0$

max_bin:使用直方图算法时每个特征的最大桶数.默认$=256$

$grow\_policy$：生长策略.

　　设置为 $'depthwise'$ 表示在最靠近根的节点处分裂

　　设置为 $'lossguide'$ 表示在损失变化最大的节点处分裂

　　默认 $= depthwise$

$learning\_rate$：学习率. 默认 $=0.3$

$verbosity$：打印信息的详细程度.

　　设置为 0 表示静默

　　设置为 1 表示警告

　　设置为 2 表示信息

　　设置为 3 表示调试

　　默认 $=1$

$objective$：学习任务和学习目标.

　　设置为 $'binary:logistic'$ 表示使用 Logistic 回归损失的二分类任务（输出概率）

　　设置为 $'binary:logitraw'$ 表示使用 Logistic 损失的二分类任务（输出 Logistic 变换前的分数）

　　设置为 $'binary:hinge'$ 表示使用 hinge 损失的二分类任务

　　设置为 $'multi:softmax'$ 表示使用 softmax 目标函数的多分类任务

　　设置为 $'multi:softprob'$ 表示使用 softmax 目标函数的多分类任务（输出概率向量/矩阵）

　　默认 $=reg:squarederror$

$booster$：基学习器.

　　设置为 $'gbtree'$ 或 $'dart'$ 表示使用树模型

　　设置为 $'gblinear'$ 表示使用线性模型

　　默认 $=gbtree$

$tree\_method$：构建树的方法.

　　设置为 $'auto'$ 表示自动选择算法

　　设置为 $'exact'$ 表示使用精确贪心算法

　　设置为 $'approx'$ 表示使用近似贪心算法

　　设置为 $'hist'$ 表示更快的直方图算法

　　默认 $=auto$

n_jobs：并行线程数. 默认设置为最大可用线程数

$gamma$：节点分裂的最小损失函数减少值. 默认 $=0$

min_child_weight：子节点中样本的最小权重和. 默认＝1
max_delta_step：每棵树权重改变的最大步长(0 表示无限制). 默认＝0
$subsample$：训练样本子采样比例. 默认＝1
$sampling\_method$：采样方法.
     设置为$'uniform'$表示随机采样
     设置为$'gradient\_based'$表示基于梯度采样
     默认＝$uniform$
$colsample\_bytree$：构建每棵树时列采样比例. 默认＝1
$colsample\_bylevel$：树的每一层列采样比例. 默认＝1
$colsample\_bynode$：树的每个节点列采样比例. 默认＝1
reg_alpha：对权重的 L_1 正则化项. 默认＝0
reg_lambda：对权重的 L_2 正则化项. 默认＝1
$scale\_pos\_weight$：样本平衡参数. 默认＝1
$base\_score$：所有样本的初始预测分数(全局偏差)
$random\_state$：随机数种子.
     设置为整数表示以给定的数为随机数种子
     设置为 RandomState 对象表示使用指定的随机数生成器
     设置为$'None'$表示使用默认的随机数种子
     默认＝$None$
$missing$：指定缺失值表示. 默认＝$np.nan$
$num\_parallel\_tree$：并行树的数量(用于提升随机森林). 默认＝1
$monotone\_constraints$：变量的单调性约束.
     将某预测变量设置为 1 表示单调增加
     设置为－1 表示单调减少
     设置为 0 表示无约束
$interaction\_constraints$：交互约束(嵌套列表形式表示). 列表中每个
     子列表出现的特征具有交互效应
$importance\_type$：特征重要性类型.
     设置为$'gain'$表示平均增益
     设置为$'weight'$表示分裂次数
     设置为$'cover'$表示样本平均覆盖度
     设置为$'total\_gain'$表示总增益
     设置为$'total\_cover'$表示总覆盖度
     默认＝$weight$

$validate\_parameters$：参数校验.
　　　　　　　　设置为$'True'$表示检查输入参数
　　　　　　　　设置为$'False'$表示不检查
　　　　　　　　默认$=False$

$enable\_categorical$：是否支持类别型数据.
　　　　　　　　设置为$'True'$表示支持
　　　　　　　　设置为$'False'$表示不支持
　　　　　　　　默认$=False$

$feature\_types$：指定特征类型.
　　　　　　　　设置为$'c'$表示类别型
　　　　　　　　设置为$'q'$表示数值型
　　　　　　　　默认$=None$

$max\_cat\_to\_onehot$：使用独热编码的类别数阈值.如果特征类别数小于阈值,使用独热编码,否则将类别直接划分为子节点.默认$=None$

$max\_cat\_threshold$：每次分裂使用类别的最大数量

$multi\_strategy$：多目标模型策略.
　　　　　　　　设置为$'one\_output\_per\_tree'$表示每个目标一个模型
　　　　　　　　设置为$'multi\_output\_tree'$表示多目标树模型
　　　　　　　　默认$=one\_output\_per\_tree$

$eval\_metric$：评价指标.
　　　　　　　　设置为$'log\_loss'$表示负对数似然
　　　　　　　　设置为$'error'$表示二分类错误率
　　　　　　　　设置为$'error@t'$表示指定阈值的二分类错误率
　　　　　　　　设置为$'merror'$表示多分类错误率
　　　　　　　　设置为$'mlog\_loss'$表示多分类对数损失
　　　　　　　　设置为$'auc'$表示 AOC 曲线下的面积
　　　　　　　　设置为$'aucpr'$表示 PR 曲线下的面积
　　　　　　　　设置为$'pre'$表示精确率
　　　　　　　　默认根据$objective$确定

$early\_stopping\_rounds$：早停迭代次数.默认$=None$

$kwargs$：其他参数

　　XGBClassifier 中重要超参数：$n\_estimators, max\_depth, learning\_rate, subsample, colsample\_bytree$

　　这些参数都是极端梯度提升模型最核心的参数,可以使用网格搜索和随机化搜索等方法寻找最优参数提升模型性能

2.5.5 极端梯度提升应用场景

极端梯度提升准确性高,简单易用,能够自动处理缺失值,在处理缺失值和异常值时具有较好的稳健性.同时还可以计算变量重要性,具有较强的可解释性.此外,极端梯度提升支持并行处理大规模数据,计算效率高.

一个典型的极端梯度提升应用场景是金融风控领域.在信用卡支付系统中,极端梯度提升被广泛用于实时识别欺诈交易.金融机构每天需要处理数百万笔交易,极端梯度提升可以通过分析大规模的交易数据,找出潜在的欺诈行为.输入每笔交易的各种特征,如交易金额、时间、地点、设备信息、用户行为(如历史支付模式)等,极端梯度提升可以对每笔新交易进行实时分类.由于极端梯度提升的高效计算能力,它能够在短时间内处理海量数据,满足金融行业对实时性的要求.因此,在大规模、高风险的环境中,极端梯度提升是进行高效欺诈检测的首选工具之一.

此外,极端梯度提升方法还被广泛应用在搜索排序、能源消耗预测、医疗诊断、工业生产优化、自动驾驶和智能交通、图像识别以及自然语言处理等领域.

2.6 轻量梯度提升机

轻量梯度提升机是对梯度提升决策树算法的进一步优化,在数据量大、维数高的情况下,其比极端梯度提升算法更高效.

2.6.1 轻量梯度提升机简介

轻量梯度提升机是由微软于 2017 年在论文《轻量梯度提升机:一种高效梯度提升决策树》(*LightGBM*: *A Highly Efficient Gradient Boosting Decision Tree*)中提出的梯度提升决策树算法框架[29].尽管极端梯度提升已经对梯度提升决策树进行了优化,但在处理数据量大、维数高的情况下,其算法效率仍需改进.与极端梯度提升相比,轻量梯度提升机提出了两项新技术:单边梯度抽样(Gradient-based One-Side Sampling,GOSS)和互斥特征捆绑(Exclusive Feature Bunding,EFB).这两项新技术在保证算法准确率的同时,进一步提高了算法的效率.

2.6.2 直方图算法

在高维度的情况下,极端梯度提升耗时的一个主要原因是极端梯度提升对于每个特征采取预排序算法处理节点分裂.预排序算法对于每个特征,需要扫描所有的数据实例来估计所有可能分割点的信息增益.不同于极端梯度提升的预排序算法,轻量梯度提升机利用直方图算法寻找最优特征分裂点,见图 2-3.

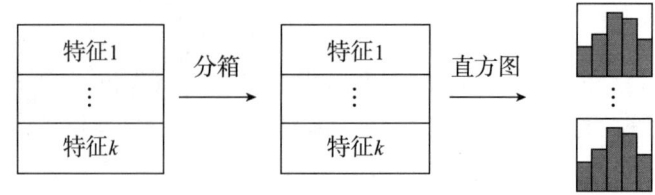

图 2-3 直方图算法

如图 2-3 所示,直方图算法首先对特征值进行装箱处理,把特征值从连续值转化成离散值.然后,对于当前模型的每一个叶节点,构建特征直方图.构建特征直方图时,需要遍历叶节点的所有数据,并根据离散化后的特征值作为索引,在直方图中累积统计量(如样本梯度和样本数量).接着,将特征直方图中的每一个离散值作为可能的分割点,计算其信息增益.最后,对于叶节点遍历所有的特征,寻找出该叶节点信息增益最大的分裂特征和分裂点.

直方图算法相当于对原始数据进行了正则化,提高了模型的稳健性,但不能找到很精确的分割点.实验表明直方图算法与预排序算法的泛化误差差异不大,而且直方图算法提高了训练速度,还节省了内存空间消耗.

直方图算法的另外一个优点是可以做差加速.一个叶节点的直方图可以由它父节点的直方图和它兄弟节点的直方图做差得到,因此能够有效提升直方图的构建速度,从而加速节点分裂.

2.6.3 单边梯度抽样

单边梯度抽样算法旨在减少样本数量.由于梯度提升决策树中没有样本权重的设计,因此无法根据权重进行抽样.为此,轻量梯度提升机提出了一种新的抽样方法——单边梯度抽样.单边梯度抽样根据每个样本的梯度进行抽样,如果样本的梯度很小,则该样本的训练误差也很小,表明这些样本得到了很好的训练,可以在抽样时对其丢弃.但是全部丢弃梯度小的样本会改变样本的分布情况,从而影响模型的准确度.所以单边梯度抽样会保留所有大梯度的样本,并对小梯度的样本随机采样.尽管会对梯度小的样本进行采样,但是会对采样的小梯度样本乘以一个常数权重因子,这样做可以尽量保持原来的样本分布.

图 2-4 展示了单边梯度抽样算法的流程.单边梯度抽样首先将样本按照梯度的绝对值进行排序,保留梯度的绝对值位于前 $a\times 100\%$ 的样本,然后对余下的数据按照 $b\times 100\%$ 的比例随机采样,最后对 $b\times 100\%$ 的样本分配新的权重因子 $(1-a)/b$.

实验表明,单边梯度抽样在减少样本数量的同时,并没有降低模型性能,反而还有一定提升.

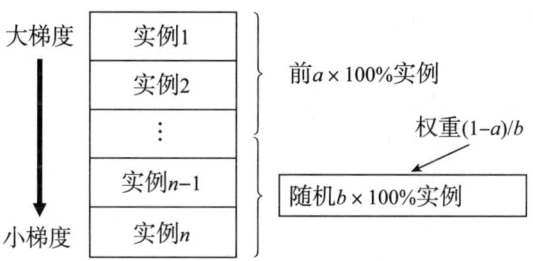

图 2-4 单边梯度抽样算法流程

2.6.4 互斥特征捆绑算法

单边梯度抽样可以通过减少样本来加速模型训练,而互斥特征捆绑算法可以通过减少特征数量使数据规模进一步变小.由于高维数据的稀疏性,很多特征是互斥的,即这些特征很少同时出现非 0 值.互斥特征捆绑算法将互斥的特征捆绑在一起形成新的特征,从而加速梯度提升决策树的训练.

为了确定哪些特征可以进行绑定,互斥特征捆绑算法将特征作为节点,并在不互斥的特征之间进行连边.然后,借助图着色问题找出所有可以捆绑的特征集合.需要捆绑在一起的特征对应图着色问题中涂有相同颜色的一组顶点,见图 2-5.可以捆绑的特征一共有 3 组:特征 1 与特征 3,特征 2 与特征 4,以及特征 5.

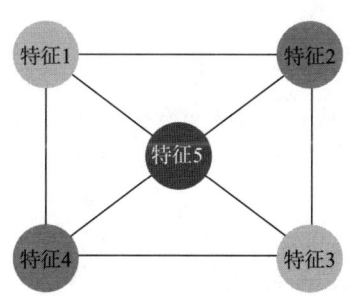

图 2-5 互斥特征捆绑

由于图着色问题属于 N-P 难问题,互斥特征捆绑算法采用了一种近似的贪心策略来寻找可捆绑的特征.该算法允许捆绑不完全互斥的特征,即允许捆绑的特征簇有一定冲突的比率(同时取非 0 的特征).通过设置一个合适的最大冲突比率值 γ,算法可以在准确度和训练效率上获得很好的均衡.

互斥特征捆绑算法首先以特征为图的顶点,将不互斥的特征连边,将特征间冲突的特征值的数量作为边的权重.接下来根据顶点的度(边的数量)对特征进行降序排序,最后对排序后的每一个特征,遍历已经存在的捆绑簇.如果该特征加入某个已存在的特征簇后,该特征簇的冲突数不超过最大冲突值 K,则将该特征加入该簇;否则新建一个特征簇,并将该特征加入新建的簇中.为了进一步提高效率,可以改进算法的排序策略,将特征直接按照非零值个数(类似节点的度)进行排序,这样的排序策略无需构建图,因而更有效.

为了能够合并绑定后的特征,需要从绑定的特征簇中识别原始特征.由于直方图算法将连续变量进行分箱后处理,互斥特征捆绑算法采用加入一个偏移常量(offset)的方法来建立绑定特征的直方图.通过偏移,可以将不同的互斥特征分配到直方图不同的箱中,从而实现绑定特征簇中原始特征的分离.例如,绑定两个特征 A 和 B,其中 A 的取值范围为[0,100],B 的取值范围为[0,200].给 B 的取值范围加入一个偏移常量 100,将 B 的取值范围变为[100,300],合并后的特征范围为[0,300].这样,特征 A 和特征 B 可以进行合并,并且合并后的特征可以很好地取代原始特征.

2.6.5　按叶子生长策略

极端梯度提升在建树过程中采用按层生长(level-wise)的策略,见图 2-6.按层生长不加区分地对待同一层的叶节点,该策略遍历一次数据可以同时分裂同一层的所有叶节点.由于很多叶节点的分裂增益较低,对这些节点进行分裂会增加很多不必要的计算开销,因此按层生长是一种低效的算法.

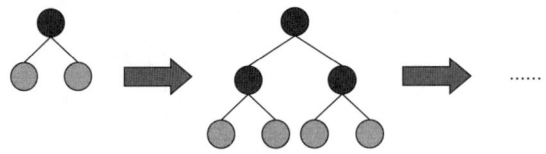

图 2-6　按层生长策略

轻量梯度提升机采用按叶子生长(leaf-wise)的策略进行进一步的优化,见图 2-7.按叶子生长每次从当前所有叶子中找到分裂增益最大的一个叶子进行分裂.由于不是对所有叶节点进行分裂,按叶子生长的计算量更小,计算更高效.在相同分裂次数的条件下按叶子生长比按层生长的精度更高.为了防止过拟合,轻量梯度提升机在按叶子生长的基础之上增加了一个最大深度的限制.

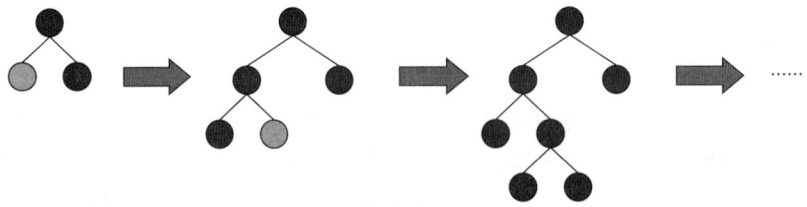

图 2-7　按叶子生长策略

2.6.6 Python 中轻量梯度提升机的代码实现

在 Python 中,轻量梯度提升机分类可以通过与 scikit-learn 兼容的接口 LGBMClassifier 实现,而回归可以通过 LGBMRegressor 实现。下面以 LGBMClassifier 为例,介绍其使用方法:

```
import lightgbm as lgb
lgb = lgb.LGBMClassifier(boosting_type='gbdt', num_leaves=31, max_depth=1, learning_rate=0.1, n_estimators=100, subsample_for_bin=200000, objective=None, class_weight=None, min_split_gain=0.0, min_child_weight=0.001, min_child_samples=20, subsample=1.0, subsample_freq=0, colsample_bytree=1.0, reg_alpha=0.0, reg_lambda=0.0, random_state=None, n_jobs=None, importance_type='split', **kwargs)
```

LGBMClassifier 中各参数说明:

boosting_type:提升类型。
  设置为 'gbdt' 表示传统的梯度提升树
  设置为 'dart' 表示带随机丢弃的梯度提升树
  设置为 'rf' 表示随机森林
  默认 = gbdt

num_leaves:基学习器(树)的最大叶子节点数量。默认 = 31

max_depth:基学习器(树)的最大深度。默认 = -1

learning_rate:学习率。默认 = 0.1

n_estimators:提升次数。默认 = 100

subsample_for_bin:用于构建直方图的样本数量。默认 = 200000

objective:学习任务和相应的学习目标。
  设置为 'binary' 表示二分类
  设置为 'multiclass' 表示多分类
  默认 = None

$class\_weight$：类别权重.
　　　　　　设置为$'balanced'$表示自动调整权重（样本量少的类别权重更高）
　　　　　　设置为$'None'$表示所有类别权重为1
　　　　　　默认＝$None$
min_split_gain：叶节点进一步分裂的最小损失减少值. 默认＝0
min_child_weight：叶节点所需的最小样本权重和. 默认＝1e－3
$min\_child\_samples$：叶节点所需的最小样本数. 默认＝20
$subsample$：训练样本的子采样比例. 默认＝1.0
$subsample\_freq$：子采样频率. 默认＝1.0
$colsample\_bytree$：构建单棵树时的列采样比例. 默认＝1.0
reg_alpha：L_1正则化项. 默认＝0.0
reg_lambda：L_2正则化项. 默认＝0.0
$random\_state$：随机数种子.
　　　　　　设置为整数表示指定随机数种子
　　　　　　设置为RandomState对象表示指定随机数生成器
　　　　　　设置为$'None'$表示使用默认随机数种子
　　　　　　默认＝$None$
n_jobs：并行线程数.
　　　　　　设置为负整数表示：可用线程数＋1＋给定数
　　　　　　设置为0表示使用默认线程数
　　　　　　设置为$'None'$表示使用所有线程
　　　　　　默认＝$None$
$importance\_type$：特征重要性类型.
　　　　　　设置为$'split'$表示特征使用次数
　　　　　　设置为$'gain'$表示信息增益
　　　　　　默认＝$split$
$**kwargs$：其他参数

LGBMClassifier 中的最重要的超参数：num_leaves，max_depth，$learning\_rate$，$n\_estimators$，$min\_child\_samples$，$subsample$，$colsample\_bytree$
调整这些参数可以提高模型性能

LGBMClassifier 返回值：

*best_iteration_*：早停中的最佳迭代次数
*best_score_*：模型的最佳得分
*booster_*：模型中的提升器
*classes_*：类别标签
*evals_result_*：交叉验证的评价结果
*feature_importances_*：特征重要性
*feature_name_*：特征名字
*n_classes_*：类别数量
*n_estimators_*：提升迭代次数
*n_features_*：特征数量
*n_features_in_*：输入特征数量
*n_iter_*：提升迭代次数
*objective_*：目标函数

2.6.7 轻量梯度提升机应用场景

与传统的梯度提升方法相比,轻量梯度提升机具有高效、快速和准确的优势,内存消耗小,支持多线程并行化,并且直接支持缺失值与类别特征,无需对数据进行额外处理.轻量梯度提升机是处理结构化数据的强大工具,尤其适合处理大规模、稀疏数据集,已成功应用在推荐系统、搜索排序、金融风控、医疗健康、自然语言处理和图像识别等领域.此外,通过特征重要性分析,轻量梯度提升机还可以辅助特征选择,在提升模型性能的同时,降低模型复杂度.

2.7 类别特征梯度提升

类别特征梯度提升算法是对梯度提升决策树算法的改进,能够高效且合理地处理类别型特征.

2.7.1 类别特征梯度提升简介

类别特征梯度提升是由俄罗斯科技公司 Yandex 于 2018 年在论文《类别特征梯度提升:针对类别特征的无偏提升》(*CatBoost*：*Unbiased Boosting with Categorical Features*)中提出的梯度提升决策树算法框架.类别特征梯度提升以对称决策树为基学习器,支持类别型特征[30].类别特征梯度提升解决了因标签泄露导致的预测偏移(prediction shift)问题,从而减少了过拟合的发生,并提高了算法的准确性和泛化能力.

2.7.2 分类特征与目标变量统计

不同于数值型特征,类别型特征是离散的集合,比如职业(教师、医生、程序员等)、季节(春、夏、秋、冬)和颜色(红、绿、蓝、白、黑等)等特征.在梯度提升算法中,通常将这些类别型特征转化为一个或多个数值型特征来处理.

如果某个类别型特征的基数比较低(low-cardinality features),即该类别型特征取值比较少,则一般利用独热编码方法将特征转为数值型特征.例如,图2-8展示了利用独热编码将季节特征转化为数值型特征.然而,对于取值很多的类别型特征,独热编码可能导致高维稀疏特征,从而导致模型过拟合.

	季节	独热编码			
0	春	1	0	0	0
1	夏	0	1	0	0
2	秋	0	0	1	0
3	冬	0	0	0	1

图 2-8　独热编码

对于存在内在顺序的类别特征,可以使用顺序编码(ordinal encoding),将特征按顺序转化为有序整数.如图2-9所示.学历特征的取值(如本科、硕士、博士)存在内在的顺序,因此适合使用顺序编码,将特征本科、硕士、博士分别按顺序转化为有序整数0,1,2.

	学历	顺序编码
0	本科	0
1	硕士	1
2	博士	2

图 2-9　顺序编码

对于类别型特征,更有效的方法是使用目标统计量(Target Statistics,TS)进行编码.目标编码利用不同类别实例的标签值的信息进行编码,通常使用特征各个类别对应的实例标签平均值作为编码.如果编码由训练集中所有属于该类别的实例标签平均值确定,这种方法则称为贪心目标统计量(Greedy TS)编码.如图2-10所示,对于类别特征"性别",类别"男"的标签0和1的平均值为0.5,所以"男"的贪心目标统计量编码为0.5;类别"女"的标签1,0,1的平均值为0.667,所以"女"的贪心目标统计量编码为0.667.贪心目标统计量编码是一种常用的有监督编码方法,适用于分类和回归任务中的高基类(类别特征取值多)无序类别特征.由于贪心目标统计量编码使用了标签,所以容易出现数据泄露,从而引发过拟合.也就是说,若训练集和测试集的类别特征分布不一致,那么编码结果容易产生条件偏移,尤其对于存在空类别或低频类别(在数据集中只有很少实例的类别)数据的情形.

	性别	分类标签	贪心目标统计量编码
0	男	0	0.50
1	女	1	0.67
2	女	0	0.67
3	女	1	0.67
4	男	1	0.50

图 2-10 贪心目标统计量编码

类别特征梯度提升使用有序目标统计量(Ordered TS)编码的策略来减少过拟合.首先,按照随机排列 σ 重新排列数据的顺序.对于实例 x_k,计算训练数据集中位于 x_k 之前且与 x_k 同一类别组的实例标签总数,记为 $TargetCount$,位于 x_k 之前且与 x_k 同一类别组的实例总数,记为 $FeatureCount$.设 P 为先验值,通常由数据集中的标签平均值给定.x_k 的类别型特征的有序目标统计量编码的计算公式为

$$\frac{TargetCount + P}{FeatureCount + 1}.$$

计算示例见图 2-11.假设图中数据已经进行打乱重排,如果对第 4 行数据的类别型特征"性别"进行编码,易知先验 $P=0.6, TargetCount=1+0=1, Feature=2$,所以"性别"类别"女"的有序目标统计量编码为$(1+0.6)/(2+1)=0.53$.可以看到,对于每一个数据实例,"性别"类别有不同的编码.

	性别	分类标签	有序目标统计量编码
0	男	0	0.60
1	女	1	0.60
2	女	0	0.80
3	女	1	0.53
4	男	1	0.30

图 2-11 有序目标统计量编码

2.7.3 特征组合

特征组合指将几个类别型特征进行组合得到一个新的强大的特征,从而提高模型的预测能力.类别特征梯度提升会考虑特征组合来捕捉特征之间的相互作用,

从而改善模型的准确性和泛化能力。由于组合的数量会随着数据集中类别型特征的数量呈指数增长,因此不可能在算法中考虑所有组合。在对当前树进行分割时,类别特征梯度提升会采用贪心的策略考虑组合。对于树的第一次分割,类别特征梯度提升不考虑任何组合,只考虑一个特征,比如性别;对于第二次分割,类别特征梯度提升考虑性别与数据集中的任何类别型特征的组合,比如与职业相结合,产生男教师这样新的类别型特征组合;对于下一个分割,类别特征梯度提升将当前树的所有组合、类别型特征与数据集中的所有类别型特征相结合,并将新的特征组合动态地转换为数值型特征。

2.7.4 排序提升算法

作为一种梯度提升算法,类别特征梯度提升通过构建新树来拟合当前模型的梯度。然而,由于在每个步骤中使用的梯度都用当前模型中的相同数据点来估计,所以训练数据梯度的条件分布与测试数据的条件分布之间存在偏移。这种梯度偏移会导致基础模型的预测出现偏差,进一步导致集成模型产生预测偏移,引发过拟合,影响模型的泛化性能。

为了克服梯度偏移问题,类别特征梯度提升采用了排序提升策略:对于每一个实例 X_k,我们训练一个单独的模型 M_k,该模型不使用基于该实例的梯度估计进行更新。我们使用 M_k 来估计 X_k 上的梯度,并使用这个估计对结果树进行评分。排序提升算法的步骤如下:

(1) 生成随机排列:对于训练数据,生成一个随机排列 σ,并将训练数据 (X_k, y_k),$k=1,2,\cdots,n$ 按照 σ 重新排列。

(2) 初始化模型:得到初始化模型 $M_i = 0$,$i=1,2,\cdots,n$。

(3) 计算梯度:在训练第 $i(i=1,2,\cdots,n)$ 个模型时,使用排列 σ 中的前 i 个实例进行训练。对于第 i 个模型的第 j ($j=1,2,\cdots,i$) 个实例,使用第 $j-1$ 个模型 M_{j-1} 得到梯度 g_j,计算公式为

$$g_j = \frac{\mathrm{d}Loss(y_j, a)}{\mathrm{d}a}\bigg|_{a=M_{j-1}(X_j)},$$

其中 $Loss(y_j, a)$ 为损失函数。

(4) 建立学习树:基于 (X_j, g_j),$j=1,2,\cdots,i$,建立学习树 M。

(5) 更新模型:$M_i = M_i + M$,为了简单,所有的 M_i 共用相同的树结构。

排序提升算法见图 2-12。排序提升算法中的模型 M_i 是由排列 σ 的前 i 个实例训练得到,最后使用模型 M_{i-1} 来估计第 i 个实例的梯度。因为模型 M_{i-1} 不包含第 i 个实例,因此该估计是梯度的无偏估计。

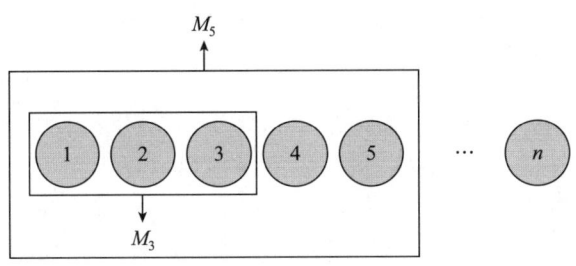

图 2-12 排序提升算法

2.7.5 基于目标统计量的排序提升算法

在传统的梯度提升决策树框架当中,构建一棵树分为两个阶段:选择树结构以及在树结构固定后计算叶节点的值.类别特征梯度提升在第一阶段进行了优化,而第二阶段仍使用传统的梯度提升决策树方案执行.类别特征梯度提升在第一阶段有两种模式:基础的(plain)和有序的(ordered).基础模式在排序目标统计量的基础上执行标准梯度提升决策树算法,而有序模式使用排序提升算法进行改进.有序模式的类别特征梯度提升过程如下:

(1) 生成随机排列:对于训练数据,生成 $s+1$ 个随机排列 $\sigma_i, i=0,1,\cdots,s$.

(2) 计算梯度:随机选择排列 $\sigma_r, 1 \leqslant r \leqslant s$,基于当前模型 F_{t-1} 和排序 σ_r,利用排序提升算法建立模型 $S_{r,1}, S_{r,2}, \cdots, S_{r,[\log_2 n]}$,根据模型得到实例的梯度 $grad$.

(3) 建立决策树:基于 σ_r、实例 X_i 和梯度 $grad$ 建立决策树模型 T_t,在建立决策树的每一步迭代过程中,确定属于第 j 个叶节点的实例 X_i 的值为

$$\Delta_i = \text{avg}(grad_{[\log_2 \sigma_r(i)]}(p), \ leaf_p = j, \ \sigma_r(p) < \sigma_r(i)).$$

(4) 确定叶节点的值:叶节点的值基于排序 σ_0 确定.叶节点 R_j^t 的值 b_j^t 为 T_t 属于第 j 个节点的所有实例的负梯度平均值,即

$$b_j^t = -\text{avg}(grad_0(i), \ leaf_{r,i} = j),$$

其中,$grad_0(i)$ 为基于排序 σ_0 和当前模型 F_{t-1} 的第 i 个实例的梯度,$leaf_{r,i}$ 为基于排序 σ_r 和 T_t 得到的第 i 个实例的叶节点.

(5) 更新模型:$F_t(x) = F_{t-1}(x) + \sum_j \alpha b_j^t I(x \in R_j^t), t=1,\cdots,I$,式中 u 为参数.

为了提高训练速度,类别特征梯度提升使用了对称树作为基学习器,另外,还提供了多线程图形处理单元(Graphics Processing Unit,GPU)并行训练加速支持等.

2.7.6 Python 中类别特征梯度提升的代码实现

在 Python 中,类别特征梯度提升分类可以通过与 scikit-learn 兼容的接口 Cat-

BoostClassifier 实现,而回归可以通过 CatBoostRegressor 实现。下面以 CatBoost-Classifier 为例介绍其使用方法:

```
from catboost import CatBoostClassifier
cb = CatBoostClassifier(iterations = None, learning_rate = None,
                       depth = None, l2_leaf_reg = None, model
                       _size_reg = None, rsm = None, loss_func-
                       tion = None, border_count = None, feature
                       _border_type = None, per_float_feature_
                       quantization = None, input_borders =
                       None, output_borders = None, fold_per-
                       mutation_block = None, od_pval = None,
                       od_wait = None, od_type = None, nan_
                       mode = None, counter_calc_method =
                       None, leaf_estimation_iterations = None,
                       leaf_estimation_method = None, thread_
                       count = None, random_seed = None, use_
                       best_model = None, verbose = None,
                       logging_level = None, metric_period =
                       None, ctr_leaf_count_limit = None, store_
                       all_simple_ctr = None, max_ctr_
                       complexity = None, has_time = None,
                       allow_const_label = None, classes_count =
                       None, class_weights = None, one_hot_max
                       _size = None, random_strength = None,
                       name = None, ignored_features = None,
                       train_dir = None, custom_loss = None,
                       custom_metric = None, eval_metric =
                       None, bagging_temperature = None, save_
                       snapshot = None, snapshot_file = None,
                       snapshot_interval = None, fold_len_mul-
                       tiplier = None, used_ram_limit = None,
                       gpu_ram_part = None, allow_writing_
                       files = None, final_ctr_computation_mode =
```

$None, approx\_on\_full\_history = None, boosting\_type = None, simple\_ctr = None, combinations\_ctr = None, per\_feature\_ctr = None, task\_type = None, device\_config = None, devices = None, bootstrap\_type = None, subsample = None, sampling\_unit = None, dev\_score\_calc\_obj\_block\_size = None, max\_depth = None, n\_estimators = None, num\_boost\_round = None, num\_trees = None, colsample\_bylevel = None, random\_state = None, reg\_lambda = None, objective = None, eta = None, max\_bin = None, scale\_pos\_weight = None, gpu\_cat\_features\_storage = None, data\_partition = None, metadata = None, early\_stopping\_rounds = None, cat\_features = None, grow\_policy = None, min\_data\_in\_leaf = None, min\_child\_samples = None, max\_leaves = None, num\_leaves = None, score\_function = None, leaf\_estimation\_backtracking = None, ctr\_history\_unit = None, monotone\_constraints = None)$

CatBoostClassifier 中主要参数说明：

$iterations$：最大树的数目. 默认＝1000

$learning\_rate$：学习率. 默认＝0.03

$depth$：树的深度. 默认＝6

$l2\_leaf\_reg$：L_2 正则化参数. 默认＝3.0

$model\_size\_reg$：模型大小正则化系数. 默认＝$None$

rsm：随机子空间方法（每次分割使用特征的百分比）. 默认＝$None$

$loss\_function$：损失函数. 默认＝log_loss

$input\_borders$：自定义量化边界和缺失值模式. 默认＝$None$

$output\_borders$：保存量化边界. 默认＝$None$

$fold\_permutation\_block$：随机排列分组的块大小. 默认$=1$

nan_mode：缺失值处理方法.

    设置为$'Forbidden'$表示不支持缺失值

    设置为$'Min'$表示赋值为最小值

    设置为$'Max'$表示赋值为最大值

    默认$=Min$

$leaf\_estimation\_iterations$：计算叶节点值的迭代次数. 默认$=None$

$leaf\_estimation\_method$：计算叶节点值的方法.

    设置为$'Newton'$

    设置为$'Gradient'$

    设置为$'Exact'$

    默认$=Newton$

$random\_seed$：随机数种子. 默认$=0$

has_time：是否采用输入数据的顺序. 默认$=False$

$class\_weights$：类别权重. 默认$=None$

$one\_hot\_max\_size$：使用独热编码的类别特征最大规模. 默认视情况而定

$random\_strength$：分裂点打分的随机强度. 默认$=1$

$ignored\_features$：排除的特征名称或索引. 默认$=None$

$custom\_metric$：自定义训练评估指标. 默认$=None$

$eval\_metric$：过拟合检测与最优模型选择的评估指标. 默认根据目标确定

$bagging\_temperature$：贝叶斯自助采样参数.

    设置为1表示权从指数分布采样

    设置为0表示所有权为1

    默认$=1$

$fold\_len\_multiplier$：改变$folds$长度的系数. 默认$=2$

$approx\_on\_full\_history$：计算近似值原则.

    设置为$'False'$表示使用$fold$的一部分

    设置为$'True'$表示使用$fold$的所有行

    默认$=False$

$boosting\_type$：提升策略.

    设置为$'Ordered'$，使用排序提升策略

    设置为$'Plain'$，使用经典梯度提升策略

    默认视情况而定

$bootstrap\_type$：数据采样方法.

　　　　　设置为 $'Bayesian'$

　　　　　设置为 $'Bernoulli'$

　　　　　设置为 $'MVS'$

　　　　　设置为 $'Poisson'$

　　　　　设置为 $'No'$

　　　　　默认视情况而定

$subsample$：袋装采样率.

　　　　　样本量<100 时,默认=1

　　　　　样本量>100 时:

　　　　　$bootstrap\_type = 'Bernoulli'$ 或 $'Poisson'$ 时，默认=0.66

　　　　　$bootstrap\_type = 'MVS'$时，默认=0.8

$sampling\_unit$：采样模式.

　　　　　设置为 $'Object'$ 表示样本权抽样

　　　　　设置为 $'Group'$ 表示组权抽样

　　　　　默认 = $Object$

$scale\_pos\_weight$：二分类任务中 1 类的权重. 默认=1.0

$grow\_policy$：树的生长策略.

　　　　　设置为 $'SymmetricTree'$，逐层建树（相同分裂准则）

　　　　　设置为 $'Depthwise'$，逐层建树（最大得分变化分裂）

　　　　　设置为 $'Lossguide'$，达到节点数停止（最大得分变化分裂）

　　　　　默认 = $SymmetricTree$

$min\_data\_in\_leaf$：叶节点最小样本数. 默认=1

max_leaves：最大叶子数. 默认=31

$score\_function$：打分函数. 设 a_i 为模型的值，g_i 为梯度值，w_i 为第 i 个样本的权.

　　　　　设置为 $'Cosine'$，定义为

$$Cosine = \frac{\sum_i w_i a_i g_i}{\sqrt{\sum_i w_i a_i^2} \sqrt{\sum_i w_i g_i^2}}$$

　　　　　设置为 $'L2'$，定义为 $L_2 = -\sum_i w_i (a_i - g_i)^2$

　　　　　设置为 $'NewtonCosine'$ 表示采用二阶 $Cosine$ 打分函数

设置为$'NewtonL2'$表示采用二阶L_2打分函数

默认$=Cosine$

$leaf\_estimation\_backtracking$：梯度下降回溯类型.

设置为$'No'$，不回溯

设置为$'AnyImprovement'$，损失更小则减少步长

设置为$'Armijo'$，满足$Armijo$条件减少步长

默认$=AnyImprovement$

$monotone\_constraints$：单调性约束.

设置为$'1'$表示非减

设置为$'-1'$表示非增

设置为$'disabled'$，无约束

默认$=None$

CatBoostClassifier 重要超参数：$iterations$，$learning\_rate$，$depth$，$l2\_leaf\_reg$，$loss\_function$，$eval\_metric$，$random\_strength$，$bagging\_temperature$，$grow\_policy$

调节这些参数可提升模型性能

CatBoostClassifier 返回值：

$tree\_count\_$：模型中树的数量

$feature\_importances\_$：特征重要性

$random\_seed\_$：随机数种子

$learning\_rate\_$：学习率

$feature\_names\_$：特征名字

$evals\_result\_$：度量值

$best\_score\_$：最佳结果

$best\_iteration\_$：最佳迭代次数

$classes\_$：类别名字

2.7.7 类别特征梯度提升应用场景

类别特征梯度提升可以自动处理分类特征,具有训练速度快,模型精度高的特点.它不仅在处理数值型特征时表现良好,在包含大量类别型特征的情况下,

其性能优势尤其明显.此外,类别特征梯度提升支持在线学习,即可以在模型训练之后继续增量学习新的数据,而不必重新训练整个模型.这对于需要持续更新模型的场景非常有用,如在线广告系统或实时推荐系统.类别特征梯度提升还具有很好的解释能力,可用于各种分类和回归问题,比如医疗诊断、信用评分和风险预测等.

习　题

1. 试析对于高维稀疏特征选择使用 Logistic 回归还是集成树模型.

2. 实践题:泰坦尼克(Titanic)生还者预测.

1912 年 4 月 14 日,当时世界上体积最大的豪华邮轮泰坦尼克号与一座冰山相撞,导致 2224 名船员及乘客中 1500 多人丧生,仅 700 余人获救.泰坦尼克号的沉没是历史上最为人熟知的海难事件之一.Kaggle 数据科学竞赛平台提供的泰坦尼克数据集(Titanic:Machine Learning from Disaster)包含 891 个训练样本和 418 个测试样本,字段包括:

> $PassengerId$:乘客编号
> $Survived$:是否存活,0=未能存活,1=存活
> $Pclass$:乘客身份的等级,1=高等,2=中等,3=低等
> $Name$:乘客姓名
> Sex:乘客性别
> Age:乘客年龄
> $SibSp$:与乘客同行的兄弟姐妹和配偶数目
> $Parch$:与乘客同行的家长和孩子数目
> $Ticket$:乘客的船票编号
> $Fare$:乘客上船的花费
> $Cabin$:乘客所住的船舱
> $Embarked$:乘客上船时的港口,C=Cherbourg,Q=Queenstown,
> 　　　　　　S=Southampton.

请从 Kaggle 数据科学竞赛平台网站下载泰坦尼克数据,根据乘客的信息,使用决策树和随机森林算法预测乘客的幸存情况,并比较预测结果.

3. 实践题:数据分析岗位薪资水平预测.

随着数字化时代的到来,数据分析岗位变得越发重要.不同的数据分析岗位有不同的要求,薪资也有较大差别.薪资预测对于企业招聘和求职者择业都有重要的

指导意义.对于企业来说,了解不同岗位和技能的市场薪资水平,可以帮助企业制定更合理的薪资结构,以吸引和留住优秀人才.对于求职者来说,了解市场薪资的影响因素,估算出期望的薪资水平,可以帮助其更好地进行职业规划、提升竞争力,从而选择更适合的工作机会.数据来自某招聘网站 2023 年的公开招聘数据,包括四种数据类岗位:数据分析岗位、数据挖掘岗位、深度学习岗位和机器学习岗位,共计 1650 条数据,字段包括:

> $position\_name$:岗位名称
> $company\_name$:公司名称
> $Salary$:岗位薪资
> $Address$:公司地点
> $City$:所在城市
> $education$:学历要求
> $advantage$:公司优势
> $industry$:行业领域
> $position\_detail$:职位描述
> $stage$:融资阶段
> $size$:公司规模
> $work\_year$:工作经验

请对数据进行适当的预处理和可视化,使用线性回归、决策树和随机森林等算法预测数据分析岗位的薪资水平,探讨薪资水平的影响因素,并对数据分析相关专业的学生提出职业发展的有益建议.

4. 实践题:幸福感挖掘.

幸福是人类长久以来的追求目标,不同的人对幸福有不同的理解,不同的学科对幸福的研究也各有侧重.本课题来自某大型云平台天池大赛"快来一起挖掘幸福感"项目,旨在预测幸福感并挖掘幸福感的来源.数据来源于中国人民大学中国调查与数据中心主持的《中国综合社会调查(CGSS)》项目的问卷调查结果,包括:$index$ 文件中包含每个变量对应的问卷题目,以及变量取值的含义;$survey$ 文件是数据源的原版问卷.请在某云天池竞赛平台数据集中下载数据(幸福感挖掘 happiness 比赛数据),利用个体变量(性别、年龄、地域、职业、健康、婚姻与政治面貌等)、家庭变量(父母、配偶、子女、家庭资本等)和社会态度(公平、信用、公共服务等),使用梯度提升决策树、极端梯度提升和轻量梯度提升机等模型来预测其对幸福感的评价,挖掘幸福感的影响因素,并对幸福感的来源给予更多解释,进一步探索该课题的应用方向.

参 考 文 献

[1] 薛薇. R 语言数据挖掘[M]. 2 版. 北京：中国人民大学出版社，2018.
[2] HUNT E B, MARIN J, STONE P J. Experiments in induction[M]. New York：Academic Press，1966.
[3] QUINLAN J R. Induction of decision trees[J]. Machine Learning，1986，1(1)：81-106.
[4] QUINLAN J R. C4.5：programs for machine learning[M]. San Mateo：Morgan Kaufmann，1993.
[5] BREIMAN L, FRIEDMAN J H, OLSHEN R A, et al. Classification and regression trees[M]. Belmont：Wadsworth International Group，1984.
[6] 李航. 统计学习方法[M]. 2 版. 北京：清华大学出版社，2019.
[7] SHANNON C E. A mathematical theory of communication[J]. Bell System Technical Journal，1948，27(3)：379-423.
[8] BREIMAN L. Bagging predictors[J]. Machine Learning，1996，24(2)：123-140.
[9] HO T K. Random decision forests[C]//Proceedings of the Third International Conference on Document Analysis and Recognition. 1995：278-282.
[10] BREIMAN L. Random forests[J]. Machine Learning，2001，45(1)：5-32.
[11] LUNDBERG S M, LEE S I. A unified approach to interpreting model predictions[C]//Proceedings of the 31st International Conference on Neural Information Processing Systems. 2017：4765-4774.
[12] LUNDBERG S M, ERION G G, LEE S I. Consistent individualized feature attribution for tree ensembles[C]//Proceedings of the 33rd Conference on Neural Information Processing Systems. 2020：6118-6128.
[13] KUHN H W, TUCKER A W. Contributions to the theory of games (Volume Ⅱ)[M]. Princeton：Princeton University Press，1953.
[14] KURSA M B, RUDNICKI W R. Feature selection with the Boruta package[J]. Journal of Statistical Software，2010，36(11)：1-13.
[15] ZHOU Z H, FENG J. Deep forest：towards an alternative to deep neural networks[C]//Proceedings of the 26th International Joint Conference on Artificial Intelligence. 2017：3553-3559.

[16] LIU F T, TING K M, ZHOU ZH. Isolation forest[C]//Proceedings of the 8th IEEE International Conference on Data Mining. 2008: 413-422.

[17] ATHEY S, IMBENS G W. Recursive partitioning for heterogeneous causal effects[J]. Proceedings of the National Academy of Sciences, 2016, 113(27): 7353-7360.

[18] WAGER S, ATHEY S. Estimation and inference of heterogeneous treatment effects using random forests[J]. Journal of the American Statistical Association, 2018, 113(523): 1228-1242.

[19] ATHEY S, TIBSHIRANI J, WAGER S. Generalized random forests[J]. The Annals of Statistics, 2019, 47(2): 1148-1178.

[20] CORNFIELD J, HAENSZEL W, HAMMOND E C, et al. Smoking and lung cancer: recent evidence and a discussion of some questions[J]. Journal of the National Cancer Institute, 1959, 22(1): 173-203.

[21] 韩敏. 当吸烟遇上肺癌,你所不知道的关系[N/OL]. (2024-05-14)[2025-01-11]. https://m.thepaper.cn/kuaibao_detail.jsp? contid=27369318.

[22] 澎湃号. 戒烟10年及以上,死亡率几乎与从未吸烟者无差[N/OL]. (2024-06-18)[2025-01-11]. https://www.thepaper.cn/newsDetail_forward_27763309.

[23] ANGRIST J D, KRUEGER A B. Does compulsory schooling attendance affect schooling andearnings?[J]. Quarterly Journal of Economics, 1991, 106(4): 979-1014.

[24] FISHER R A. The design of experiments[M]. Edinburgh: Oliver and Boyd, 1935.

[25] RUBIN D B. Estimating causal effects of treatments in randomized and non-randomized studies[J]. Journal of Educational Psychology, 1974, 66(5): 688-701.

[26] FRIEDMAN J H. Greedy function approximation: a gradient boosting machine[J]. The Annals of Statistics, 2001, 29(5): 1189-1232.

[27] HE X, PAN Y, HU T, et al. Practical lessons from predicting clicks on ads at Facebook[C]//Proceedings of the 20th ACM SIGKDD International Conference on Knowledge Discovery and Data Mining. 2014.

[28] CHEN T, GUESTRIN C. XGBoost: a scalable tree boosting system[C]//Proceedings of the 22nd ACM SIGKDD International Conference on Knowledge Discovery and Data Mining. 2016: 785-794.

[29] KE G, MENG Q, FINLEY T, et al. LightGBM: a highly efficient gradient boosting decision tree[C]//Advances in Neural Information Processing Systems, 2017: 3149-3157.

[30] PROKHORENKOVA L, GUSEV G, VOROBEV A, et al. CatBoost: unbiased boosting with categorical features[C]//Advances in Neural Information Processing Systems, 2018: 6638-6648.

第 3 章

神经网络

神经网络的发展经历了从人工神经元、感知器到多层感知器、深度神经网络的漫长历程.本章主要介绍人工神经元、感知器、多层感知器和反向传播算法的基本原理,并探讨在训练深层神经网络时使用的各种优化算法,为下一章的学习打下良好的基础.

3.1 人工神经网络发展史

人工神经网络(Artificical Neural Networks,ANN)的发展已有 70 多年的历史,其间几经沉浮.近年来,基于深度神经网络(Deep Neural Networks,DNN)的深度学习方法发展迅猛,在计算机视觉、语音识别、自然语言处理等领域取得了突破性进展,推动了人工智能的新一轮热潮.神经网络和深度学习的发展经历了起源、发展、爆发等多个阶段,并由此引发了多模态预训练大模型的井喷式发展.接下来,我们先来了解神经网络和深度学习的发展历程.

3.1.1 神经网络探索阶段

1943 年,美国神经科学家沃伦·麦卡洛克(Warren McCilloch)和数学家沃尔特·皮茨(Walter Pitts)在《数学生物物理学公告》上发表论文《神经活动中内在思想的逻辑演算》(*A Logical Calculus of the Ideas Immanent in Nervous Activity*),提出了人工神经元的数学模型,称为 M-P 模型(McCulloch-Pitts 模型,麦卡洛克-皮茨模型)[1].M-P 模型是一种通过模拟、抽象和简化生物神经元的结构和工作原理而构造的人工神经元模型,由此开启了人工神经网络研究的大门.

1958 年,美国计算机科学家弗兰克·罗森布拉特(Frank Rosenblatt)提出了由两层神经元组成的神经网络,称之为"感知器"(perceptrons)[2].感知器是在名为

Mark I(马克一号)感知器的硬件中实现的.感知器第一次将 M-P 模型用于机器学习,可以实现多维数据的二分类,且能够从训练样本中自动学习更新权值.1962 年,该方法被证明具有收敛性.感知器的提出吸引了大量科学家对神经网络研究的兴趣,引发了神经网络研究的第一次热潮,对神经网络的发展具有里程碑意义.但随着研究的深入,1969 年,美国数学家及人工智能先驱马文·明斯基(Marvin Minsky)等在其著作《感知器》(*Perceptrons*)中证明,感知器本质上是一种线性模型,只能处理线性分类问题,无法解决线性不可分问题(如异或问题)[3].尽管罗森布拉特和明斯基等人意识到需要多层感知器来解决复杂问题,但由于没有及时推广感知器算法到多层神经网络,加之《感知器》一书在研究领域中的巨大影响以及人们对书中论点的误解,人工神经网络的研究长年停滞.20 世纪 70 年代,人工神经网络领域进入了第一个长达 20 年的寒冬期.

3.1.2 神经网络发展阶段

1960 年代,多位研究者在控制理论和链式规则的背景下提出了反向传播(Back Propagation,BP)的基础知识.1974 年,哈佛大学博士毕业生保罗·J.韦伯斯(Paul J. Werbos)在其毕业论文中首次提出将反向传播算法应用于神经网络的可能性[4].1982 年,韦伯斯明确提出了反向传播算法的首个面向神经网络的应用[5].不过反向传播这一术语的普及要等到 1986 年,美国认知心理学家戴维·E.鲁梅尔哈特(David E.Rumelhart)、加拿大计算机科学家和认知心理学家杰弗里·辛顿(Geoffrey Hinton)与美国计算机科学家罗纳德·J.威廉姆斯(Ronald J.Williams)在《自然》杂志上发表了论文《通过反向传播误差学习表征》(*Learning Representations by Back-propagating Errors*).辛顿、鲁梅尔哈特等人发展了适用于多层感知器的反向传播算法,通过实验证明了反向传播可以在神经网络的隐藏层中产生有用的内部表征,解决了线性不可分问题[6].该方法引发了神经网络的第二次研究热潮.在多层感知器显示出解决图像识别问题的潜力之后,人们开始思考如何对文本等序列数据进行建模.第一种循环神经网络单元在 1982 年至 1986 年之间被发现.然而由于记忆力短和梯度不稳定等问题,简单的循环神经网络单元在用于长序列时会受到很大影响,因此并没有引起人们的注意.

然而,在 1991 年,反向传播算法被指出存在梯度消失问题,导致无法对前层进行有效学习,该问题直接阻碍了深度学习的进一步发展.20 世纪 90 年代中期,支持向量机算法[7]等各种机器学习模型被提出,多层神经网络方法受到质疑,只有少数科学家继续坚持研究.受到日本科学家福岛邦彦的认知机[8]以及美国神经科学家戴维·H.休伯尔(David H. Hubel)和瑞典神经科学家托尔斯滕·N.维瑟尔(Torsten N. Wiesel)对哺乳动物简单细胞和复杂细胞[9]的研究工作的启发,经过多年的研究和改进,法国人工智能科学家杨立昆(Yann LeCun)于 1998 提出了第一个使用反向传播算法训练的卷积神经网络——LeNet-5,并将其用于读取手写支票[10].1998 年,还出现了可用于处理长序列的循环神经网络改进版本——长短期记忆网络(Long Short-Term Memory,LSTM)[11].然而,由于训练卷积网络需要大量时间和数据,支持向量机和提升算法等在 1995 年至 2010 年成为研究的主流方向,神经网络研究再度陷入了低谷,度过了整整 15 年寒冬.

3.1.3 深度学习爆发阶段

2006 年,辛顿和他的学生鲁斯兰·萨拉赫丁诺夫(Ruslan Salakhutdinov)在《科学》杂志上发表了一篇文章,该文章提出了深层网络训练中梯度消失问题的解决方案:无监督预训练对权值进行初始化加有监督训练微调[12].辛顿和他的学生还正式提出了"深度学习"的概念.随着数据、算法和算力的发展,辛顿团队参加了 2012 年 ImageNet(大规模图像识别数据集,斯坦福大学李飞飞创建)图像识别比赛,通过构建的卷积神经网络 AlexNet(一种深度卷积神经网络)[13]一举夺得冠军,其分类准确率远超第二名(基于支持向量机方法).因此,2012 年被视为深度学习元年,深度学习迎来了第三次研究热潮,进入了爆发期.

在接下来的几年中,涌现了视觉几何组(Visual Geometry Group,VGG)[14]、残差网络(Residual Network,ResNet)[15]等新的有趣的卷积神经网络架构.随着网络深度不断增加和算法的不断改进创新,卷积神经网络的性能不断提升.目前基于卷积神经网络的图像分类准确率已经达到甚至超过了人类视觉水平.除图像分类外,还可以使用区域卷积神经网络(Region-CNN,RCNN)[16]、YOLO(一种端到端实时目标检测算法)[17]、全卷积网络(Fully Convolutional Network,FCN)[18]等实现目标检测和图像分割等更复杂的计算机视觉任务.

深度生成网络是另外一种很热门的深度神经网络,可以从训练数据中生成或合成新的数据样本,如图像和音乐.生成网络有很多种类型,其中最流行的是由伊恩·古德费洛(Ian Goodfellow)于 2014 年创建的生成对抗网络(Generative Adversarial Networks,GAN)[19].生成网络是一种无监督或自监督算法,其他常见的无监督或自监督算法包括变分自编码器(Variational AutoEncoder,VAE)[20]和自编码器(AutoEncoder,AE)[21].2016 年,谷歌旗下 DeepMind 公司基于深度学习开发的 AlphaGo[22]以 4∶1 的总比分战胜了围棋世界冠军、职业九段棋手李世石.AlphaGo 的成功轰动了世界,人工智能再一次成为人们关注的焦点.

2017 年,自然语言处理领域出现了具有里程碑意义的模型——Transformer.Transformer[23]是谷歌团队在 2017 年提出的一种基于自注意力机制的自然语言处理经典模型.在此之前的自然语言处理模型主要基于循环神经网络及其改进版本长短期记忆网络等,循环神经网络以串行方式处理数据,而 Transformer 摒弃了循环神经网络、长短期记忆网络、门控循环单元(Gated Recurrent Unit,GRU)[24]的单元结构,采用了多头自注意力机制的编码器-解码器(encoder-decoder)结构.多头自注意力机制使得 Transformer 能够学习到丰富的上下文信息,并且可以增加模型深度,使得表层的词法信息随着模型的逐步加深组合为更加抽象的语义信息,因而性能优越.由于不依赖循环神经网络或卷积神经网络的结构,Transformer 可以进行并行化的语言处理,成为语言 AI 革命的关键技术.深度学习的快速发展引爆了一场新的技术革命,推动人工智能迈上了一个新台阶.由于对深度学习的重大贡献,2018 年图灵奖由辛顿、约书亚·本吉奥(Yoshua Bengio)和杨立昆三位深度学习领域的先驱共享,见图 3-1.

图 3-1　2018 年图灵奖三位获奖者(从左至右:辛顿、本吉奥、杨立昆)

3.1.4　大模型井喷阶段

在 Transformer 的基础上,谷歌于 2018 年使用大型文本语料库训练了大规模预训练模型 BERT(Bidirectional Encoder Representations from Transformers,基于 Transformer 的双向编码器表示)[25].其中,BERT_base 包含大约 1.1 亿个参数,BERT_large 包含大约 3.4 亿个参数.BERT 采用了 Transformer 架构中的编码模块进行连接,是一种双向的模型,可以结合上下文进行训练.BERT 在 11 个独立的自然语言处理任务中取得了显著成绩,对自然语言处理领域产生了深远影响,成为自然语言处理发展史上的里程碑式模型.BERT 对于具体的自然语言处理任务只需稍加微调就能实现高性能,由此引发了自然语言处理体系的新范式结构、训练方法以及语言模型,如谷歌的 TransformerXL[26],OpenAI 的 GPT-1[27]、GPT-2[28]、GPT-3[29],以及 XLNeT[30] 等.GPT-1 预训练模型基本遵循了 Transformer 结构中的解码部分,被广泛应用于各种文本生成任务,如文本自动完成、对话生成、文章摘要和文本翻译等,展示了预训练语言模型在语言生成任务中的潜力.GPT-2 在模型中去掉了微调部分,采用零样本学习(zero-shot learning),只需给出任务描述和任务提示就可以自动生成答案.2020 年,GPT-3 横空出世,这个具有 1750 亿参数规模的预训练模型所表现出来的零样本与小样本学习能力刷新了人们对大模型的认知,标志着预训练大模型在 2021 年迎来了爆发式增长.2021 年,谷歌发布了具有 1370 亿参数的预训练模型——对话应用语言模型(Language Model for Dialogue Applications,LaMDA)[31].同年 6 月,北京智源人工智能研究院发布了超大规模智能模型"悟道 2.0"[32],参数规模达到 1.75 万亿,成为当时全球最大的预训练模型.2021 年 11 月,阿里巴巴达摩院公布了多模态大模型 M6[33]的最新进展,其参数规模达到万亿.除此之外,国内预训练大模型还有华为云盘古大模型[34]、百度文心大模型[35,36]等.2022 年 4 月,谷歌发布了 5400 亿参数的预训练模型 PaLM[37].

2022 年 12 月,OpenAI 推出的 ChatGPT(Chat Generative Pre-trained Transformar,聊天生成预训练变换器)引发了全球范围内的热烈讨论,并在国内外引起了极大轰动.ChatGPT 是基于 GPT-3 的进一步创新,是 OpenAI 原创性自动问答系统 InstructGPT(指令微调的 GPT)[38]的延续.它建立在 GPT-3 的后续改进版本 GPT-3.5 基础上,通过引入强化学习模型,大幅提高了 AI 在人机对话中的准确度和可控性.ChatGPT 能够完成生成代码、翻译文献、创作剧本、撰写论文、创作诗歌等一系列常见文字输出型任务.随后,谷歌推出了聊天机器人巴德(Bard).2023 年 2 月,复旦大学发布了类 ChatGPT 模型 MOSS(Message Oriented Sequential Self-supervised Learning,面向消息的顺序自监督学习)[39].同年 3 月,百度发布了新一代知识增强大模型"文心一言",在文学创作、数理推算、中文理解、多模态生成等场景中展现了较强的综合能力.同月,OpenAI 发布了 GPT-4[40].GPT-4 是一款多模态的大语言模型,展现了更强的理解和生成能力.美国人工智能初创公司 Anthropic 推出了 Claude.2023 年 4 月,阿里云发布了"通义千问"大模型[41].MetaAI 推出了开源大模型 LLaMA1[42]和 LLaMA2[43],该系列模型允许开发者自由修改.谷歌 DeepMind 推出了 Gemini[44],具有强大的多模态学习和推理能力.

随着各大公司和研究机构相继推出了多个大模型,"百模大战"全面展开.2024 年,已发布的大模型有 OpenAI 的 GPT-4o[45]和 MetaAI 的 LLaMA3[46].国内用户数量最多的大模型包括百度的文心一言、阿里巴巴的通义千问、月之暗面的 Kimi[47]以及智谱 AI 的 GLM-4[48].图 3-2 展示了近年来一些重要的 AI 大模型的参数量,显示大模型的参数规模呈现出快速增长的态势,出现了千亿甚至万亿规模的超大模型.尽管缩放定律(Scaling Law)仍然有效,模型的性能随着参数量的增加不断得到提高,但效率和资源利用问题也日益受到关注.

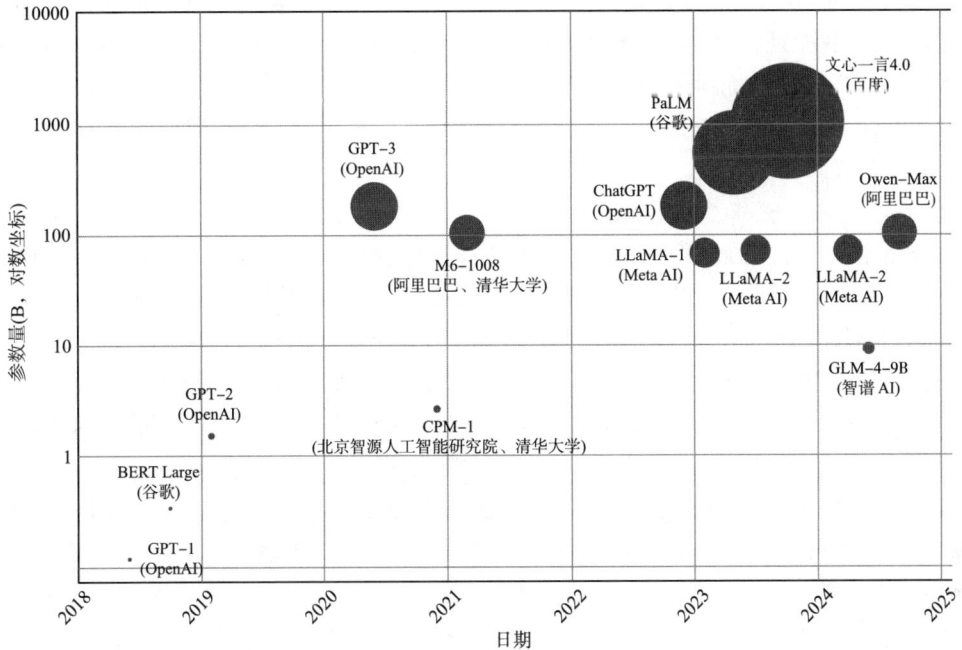

图 3-2　AI 大模型参数量

2025 年初，中国杭州深度求索（DeepSeek）人工智能公司推出的 DeepSeek AI 智能助手连续多日稳居苹果应用商店美国地区和中国地区免费应用软件下载排行榜榜首，成为全球关注的焦点。深度求索隶属于量化金融公司幻方量化，聚焦于高性能、低成本、开源 AI 大模型开发，核心产品为 DeepSeek-V3[49]和 DeepSeek-R1[50]等系列 DeepSeek 大模型。该公司与杭州其他五家新科技企业并称为"杭州六小龙"，被视为推动本地甚至全国科技创新浪潮的重要代表。DeepSeek-V3 采用 6710 亿参数的稀疏混合专家（Mixture of Experts，MoE）架构，大幅压缩推理计算量，提升了效率，利用多头潜在注意力机制（Multi-head Latent Attention，MLA）提升了长文本建模能力，并通过 8 位浮点数表示（FP8）显著降低了训练成本与资源占用。结合组相对策略优化（Group Relative Policy Optimization，GRPO）强化学习算法优化模型策略。DeepSeek-V3 具备极高的推理和生成能力，性能与闭源模型 GPT-4o 和 Claude-3.5-Sonnet[51]相当，训练成本仅为 557.6 万美元，整个训练只需要 280 万个 H800 GPU 小时，训练成本远远低于 GPT-4o 等大型闭源模型。DeepSeek-V3 开放源代码，供社区开发者自由使用、修改与部署。DeepSeek-R1 采用纯强化学习（Reinforcement Learning，RL）训练，在训练阶段原生内置了思维链（Chain-of-Thought，CoT），模型能够运用思维链技术自动生成思维过程和答案。Deep-

Seek-R1摆脱了传统监督微调,在强化学习训练过程中自然涌现长文本推理、长链推理,以及自我验证、反思、修复能力,在数学代码等问题上性能显著飞跃.DeepSeek-R1通过高效蒸馏技术,将强推理能力迁移到小模型中,提升部署普适性,同时在推理速度与能耗上大幅优化,实现高性能与低成本兼得,代表了"小而强、快而准"的新一代大模型范式.

目前,DeepSeek多款模型已被广泛应用于政务、医疗、金融等行业场景,深度融合至主流平台与硬件产品,并为开发者提供应用程序接口(Application Programming Interface,API),成为赋能整个AI行业生态的平台.DeepSeek是中国AI技术崛起的重要象征,提升了国家在全球科技竞争中的地位和影响力.

计算机视觉领域近年来也取得了很多进展.2020年10月,谷歌提出了视觉(Vision)Transformer骨干模型[52].2021年,微软亚洲研究院提出了滑窗(Swin)Transformer[53],基于Transformer的视觉模型在图像分类任务上取得了突破.掩码图像建模(Masked Image Modeling,MIM)在2021年发展迅速,代表性的模型有Meta的MAE[54],微软亚洲研究院的SimMIM[55],字节跳动的IBOT[56]以及百度的CAE[57]等.在视觉大模型方面,2022年,谷歌提出了18亿参数的视觉大模型可扩展的视觉Transformer(scaling VIT)[58].2023年4月,Meta发布了"分割一切"AI模型——通用分割模型(Segment Anything Model,SAM)[59],该模型改变了传统计算机视觉的技术路径.基于统一框架提示编码器(prompt encoder),通用分割模型具备图片分割、检测和生成三种能力,并实现了零样本迁移,这一模型的发布在计算机视觉领域引起了轰动.同月,Meta在上一代DINOv1[60]视觉大模型的基础上发布了新一代大模型DINOv2[61].DINOv2可实现深度估计、语义分割和实例检索等功能,还能够对视频进行处理.

在图像生成领域,OpenAI于2021年提出了两个文本图像模型DALL-E[62]和CLIP[63].此前,人们主要用生成对抗网络算法来训练会创作的AI,但这种算法训练难度较高,而且很快遇到瓶颈.随后,研究人员转换思路,将2015年提出的扩散模型(diffusion model)引入图像生成领域.DALL-E的产生,验证了这个新方法的可行性,并掀起了新的研究热潮.2022年,图像生成模型迎来了爆发式发展.2月,谷歌推出的Disco Diffusion(迪斯科扩散)[64]是一个利用CLIP和扩散模型的实用化AI绘画产品,其生成能力基本相当于初级原画师的水平.4月,OpenAI基于第一代工具DALL-E发布了文本图像模型DALL-E2[65],此模型在文本生成图像方面取得了惊人的结果,可以生成更逼真和准确的图像.5月,谷歌公布了以文本生成图像模型Imagen[66].8月,创始于英国伦敦的Stability AI团队的开源模型——稳定扩散(stable diffusion)模型横空出世,该模型在生成图像的质量、速度和成本方面取得了巨大突破.9月,基于图像生成模型Midjourney生成的AI画作《太空歌剧院》

在科罗拉多州博览会数字艺术创作类比赛中获得金奖.在国内,2022 年 8 月,百度发布了业内首个 AI 艺术和创意辅助平台——文心一格.同月底,一款由西湖大学深度学习实验室和西湖心辰联合出品的国产 AI 绘画工具"造梦日记"(原名"盗梦师")上线.11 月,国内粤港澳大湾区数字经济研究院开源了第一个中文稳定扩散模型和中英双语稳定扩散模型.中国人民大学团队将自身研发的多模态预训练模型"文澜"与最新的图像生成技术进行创新结合,打造了文澜绘画模型[67],该模型在解读中国传统文化方面更加精准.2024 年,OpenAI 推出了一款文本到视频生成模型 Sora[68],它能够根据用户输入的文本描述生成高质量的视频内容.Sora 的发布为视频创作、广告、教育、娱乐等领域带来了革命性变化.智谱 AI 于 2023 年推出了文生图模型 CogView[69],大模型产品"智谱清言"上线,2024 年发布了文生视频模型 CogVideo,AI 视频生成工具"智谱清影"上线[70].图 3-3 展示了利用智谱清言生成的 AI 绘画作品及其相应的提示词.

提示词:一幅以巴勃罗·毕加索风格创作的画作.该画应以毕加索的立体主义风格为特点,展现物体的多面性和几何形态.色彩应鲜明而大胆,线条应简洁有力.画面可以包含人物、静物或风景,但要体现出毕加索对于形状和空间的独特视角和分解重组的手法.

图 3-3   AI 绘画作品(来自智谱清言)

2024 年中,字节跳动推出多模态 AI 创作平台"即梦(Dreamina)AI",由剪映团队主导开发.该平台整合了图片生成、视频生成等核心功能,并随着技术迭代逐步扩展至数字人生成、艺术字生成等多模态领域.2025 年 4 月,即梦 AI 3.0 版本正式发布,新版本在中文理解、图片质量等方面实现重大突破,使即梦 AI 成为国内功能完整、生成能力强大的 AI 创作平台之一.

3.1.5 深度学习与大模型应用

目前,深度学习的前沿研究包括:无监督与自监督学习、深度强化学习、自动机器学习、生成对抗网络、扩散模型、对比学习、元学习、联邦学习、图神经网络、可解释人工智能、大模型以及多模态学习等.

随着神经网络、深度学习和大模型在数据、算法、算力等方面的不断突破,深度学习和大模型技术在金融、医疗、工业、政务、教育、农业、零售等领域被广泛应用.例如,利用深度学习开发的人脸识别、医学影像识别、AI制药、智能客服、机器翻译、智能语音、精准推荐、缺陷检测、病虫害检测等算法和产品.2020年,谷歌旗下的DeepMind团队凭借AlphaFold2[71]在CASP14基因折叠竞赛上获得了惊人的进步,其蛋白质结构预测的能力已经达到了与实验方法相媲美的水平,展示了深度学习在应用上的巨大潜力.

大模型可以应用于智慧城市、生物科技、智慧办公、影视制作、智能教育等领域.近几年,中国在生成式人工智能和大规模预训练模型领域取得重大突破,推出了DeepSeek等大模型.此外,中国的人工智能技术在自动驾驶和机器人领域也取得了国际瞩目的成就.可以看到,大模型仍在快速发展更新中,其未来发展潜力巨大.与此同时,也要关注深度学习和大模型技术的缺陷.深度学习和大模型需要大算力和大数据的支持,面临着可解释性差、不稳定、不安全等问题.特别是安全问题需要重视,深度学习模型可能存在偏见歧视、隐私泄露、伦理道德问题、幻觉现象、虚假信息、AI滥用、失控以及易受攻击等诸多潜在的安全风险.中国非常重视人工智能和大模型的安全监管,不断努力攻克难题,发展负责任的人工智能.

3.2 生物神经元与人工神经元

神经网络的起源可追溯到生物神经元的研究.根据生物学的研究,人脑的基本计算单元是神经元,它是神经系统结构与功能的单位.神经元能根据环境变化做出反应,并将信号传递给其他神经元.在人脑中,大约有860亿个神经元,每个神经元与 $10^3 \sim 10^5$ 个其他神经元相联结.这些神经元相互联结构成了极其复杂的神经系统,即生物神经网络,而后者正是人类智慧的物质基础.

3.2.1 生物神经元

生物神经元的结构见图3-4.一个典型的生物神经元由以下4个部分组成[72]:

(1) 树突.树突是细胞体向外延伸出的许多较短的分支,围绕细胞体形成灌木丛状.一个神经元通常有若干个树突,它们能接收来自其他神经元的信号,并将信号传递给细胞体.树突是神经元的信息输入端.

(2) 细胞体.细胞体由细胞核、细胞质和细胞膜等组成,是神经元营养和代谢的中心.细胞体把各个树突传递过来的信号进行整合,得到一个总的刺激信号.

(3) 轴突.轴突是细胞体向外延伸的最长的一条分支,长度从几微米到1米不

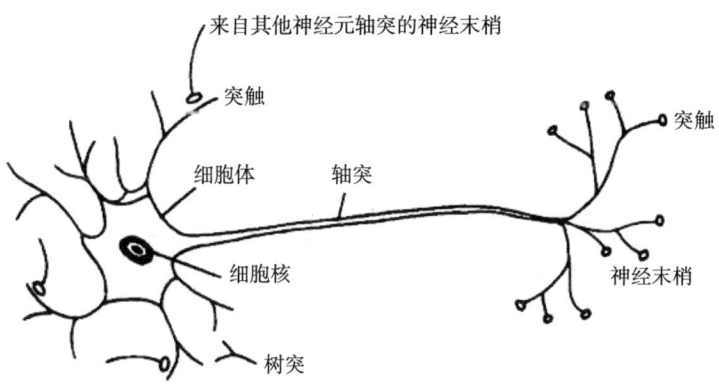

图 3-4 生物神经元

等,形成一条信号传导通路.轴突的主要作用是传导神经信号.当细胞体内的刺激信号使细胞膜电位升高到动作电位的阈值之后,细胞进入兴奋状态,信号能经过此通路从细胞体长距离地传送到脑神经系统的其他部分;当细胞体内的刺激信号使细胞膜电位下降到动作电位的阈值之后,细胞进入抑制状态.轴突是神经元的信息"输出端",其末端是神经末梢,负责输出信息.

(4)突触.突触是一个神经元的神经末梢与其他神经元的树突或细胞体接触的部位.它是一个神经元和其他神经元的机能连接点.该神经元发送的信号(若有)将由突触向其他神经元或人体内的其他组织(对神经信号做出反应的组织)传递,实现通信连接.突触相当于神经元之间信息输入输出的接口.一个神经元通常有多个突触,但它们传递的信号都是一样的.

3.2.2 人工神经元

为遵循人脑的生物结构,我们需要构建模型来模拟生物神经元.通过对上述神经元结构进行抽象、简化和模拟,可以得到人工神经元模型,如图 3-5 所示.

(1)输入.第 j 个神经元的输入是其他 n 个神经元的输出 $x_1, x_2, x_3, \cdots, x_n$,它们对应着生物神经元里的树突.

(2)加权求和.Σ 表示对于输入变量进行加权求和,对应着生物神经元的细胞体的作用.$W_{ij}, i, j = 1, 2, 3, \cdots, n$ 表示权重,b_j 表示偏置.

(3)激活函数.接下来是一个非线性的激活函数,它将控制是否对外发送信号,对应生物神经元中轴突的作用.在神经元模型中,非线性激活函数是整个模型的核心.在最初的神经元模型中,激活函数的定义非常直观:当函数的自变量大于某个阈值时,函数值等于 1,否则等于 0.这样的激活函数模拟了生物神经元的"兴奋-抑制"二值状态,即当膜电位超过动作电位的阈值时,细胞进入兴奋状态,否则处于抑

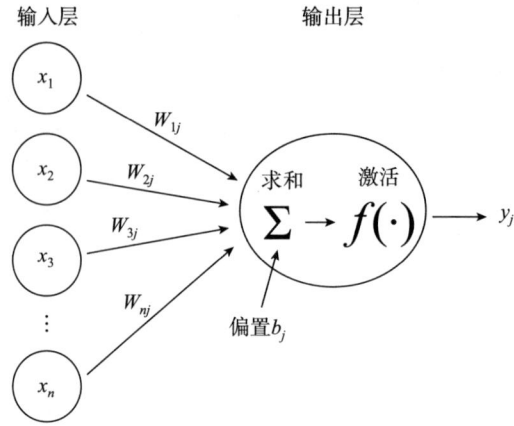

图 3-5 人工神经元

制状态.在神经网络领域,常常用一个圆圈来概括地表示加权求和与激活函数,而不将两者分开.

(4) 输出.第 j 个神经元的输出为 y_j,对应着生物神经元里的突触:

$$y_j = f\left(\sum_{i=1}^{n} W_{ij} + b_j\right). \tag{3-1}$$

3.3 激活函数

在神经元模型中,不同的激活函数可以构成不同的神经元模型,常见的激活函数有:

(1) [0,1] 阶跃函数:

$$f(x) = \begin{cases} 1, & x \geqslant 0, \\ 0, & x < 0. \end{cases}$$

阶跃函数见图 3-6.阶跃函数的缺点是非常明显的.首先,它在 $x=0$ 处不连续且不可导,而在其他位置的导数为 0,因此无法使用梯度下降进行参数优化.其次,阶跃函数仅在 0 点附近变化明显,而在其他位置输出无变化,这种不连续和跳跃使得细微的调参难以看出变化.因此,需要一个连续的激活值,而非简单的"0,1"二值输出.

(2) Sigmoid 函数:

$$\sigma(x) = \frac{1}{1+e^{-x}}.$$

Sigmoid 函数及其导数见图 3-7.Sigmoid 函数的取值范围为 (0,1),能够对每个神经元的输出进行归一化,从而可以压缩数据.对于分类问题,Sigmoid 函数可以输出预测类别的概率.Sigmoid 函数是单调递增且无限次可微的函数,可以使用梯

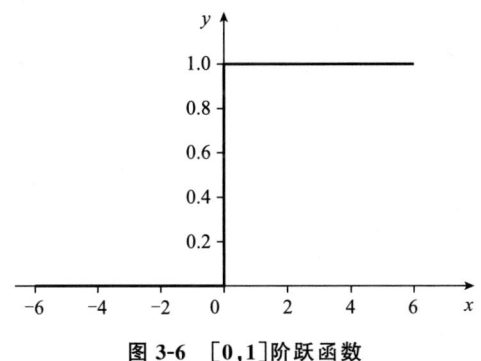

图 3-6 [0,1]阶跃函数

度下降法优化参数.Sigmoid 函数的输出对输入较为敏感,比较容易优化,且其求导比较容易,可以直接推导得出.

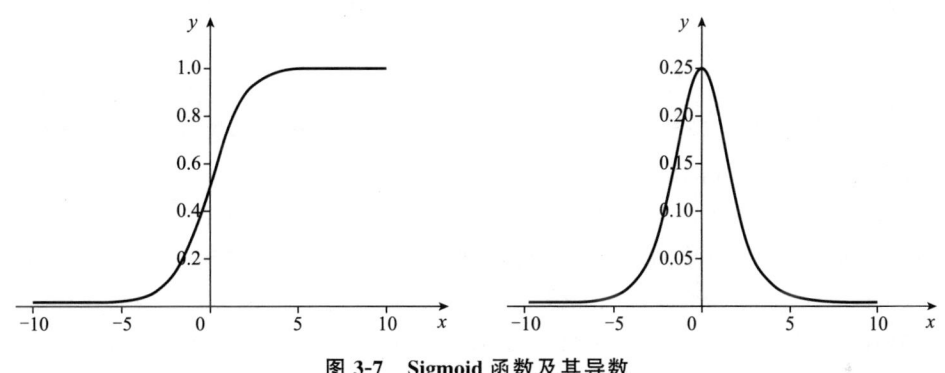

图 3-7 Sigmoid 函数及其导数

然而,Sigmoid 函数的缺点是收敛比较缓慢.由于 Sigmoid 函数是软饱和的,容易出现梯度消失的现象:当激活函数接近饱和区时,其变化太缓慢,导数接近 0.使用反向传播的梯度下降对神经网络进行训练时,由于反向传播的数学依据是微积分求导的链式法则,当前导数需要之前各层导数的乘积,当几个比较小的数相乘时,导数结果很接近 0,从而无法完成深层网络的训练.因此,Sigmoid 函数对于深度网络的训练不太适合.另外,Sigmoid 函数的输出值恒正,且不是以(0,0)为中心点,这会影响参数更新的效率.

(3) 双曲正切函数:

$$\text{Tanh}(x) = \frac{1+e^{-x}}{1-e^{-x}}.$$

Tanh 函数及其导数见图 3-8.Tanh 函数输出范围为(-1,1).它以(0,0)为中心,其收敛速度相对于 Sigmoid 函数更快.然而,Tanh 函数并没有解决 Sigmoid 函数的梯度消失的问题.

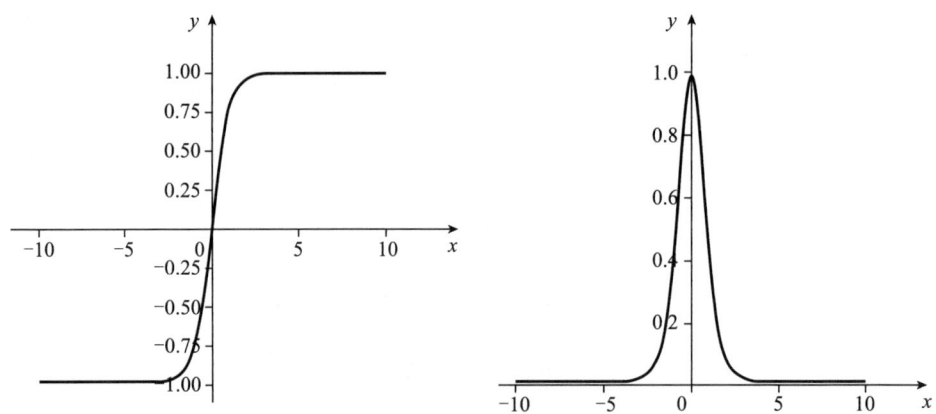

图 3-8 Tanh 函数及其导数

(4) ReLU(Rectified Linear Unit,修正线性单元)函数：
$$\text{ReLU}(x) = \max(x, 0) = \begin{cases} x, & x \geqslant 0, \\ 0, & x < 0. \end{cases}$$

ReLU 函数及其导数见图 3-9。ReLU 函数是一个非线性函数,能够帮助神经网络处理复杂的非线性问题,并逼近非线性函数。ReLU 函数的计算简单,避免了指数运算,计算效率高。ReLU 函数在正负半轴的一阶导数都是常数,有效缓解了梯度消失问题,使得深层神经网络的训练更容易。此外,ReLU 函数能够输出一个真正的零值,而 Tanh 和 Sigmoid 激活函数只能输出一个非常接近于零的值。ReLU 函数允许神经网络中的隐藏层激活一个或多个真零值,从而产生稀疏表示,加速学习并简化模型。

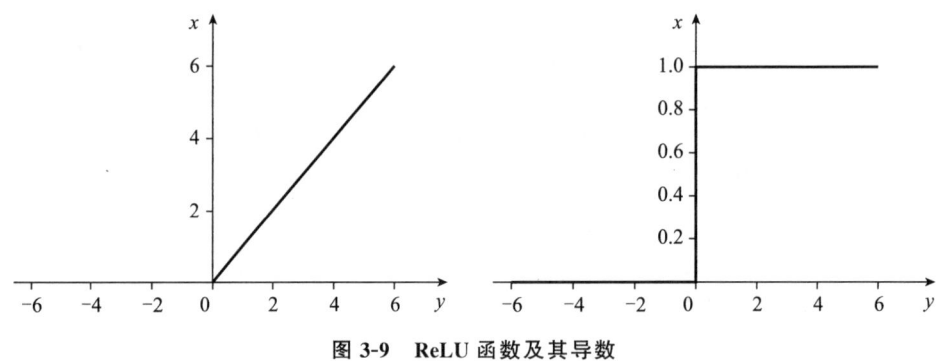

图 3-9 ReLU 函数及其导数

然而,ReLU 函数的缺点是,当输入小于 0 时,其值为 0,且梯度恒为 0,这可能导致神经元死亡(dying ReLU)的问题,造成信息丢失。此外,ReLU 函数的输出均值不为 0。尽管存在一些不足,ReLU 函数凭借其优异的性能,在实际应用中成为深度学习的标准选择。

激活函数赋予神经网络非线性能力,使其能够处理复杂的任务.选择合适的激活函数对网络的性能至关重要.

3.4 多层感知器

相互连接的人工神经元构成了人工神经网络.感知器是一种最基本、最简单的前馈式(上层神经元的输出是下层神经元的输入)双层神经网络模型,如图3-10所示.感知器仅包含输入层和输出层.感知器的激活函数一般可采用阶跃函数,因此它只能处理线性可分的样本.为了解决感知器模型的线性不可分问题,研究人员提出了多层感知器模型.

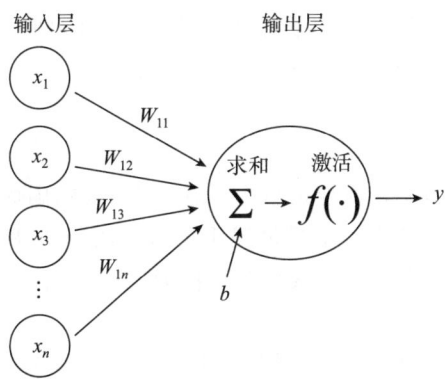

图 3-10 感知器

3.4.1 多层感知器结构

多层感知器模型不仅包含输入层、输出层,还包含一层或多层隐藏层.随着隐藏层数量的增加,多层感知器可以实现更复杂的非线性样本的线性转化,从而解决更复杂的分类和回归问题.图3-11展示的是包含一个隐藏层的感知器模型的拓扑结构.在多层感知器模型中,相邻两层神经元之间使用全连接方式,即网络的当前层的神经元和上一层的每个神经元存在连接.具体结构如下:

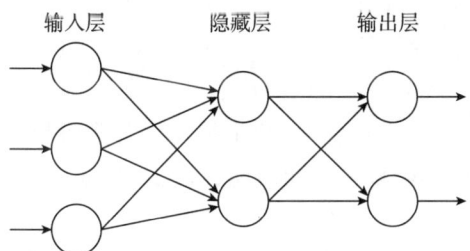

图 3-11 具有一个隐藏层的多层感知器结构

（1）输入层.输入层接收外部的数据,每个神经元对应输入数据中的一个特征.输入层的神经元不做计算,只负责将数据传递到下一层.

（2）隐藏层.隐藏层是多层感知器中最重要的部分,可以有一层或多层.每个隐藏层的神经元接收来自上一层的输入,通过加权求和与激活函数处理信息,并将结果传递到下一层.隐藏层的数量和每层神经元的数量决定了模型的复杂性和表现能力.在具体应用中,多层感知器的隐藏层数量和隐藏层中神经元数量可以根据经验或试验确定.如果神经网络只有一层隐藏层,通常被称为浅层神经网络;如果神经网络有两层或更多层隐藏层,通常被称为深度神经网络.

（3）输出层.输出层的神经元数量取决于任务的需求.例如,在分类任务中,输出层的神经元数量等于类别数量;在回归任务中,通常只有一个神经元用于输出连续值.输出层的激活函数也根据任务的性质选择,例如,回归问题常用线性激活函数,而分类问题则常用 Softmax 或 Sigmoid 函数.

3.4.2 反向传播算法

在多层感知器中,由于隐藏层的误差无法直接观察,因此难以直接使用梯度下降算法进行训练,这使得网络的学习过程比较困难,需要使用反向传播算法进行训练.采用反向传播算法训练的多层感知器也称为反向传播神经网络,是目前应用最广泛的神经网络模型.

反向传播算法由输入的前向传播和误差的反向传播两部分组成.不失一般性,利用一个双隐藏层的神经网络模型来介绍反向传播算法,其中激活函数为 Sigmoid 函数,见图 3-12.反向传播算法的过程如下:

（1）前向传播.

输入层为 x_1, x_2,第一个隐藏层为 h_1:

$$\begin{aligned} U_1 &= W_{11}x_1 + W_{21}x_2 + b_1, \quad O_1 = \sigma(U_1), \\ U_2 &= W_{12}x_1 + W_{22}x_2 + b_2, \quad O_2 = \sigma(U_2), \end{aligned} \tag{3-2}$$

其中,$W_{11}, W_{12}, W_{21}, W_{22}$ 为输入神经元与隐藏层 h_1 两个隐藏神经元的连接权重,b_1, b_2 为 h_1 的两个隐藏神经元的偏置,σ 为 Sigmoid 函数.

第二个隐藏层为 h_2:

$$\begin{aligned} U_3 &= W_{13}O_1 + W_{23}O_2 + b_3, \quad O_3 = \sigma(U_3), \\ U_4 &= W_{14}O_1 + W_{24}O_2 + b_4, \quad O_4 = \sigma(U_4), \end{aligned} \tag{3-3}$$

其中,$W_{13}, W_{23}, W_{14}, W_{24}$ 为隐藏层 h_1 两个神经元与隐藏层 h_2 两个神经元的连接权重,b_3, b_4 为 h_2 的两个隐藏神经元的偏置,σ 为 Sigmoid 函数.

输出层:

$$U_5 = W_{35}O_3 + W_{45}O_4 + b_5, \quad \hat{y} = O_5 = \sigma(U_5), \tag{3-4}$$

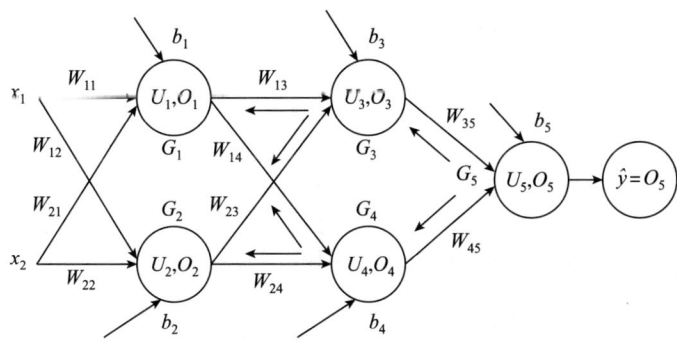

图 3-12　反向传播算法

其中，W_{35}，W_{45} 为隐藏层 h_2 两个神经元与输出层神经元的连接权重，b_5 为输出神经元的偏置，σ 为 Sigmoid 函数。

(2) 反向传播.

取损失函数为均方损失函数：

$$L(y,\hat{y}) = \frac{1}{2}(y-\hat{y})^2 = \frac{1}{2}(y-O_5)^2. \tag{3-5}$$

隐藏层 h_2 与输出层权重更新：

$$\begin{aligned}
&G_5 = \frac{\partial L}{\partial U_5} = \frac{\partial L}{\partial O_5} \cdot \frac{\partial O_5}{\partial U_5} = -(y-O_5) \cdot \sigma(U_5)(1-\sigma(U_5)), \\
&\frac{\partial L}{\partial W_{35}} = \frac{\partial L}{\partial U_5} \cdot \frac{\partial U_5}{\partial W_{35}} = G_5 \cdot O_3, \quad \frac{\partial L}{\partial W_{45}} = \frac{\partial L}{\partial U_5} \cdot \frac{\partial U_5}{\partial W_{45}} = G_5 \cdot O_4, \\
&\widetilde{W}_{35} = W_{35} - \alpha \cdot \frac{\partial L}{W_{35}} = W_{35} - \alpha \cdot G_5 \cdot O_3, \\
&\widetilde{W}_{45} = W_{45} - \alpha \cdot \frac{\partial L}{W_{45}} = W_{45} - \alpha \cdot G_5 \cdot O_4,
\end{aligned} \tag{3-6}$$

其中 α 为学习率.

隐藏层 h_1 与隐藏层 h_2 权重更新：

$$\begin{aligned}
&G_4 = \frac{\partial L}{\partial U_4} = \frac{\partial L}{\partial U_5} \cdot \frac{\partial U_5}{\partial O_4} \cdot \frac{\partial O_4}{\partial U_4} = G_5 \cdot W_{45} \cdot \sigma(U_4)(1-\sigma(U_4)), \\
&G_3 = \frac{\partial L}{\partial U_3} = \frac{\partial L}{\partial U_5} \cdot \frac{\partial U_5}{\partial O_3} \cdot \frac{\partial O_3}{\partial U_3} = G_5 \cdot W_{35} \cdot \sigma(U_3)(1-\sigma(U_3)), \\
&\frac{\partial L}{\partial W_{13}} = \frac{\partial L}{\partial U_3} \cdot \frac{\partial U_3}{\partial W_{13}} = G_3 \cdot O_1, \quad \frac{\partial L}{\partial W_{23}} = \frac{\partial L}{\partial U_3} \cdot \frac{\partial U_3}{\partial W_{23}} = G_3 \cdot O_2, \\
&\frac{\partial L}{\partial W_{14}} = \frac{\partial L}{\partial U_4} \cdot \frac{\partial U_4}{\partial W_{14}} = G_4 \cdot O_1, \quad \frac{\partial L}{\partial W_{24}} = \frac{\partial L}{\partial U_4} \cdot \frac{\partial U_4}{\partial W_{24}} = G_4 \cdot O_2,
\end{aligned}$$

$$\widetilde{W}_{13} = W_{13} - \alpha \cdot \frac{\partial L}{W_{13}} = W_{13} - \alpha \cdot G_3 \cdot O_1,$$

$$\widetilde{W}_{23} = W_{23} - \alpha \cdot \frac{\partial L}{W_{23}} = W_{23} - \alpha \cdot G_3 \cdot O_2,$$

$$\widetilde{W}_{14} = W_{14} - \alpha \cdot \frac{\partial L}{W_{14}} = W_{14} - \alpha \cdot G_4 \cdot O_1, \quad (3-7)$$

$$\widetilde{W}_{24} = W_{24} - \alpha \cdot \frac{\partial L}{W_{24}} = W_{24} - \alpha \cdot G_4 \cdot O_2.$$

输入层与隐藏层 h_1 权重更新：

$$G_2 = \frac{\partial L}{\partial U_2} = \left(\frac{\partial L}{\partial U_4} \cdot \frac{\partial U_4}{\partial O_2} + \frac{\partial L}{\partial U_3} \cdot \frac{\partial U_3}{\partial O_2} \right) \cdot \frac{\partial O_2}{\partial U_2}$$

$$= (G_4 W_{24} + G_3 W_{23}) \cdot \sigma(U_2)(1 - \sigma(U_2)),$$

$$G_1 = \frac{\partial L}{\partial U_1} = \left(\frac{\partial L}{\partial U_4} \cdot \frac{\partial U_4}{\partial O_1} + \frac{\partial L}{\partial U_3} \cdot \frac{\partial U_3}{\partial O_1} \right) \cdot \frac{\partial O_1}{\partial U_1}$$

$$= (G_4 W_{14} + G_3 W_{13}) \cdot \sigma(U_1)(1 - \sigma(U_1)),$$

$$\frac{\partial L}{\partial W_{11}} = \frac{\partial L}{\partial U_1} \cdot \frac{\partial U_1}{\partial W_{11}} = G_1 \cdot x_1, \quad \frac{\partial L}{\partial W_{21}} = \frac{\partial L}{\partial U_1} \cdot \frac{\partial U_1}{\partial W_{21}} = G_1 \cdot x_2,$$

$$\frac{\partial L}{\partial W_{12}} = \frac{\partial L}{\partial U_2} \cdot \frac{\partial U_2}{\partial W_{12}} = G_2 \cdot x_1, \quad \frac{\partial L}{\partial W_{22}} = \frac{\partial L}{\partial U_2} \cdot \frac{\partial U_2}{\partial W_{22}} = G_2 \cdot x_2,$$

$$\widetilde{W}_{11} = W_{11} - \alpha \cdot \frac{\partial L}{W_{11}} = W_{11} - \alpha \cdot G_1 \cdot x_1,$$

$$\widetilde{W}_{21} = W_{21} - \alpha \cdot \frac{\partial L}{W_{21}} = W_{21} - \alpha \cdot G_1 \cdot x_2, \quad (3-8)$$

$$\widetilde{W}_{12} = W_{12} - \alpha \cdot \frac{\partial L}{W_{12}} = W_{12} - \alpha \cdot G_2 \cdot x_1,$$

$$\widetilde{W}_{22} = W_{22} - \alpha \cdot \frac{\partial L}{W_{22}} = W_{22} - \alpha \cdot G_2 \cdot x_2.$$

对于偏置的更新公式,可以进行类似的推导.如果批量数大于1,可以将反向传播公式写成矩阵的形式.对于分类问题,损失函数要使用交叉熵损失函数：

$$L = -\sum_{i=1}^{n} [y_i \ln \hat{y}_i + (1 - y_i) \ln(1 - \hat{y}_i)].$$

反向传播算法是一种梯度下降算法,其权重调整沿着损失函数曲面下降最快的方向,即负梯度方向进行.在梯度的计算过程中,反向传播算法使用了微分的链式法则,计算误差经过神经网络依次反向回传,因而避免了大量重复的计算,大大减少了网络的运算时间,优化了网络的性能.反向传播算法能够训练多个隐藏层的神经网络,是工程实践上的重大突破,推动了神经网络的复兴,并最终引发了深度学习革命.

3.4.3 多层感知器应用场景

多层感知器是最经典的神经网络架构之一.尽管其结构简单,但为现代深度学习奠定了基础.多层感知器可用于分类、回归等任务,以下是一些常见的应用场景.

(1) 分类任务.

多层感知器可以用于基本的图像分类任务,适合处理较小规模和低维度的图像分类问题.此外,多层感知器可用于文本分类,应用于垃圾邮件检测、情感分析等任务.在早期的语音识别系统中,多层感知器常用于将预处理的语音信号分类为不同的音素.

(2) 回归任务.

多层感知器通过历史数据学习价格变化模式,能够对未来股票价格进行预测.基于历史房价、地理位置、房屋特征等因素,多层感知器可以用于房地产市场的价格估计.多层感知器也可以根据历史天气数据预测未来气温、降水等变量.

(3) 时间序列预测.

多层感知器可以处理连续的时间序列数据,帮助预测电网的电力负荷需求,确保能源的有效分配.多层感知器还能够预测公司未来的销售额,帮助企业进行库存管理和生产计划.

(4) 医疗领域.

基于患者的体检数据、病历和基因信息,多层感知器可以辅助预测某些疾病的发病风险,如糖尿病、心脏病等.多层感知器也可用于经过预处理的医学图像数据,例如简单的肿瘤分类任务.

(5) 金融领域.

多层感知器可以根据用户的历史信用数据、交易行为等预测个人或企业的信用风险,帮助金融机构进行信贷决策.通过分析金融交易数据,多层感知器能够识别异常行为,帮助检测潜在的欺诈行为.

这些应用场景展示了多层感知器的广泛应用.除此之外,多层感知器还可应用在推荐系统、自动驾驶、自然语言处理、生物信息学、工业控制等多个领域.虽然多层感知器是较早期的神经网络模型,随着更复杂模型(如卷积神经网络,循环神经网络,Transformer)的发展,多层感知器在某些复杂任务中的应用逐渐减少,但它仍然是许多基础任务的有效选择.

3.5 梯度下降优化算法

在深度神经网络中,由于数据量巨大,直接使用梯度下降算法较为困难,因此需要改进原始梯度下降算法.常见的优化算法包括小批量梯度下降(Mini-Batch Gradient Descent,MBGD)算法[73]、随机梯度下降(Stochastic Gradient Descent,SGD)算法、动量梯度下降(Gradient Descent with Momentum,Momentum)算法[74]、均方根加速(Root Mean Square Propagation,RMSprop)算法[75]和自适应动量估计(Adaptive Moment Estimation,Adam)算法[76].

3.5.1 小批量梯度下降算法

小批量梯度下降算法将整个训练集切分为若干份较小的子集进行训练,每个子集称为一个小批量(mini-batch).然后在每个小批量训练集上使用梯度下降算法进行参数更新,从而加快处理速度.由于小批量梯度下降算法每次只使用一个小批量的数据进行梯度下降,其下降的方向并不是全部训练数据损失函数的负梯度方向,也就是说,与原始的梯度下降(见图 3-13)相比,小批量梯度下降算法不能保证每次下降都是沿着全部训练数据损失函数的最速下降的方向.虽然总体是朝着损失函数下降的方向,但小批量梯度下降算法由当前点走到全局最小值的路径较为曲折和振荡,训练很不稳定,如图 3-14 所示.

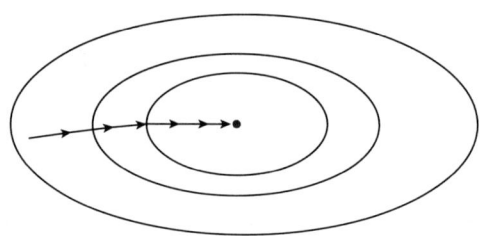

图 3-13 梯度下降

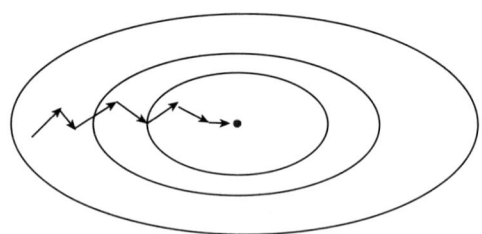

图 3-14 小批量梯度下降

3.5.2 随机梯度下降算法

随机梯度下降算法是指每个批量只随机使用一个样本,并且只在这一个样本上计算梯度,进行梯度下降.随机梯度下降算法的训练更灵活,但是其损失函数下降的路径更曲折和振荡,而且很难收敛,参数更新速度慢,效率低.现在随机梯度下降算法一般指小批量梯度下降算法.

小批量数的选择需依实际情况而定.如果训练集较小(小于 2000),可以直接使用梯度下降算法;如果样本数目很大,小批量数量可设置为几十到几百,设置为 2^n,如 $16,32,64,\cdots,512,\cdots$ 时,训练速度更快.

3.5.3 动量梯度下降算法

动量梯度下降算法通过引进动量项来加速收敛.具体算法为

$$v_{dw} = \beta v_{dw} + (1-\beta)dw,$$
$$v_{db} = \beta v_{db} + (1-\beta)db,$$
$$w = w - \alpha v_{dw},$$
$$v = v - \alpha v_{db},$$

其中,v_{dw},v_{db} 是动量项,表示历史梯度和当前梯度的加权平均,即梯度的指数加权平均数,β 是指数衰减率,α 是学习率.动量梯度下降算法在更新参数时,使用梯度的指数加权平均代替梯度下降中的当前梯度,从而保留了部分之前参数更新的方向.当梯度前后方向一致时,能够加速学习;当梯度前后方向不一致时,能够抑制振荡,使训练过程更加稳定.因此,动量项可以理解为系统的惯性,帮助优化算法在一定方向上保持前进.

3.5.4 均方根加速算法

均方根加速算法对每个参数的梯度进行自适应调整,使得不同参数拥有不同的学习率.具体算法为

$$S_{dw} = \beta S_{dw} + (1-\beta)(dw)^2,$$
$$S_{db} = \beta S_{db} + (1-\beta)(db)^2,$$
$$w = w - \alpha \frac{dw}{\sqrt{S_{dw}}},$$
$$b = b - \alpha \frac{db}{\sqrt{S_{db}}},$$

其中,S_{dw},S_{db} 是历史平方梯度和当前平方梯度的加权平均,即平方梯度的指数加权平均数,β 是指数衰减率,α 是学习率.如果梯度 db 较大,而 dw 较小,则 $(db)^2$ 也

较大，S_{dw} 也较小．因此，在 b 方向上的学习率会减小，从而在 b 方向上的更新较小，消除 b 方向上的摆动；而在 w 方向上的学习率相对较大，参数更新较大．通过均方根加速，该算法可以有效消除有摆动的方向，并在更为平缓的倾斜方向上取得更大的进步．均方根加速算法是一种学习率自适应的优化算法，有效解决了标准梯度下降中学习率选择困难的问题．

3.5.5 自适应动量估计算法

自适应动量估计算法是另一种学习率自适应的优化算法，它结合了动量梯度下降算法和均方根加速算法的优点．具体算法如下：

$$v_{dw} = \beta_1 v_{dw} + (1-\beta_1) dw,$$

$$\hat{v}_{dw} = \frac{v_{dw}}{1-\beta_1^t},$$

$$S_{dw} = \beta_2 S_{dw} + (1-\beta_2)(dw)^2,$$

$$\hat{S}_{dw} = \frac{S_{dw}}{1-\beta_2^t},$$

$$w = w - \alpha \frac{\hat{v}_{dw}}{\sqrt{\hat{S}_{dw}} + \varepsilon},$$

其中，v_{dw} 是动量梯度下降算法中的指数加权平均梯度，表示梯度的一阶矩估计，β_1 是一阶矩估计的指数衰减率，$\hat{v}_{dw}$ 是一阶矩估计的修正，S_{dw} 是均方根加速算法中的平方梯度的指数加权平均，表示梯度的二阶矩估计，β_2 是二阶矩估计的指数衰减率，$\hat{S}_{dw}$ 是二阶矩估计的修正，最后使用 $\hat{v}_{dw}$ 和 $\hat{S}_{dw}$ 进行权重更新，α 是学习率，ε 是防止分母为 0 的超参数．自适应动量估计算法占用内存少，计算高效，对超参数的选择很稳定，适合解决包含高噪声和稀疏梯度的问题，在非稳态和在线问题上表现出色．

3.6 Python 中多层感知器的代码实现

在 Python 中，可以使用 Sklearn 学习库中的多层感知器进行分类和回归．需要注意的是，在使用多层感知器进行分类或回归之前，要对数据进行归一化，以加速训练．多层感知器分类可以通过 MLPClassifier 实现，而回归可以通过 MLPRegressor 实现．下面以 MLPClassifier 为例，介绍其使用方法．

```
from sklearn.neural_network import MLPClassifier
```
$mlp = MLPClassifier(hidden\_layer\_sizes=(100,), activation= 'relu', solver='adam', alpha=0.0001, batch\_size='auto', learning\_rate= 'constant', learning\_rate\_init=0.001, power\_t=0.5, max\_iter=200, shuffl=True, random\_state=None, tol=0.0001, verbose =False, warm\_start=False, momentum=0.9, nesterovs\_momentum=True, early\_stopping=False, validation\_fraction=0.1, beta\_1=0.9, beta\_2=0.999, epsilon=1e-08, n\_iter\_no\_change=10, max\_fun=15000)$

MLPClassifier 中各参数说明：

$hidden\_layer\_sizes$：隐藏层大小(元组形式). 默认=100

$activation$：隐藏层激活函数.

    设置为$'identity'$ 表示无激活

    设置为$'logistic'$ 表示 Logistic Sigmoid 函数

    设置为$'tanh'$ 表示为双曲正切函数

    设置为$'relu'$ 表示为整流线性单位函数

    默认$=relu$

$solver$：权重优化求解器.

    设置为$'lbfgs'$ 表示准牛顿方法

    设置为$'sgd'$ 表示随机梯度下降

    设置为$'adam'$ 表示自适应矩估计

    默认$=adam$

$alpha$：L_2 正则化参数. 默认$=0.0001$

$batch\_size$：小批量大小.

    设置为$'auto'$ 时, $batch\_size=min(200, n\_samples)$

    仅当 $solver='sgd'$ 或$'adam'$ 时有效

    默认$=auto$

$learning\_rate$：学习率策略.

    设置为$'constant'$，使用$'learning\_rate\_init'$ 给出的恒定学习率

设置为$'invscaling'$ 使用$'power\_t'$的反收缩指数,使得每个时间步逐渐降低学习率

设置为$'adaptive'$ 将学习速率保持为初始学习率$'learning\_rate\_init'$

仅当$solver='sgd'$时有效

默认$=constant$

$learning\_rate\_init$:初始学习率. 默认$=0.001$

$power\_t$:反收缩学习率的指数. 默认$=0.5$

max_iter:最大迭代次数. 默认$=200$

$shuffle$:是否打乱样本. 默认$=True$

$random\_state$:随机数种子.

设置为$'int'$ 表示固定种子

设置为$RandomState$ 实例表示指定生成器

设置为$'None'$ 表示使用$numpy.random$

默认$=None$

tol:优化容忍度. 默认$=1e-4$

$verbose$:是否打印进度. 默认$=False$

$warm\_start$:是否热启动.

设置为$'True'$ 表示继续训练

设置为$'False'$ 表示重新训练

默认$=False$

$momentum$:梯度下降中更新的动量. 仅在$solver='sgd'$时使用. 默认$=0.9$

$nesterovs\_momentum$:是否使用牛顿动量法.

仅在$solver='sgd'$ 和 $momentum>0$ 时使用.

默认$=True$

$early\_stopping$:当验证得分无法提高时是否使用早停终止训练.

仅在$solver='sgd'$或$'adam'$时有效. 默认$=False$

$validation\_fraction$:验证集比例. 默认$=0.1$

$beta\_1$:$adam$中一阶矩向量的指数衰减率$(0\sim1)$.

仅在$solver='adam'$时使用. 默认$=0.9$

$beta\_2$:$adam$中二阶矩向量的指数衰减率$(0\sim1)$.

仅在$solver='adam'$时使用. 默认$=0.999$

$epsilon$:$adam$中保证数值稳定的数,防止在现实中除以零.

仅在 $solver='adam'$ 时使用. 默认$=1e-8$

$n\_iter\_no\_change$:不符合 tol 改进的最大 Epoch 数.

仅在 $solver='sgd'$ 或 $'adam'$ 时使用. 默认$=10$

max_fun:最大损失函数调用次数.

仅在 $solver='bfgs'$ 时使用. 默认$=15000$

MLPClassifier 关键超参数:$learning\_rate$,$momentum$,$beta\_1$,$beta\_2$,$hidden\_layer\_sizes$

可使用手动调参、网格搜索、随机搜索、贝叶斯调参等方法优化

MLPClassifier 返回值:
$classes\_$:类别标签
$loss\_$:当前损失值
$best\_loss\_$:最小损失值
$loss\_curve\_$:每次迭代的损失
$validation\_scores\_$:交叉验证分数
$best\_validation\_score\_$:最佳验证分数
$t\_$:训练样本数
$coefs\_$:各层权重矩阵
$intercepts\_$:各层偏差
$n\_features\_in\_$:输入特征数
$feature\_names\_in\_$:输入特征名
$n\_iter\_$:实际迭代次数
$n\_layers\_$:总层数
$n\_outputs\_$:输出数
$out\_activation\_$:输出层激活函数名

习 题

1. 简述神经网络与线性回归、Logistic 回归的关系.
2. 讨论多层神经网络损失函数的非凸性.
3. 举例说明对多层感知器的输入进行归一化的必要性.
4. 实践题:二手房房价预测.

住房是人们最基本的生活需求之一.房价的高低直接影响着家庭的居住条件和生活质量.合理控制和引导房价是一项关乎民生与国家经济健康发展的重要课题.准确的预测房价不仅可以帮助购房者判断何时进入市场,并为政府制定调控政策提供参考依据.

请采集某地区的二手房房价数据,数据集可包含房屋的多种特征(例如:房屋面积、位置、房间数量、建筑年份、是否有电梯、是否为地铁房或学区房等)及房价标签.对数据进行可视化,探索变量间的相关性,构建一个多层感知器模型预测房价,并与线性回归等其他模型比较预测精度.在此基础上,分析该地区二手房房价的主要影响因素,并探索模型的实际应用方向.

5.实践题:手写数字的识别.

手写数字识别是机器学习和深度学习的经典任务之一.Kaggle 数据科学竞赛平台网站的手写数字数据集(digit-recognizer)包括手写数字"0"到"9"的灰度图像,图像为 28×28 像素,共 42000 张.数据共 785 列,第 2 至 785 列为手写数字图像的像素,将作为输入变量,第 1 列为手写数字图像的类别标签,将作为输出变量.请到 Kaggle 竞赛平台网站下载数据集(digit-recognizer),构建多层感知器模型进行分类.

参考文献

[1] MCCULLOCH W S, PITTS W. A logical calculus of the ideas immanent in nervous activity[J]. Bulletin of Mathematical Biophysics, 1943, 5(4): 115-133.

[2] ROSENBLATT F. The perceptron: a probabilistic model for information storage and organization in the brain[J]. Psychological Review, 1958, 65(6): 386-408.

[3] MINSKY M, PAPERT S. Perceptrons: an introduction to computational geometry[M]. Cambridge: MIT Press, 1969.

[4] WERBOS P J. Beyond regression: new tools for prediction and analysis in the behavioral sciences[D]. Cambridge: Harvard University, 1974.

[5] WERBOS P J. Applications of advances in nonlinear programming to neural networks[J]. System Modeling and Optimization, 1982, 38: 762-770.

[6] RUMELHART D E, HINTON G E, WILLIAMS R J. Learning representations by back-propagating errors[J]. Nature, 1986, 323(6088): 533-536.

[7] CORTES C, VAPNIK V. Support-vector networks[J]. Machine Learning, 1995, 20(3): 273-297.

[8] FUKUSHIMA K. Neocognitron: a self organizing neural network model for a mechanism of pattern recognition unaffected by shift in position[J]. Biological Cybernetics, 1980, 36(4): 193-202.

[9] HUBEL D H, WIESEL T N. Receptive fields, binocular interaction and functional architecture in the cat's visual cortex[J]. The Journal of Physiology, 1962, 160(1): 106-154.

[10] LECUN Y, BOTTOU L, BENGIO Y, et al. Gradient-based learning applied to document recognition[J]. Proceedings of the IEEE, 1998, 86(11): 2278-2324.

[11] HOCHREITER S, SCHMIDHUBER J. Long short-term memory[J]. Neural Computation, 1997, 9(8): 1735-1780.

[12] HINTON G E, SALAKHUTDINOV RR. Reducing the dimensionality of data with neural networks[J]. Science, 2006, 313(5786): 504-507.

[13] KRIZHEVSKY A, SUTSKEVER I, HINTON G E. ImageNet classification with deep convolutional neural networks[C]//Advances in Neural Information Processing Systems. 2012: 1097-1105.

[14] SIMONYAN K, ZISSERMAN A. Very deep convolutional networks for large-scale image recognition[C]//International Conference on Learning Representations. 2015.

[15] HE K, ZHANG X, REN S, et al. Deep residual learning for image recognition[C]//Proceedings of the IEEE Conference on Computer Vision and Pattern Recognition. 2016: 770-778.

[16] GIRSHICK R. Rich feature hierarchies for accurate object detection and semantic segmentation[C]//Proceedings of the IEEE Conference on Computer Vision and Pattern Recognition. 2014: 580-587.

[17] REDMON J, DIVVALA S, GIRSHICK R, et al. You only look once: unified, real-time object detection[C]//Proceedings of the IEEE Conference on Computer Vision and Pattern Recognition. 2016: 779-788.

[18] LONG J, SHELHAMER E, DARRELL T. Fully convolutional networks for semantic segmentation[C]//Proceedings of the IEEE Conference on Computer Vision and Pattern Recognition. 2015: 3431-3440.

[19] GOODFELLOW I, POUGET-ABADIE J, MIRZA M, et al. Generative ad-

versarialnetworks[C]//Advances in Neural Information Processing Systems. 2014：2672-2680.

[20] KINGMA D P, WELLING M. Auto-encoding variational Bayes[C]//International Conference on Learning Representations. 2014.

[21] HINTON G E, SALAKHUTDINOV RR. Reducing the dimensionality of data with neural networks[J]. Science, 2006, 313(5786)：504-507.

[22] SILVER D, HUANG A, MADDISON C J, et al. Mastering the game of Go with deep neural networks and tree search[J]. Nature, 2016, 529(7587)：484-489.

[23] VASWANI A, SHAZEER N, PARMAR N, et al. Attention is all you need [C]//Advances in Neural Information Processing Systems. 2017：5998-6008.

[24] CHO K, VAN MERRIËNBOER B, GULCEHRE C, et al. Learning phrase representations using RNN encoder-decoder for statistical machine translation[C]//Proceedings of the 2014 Conference on Empirical Methods in Natural Language Processing. 2014：1724-1734.

[25] DEVLIN J, CHANG M W, LEE K, et al. BERT：pre-training of deep bidirectional transformers for language understanding[C]//Proceedings of the 2019 Conference of the North American Chapter of the Association for Computational Linguistics：Human Language Technologies. 2019：4171-4186.

[26] DAI Z, YANG Z, YANG Y, et al. Transformer-XL：attentive language models beyond a fixed-length context[C]//Proceedings of the 57th Annual Meeting of the Association for Computational Linguistics. 2019：2978-2988.

[27] RADFORD A, NARASIMHAN K, SALIMANS T, et al. Improving language understanding by generative pre-training[R]. San Francisco：OpenAI, 2018.

[28] RADFORD A, WU J, CHILD R, et al. Language models are unsupervised multitask learners[J/OL]. OpenAI Blog, 2019, 1(8)：9[2025-06-12]. https://cdn.openai.com/better-language-models/language_models_are_unsupervised_multitask_learners.pdf.

[29] BROWN T, MANN B, RYDER N, et al. Language models are few-shot learners[C]//Advances in Neural Information Processing Systems. 2020, 33：1877-1901.

[30] YANG Z, DAI Z, YANG Y, et al. XLNet：generalized autoregressive pre-training for language understanding[C]//Advances in Neural Information

Processing Systems. 2019: 5753-5763.

[31] THOPPILAN R, FREITAS D, HALL J, et al.LaMDA: language models for dialog applications[J]. arXiv preprint arXiv:2201.08239, 2022.

[32] DING N, QIN Y, YANG G, et al. Delta tuning: a comprehensive study of parameter efficient methods for pre-trained language models[J].arXiv preprint arXiv:2203.06904, 2022.

[33] YANG A, LIN J, MEN R, et al. M6-T: exploring sparse expert models and beyond[J].arXiv preprint arXiv:2105.15082, 2022.

[34] ZENG W, REN X, SU T, et al.Pangu-α: large-scale autoregressive pre-trained Chinese language models with auto-parallel computation[J]. arXiv preprint arXiv:2104.12369, 2021.

[35] SUN Y, WANG S, LI Y, et al. Ernie: enhanced representation through knowledge integration[J].arXiv preprint arXiv:1904.09223, 2019.

[36] SUN Y, WANG S, FENG S, et al. ERNIE 3.0: large-scale knowledge enhanced pre-training for language understanding and generation[J].arXiv preprint arXiv:2112.12731, 2021.

[37] CHOWDHERY A, NARANG S, DEVLIN J, et al.PaLM: scaling language modeling with pathways[J]. arXiv preprint arXiv:2204.02311, 2022.

[38] OUYANG L, WU J, JIANG X, et al. Training language models to follow instructions with human feedback [J]. arXiv preprint arXiv: 2203.02155, 2022.

[39] FANG H, SUN X, YANG Z, et al. MOSS: towards bridging the gap of open-source pre-trained models[J].arXiv preprint arXiv:2305.03701, 2023.

[40] OPENAI. GPT-4 technical report[J].arXiv preprint arXiv:2303.08774, 2024.

[41] BAI J, BAI S, CHU Y, et al.Qwen technical report[J]. arXiv preprint arXiv:2309.16609, 2023.

[42] TOUVRON H, LAVRIL T, IZACARD G, et al.LLaMA: open and efficient foundation language models[J]. arXiv preprint arXiv:2302.13971, 2023.

[43] TOUVRON H, MARTIN L, STONE K, et al.LLaMA 2: open foundation and fine-tuned chat models[J]. arXiv preprint arXiv:2307.09288, 2023.

[44] GEMINI TEAM GOOGLE. Gemini: a family of highly capable multimodal models[J].arXiv preprint arXiv:2312.11805, 2023.

[45] OPENAI. GPT-4o systemcard[EB/OL]. (2024-08-08)[2025-06-12]. https://cdn.openai.com/gpt-4o-system-card.pdf.

[46] META. The Llama 3 herd of models[J]. arXiv preprint arXiv:2407.21783, 2024.

[47] KIMI TEAM. Kimi K1.5 scaling reinforcement learning with LLMs[J]. arXiv preprint arXiv:2501.12599, 2025.

[48] ZENG A, XU B, WANG B, et al. ChatGLM: a family of large language models from GLM-130B to GLM-4 all tools[J]. arXiv preprint arXiv:2406.12793, 2024.

[49] DEEPSEEK-AI. DeepSeek-V3 technical report[J]. arXiv preprint arXiv:2412.19437, 2025.

[50] DEEPSEEK-AI. DeepSeek-R1: incentivizing reasoning capability in LLMs via reinforcement learning[J]. arXiv preprint arXiv:2501.12948, 2025.

[51] ANTHROPIC. Claude 3.5sonnet[EB/OL]. (2024-06-21)[2025-06-12]. https://www.anthropic.com/news/claude-3-5-sonnet.

[52] DOSOVITSKIY A, BEYER L, KOLESNIKOV A, et al. An image is worth 16x16 words: transformers for image recognition at scale[C]//International Conference on Learning Representations. 2021.

[53] LIU Z, LIN Y, CAO Y, et al. Swin transformer: hierarchical vision transformer using shifted windows[C]//Proceedings of the IEEE/CVF International Conference on Computer Vision. 2021: 10012-10022.

[54] HE K, CHEN X, XIE S, et al. Masked autoencoders are scalable vision learners[C]//Proceedings of the IEEE/CVF Conference on Computer Vision and Pattern Recognition. 2022: 16000-16009.

[55] XIE Z, ZHANG Z, CAO Y, et al. SimMIM: a simple framework for masked image modeling[C]//Proceedings of the IEEE/CVF Conference on Computer Vision and Pattern Recognition. 2022: 9653-9663.

[56] ZHOU J, WEI C, WANG H, et al. iBOT: image BERT pre-training with online tokenizer[C]//International Conference on Learning Representations. 2022.

[57] CHEN X, DING M, WANG X, et al. Context autoencoder for self-supervised representation learning[J]. arXiv preprint arXiv:2202.03026, 2022.

[58] ZHAI X, KOLESNIKOV A, HOULSBY N, et al. Scaling vision transformers[C]//Proceedings of the IEEE/CVF Conference on Computer Vision and Pattern Recognition. 2022: 1216-1226.

[59] KIRILLOV A, MINTUN E, RAVI N, et al. Segment anything[J]. arXiv preprint arXiv:2304.02643, 2023.

[60] CARON M, TOUVRON H, MISRA I, et al. Emerging properties in self-supervised vision transformers[J].arXiv preprint arXiv:2104.14294, 2021.

[61] OQUAB M, DARCET T, MOUTAKANNI T, et al. DINOv2: learning robust visual features without supervision[J]. arXiv preprint arXiv:2304.07193, 2023.

[62] RAMESH A, PAVLOV M, GOH G, et al. Zero-shot text-to-image generation[C]//International Conference on Machine Learning. 2021: 8821-8831.

[63] RADFORD A, KIM J W, HALLACY C, et al. Learning transferable visual models from natural language supervision[J]. arXiv preprint arXiv:2103.00020, 2021.

[64] HO J, JAIN A, ABBEEL P. Denoising diffusion probabilistic models[C]//Advances in Neural Information Processing Systems. 2020: 6840-6851.

[65] RAMESH A, DHARIWAL P, NICHOL A, et al. Hierarchical text-conditional image generation with CLIPlatents[J]. arXiv preprint arXiv:2204.06125, 2022.

[66] SAHARIA C, CHAN W, SAXENA S, et al. Photorealistic text-to-image diffusion models with deep language understanding[J].arXiv preprint arXiv:2205.11487, 2022.

[67] FEI N, LU Z, GAO Y, et al. Towards artificial general intelligence via a multimodal foundation model[J]. Nature Communications, 2022, 13(1): 1-17.

[68] LIU Y, ZHANG K, LI Y, et al. Sora: a review on background, technology, limitations, and opportunities of large vision models[J]. arXiv preprint arXiv:2402.17177, 2024.

[69] DING M, ZHENG W, HONG W, et al. CogView2: faster and better text-to-image generation via hierarchical transformers[J].arXiv preprint arXiv:2204.14217, 2022.

[70] HONG W, DING M, ZHENG W, et al.CogVideo: large-scale pretraining for text-to-video generation via transformers[J]. arXiv preprint arXiv:2205.15868, 2022.

[71] JUMPER J, EVANS R, PRITZEL A, et al. Highly accurate protein structure prediction withAlphaFold[J]. Nature, 2021, 596(7873): 583-589.

[72] 尼克尔斯 J G, 伊夫里 R B, 曼根 G R. 神经生物学:从神经元到脑[M]. 杨雄里,等译. 5版. 北京:科学出版社, 2015.

[73] ROBBINS H, MONRO S. A stochastic approximation method[J]. Annals of Mathematical Statistics, 1951, 22(3): 400-407.

[74] POLYAK B T. Some methods of speeding up the convergence of iterative methods[J]. USSR Computational Mathematics and Mathematical Physics, 1964, 4(5): 1-17.

[75] TIELEMAN T, HINTON G. Divide the gradient by a running average of its recent magnitude[C]//COURSERA: Neural Networks for Machine Learning. 2012.

[76] KINGMA D P, BA J L. Adam: a method for stochastic optimization[C]// International Conference on Learning Representations. 2015.

第 4 章

深度学习

与第 3 章介绍的全连接神经网络不同,本章将介绍在计算机视觉领域广泛应用的一种特定类型的多层神经网络——卷积神经网络.首先了解卷积神经网络的两个基本概念:卷积(convolution)和池化(pooling).然后介绍几种在卷积神经网络发展史上占重要地位的经典卷积神经网络和批量归一化(Batch Normalization,BN)的使用.最后学习用于处理文本序列数据的词嵌入(word embedding)模型和循环神经网络模型[1].

4.1 卷积神经网络

全连接神经网络难以快速有效地完成图像分类、目标检测和图像分割等任务,而完成这些任务需要使用卷积神经网络.卷积神经网络是福岛邦彦和杨立昆受到科学家关于哺乳动物视觉系统研究成果的启发而逐步发展和完善的[2][3].

4.1.1 视觉神经生物学基础

20 世纪 50 年代末,戴维・H.休伯尔和托尔斯滕・H.维瑟尔首次开展了对哺乳动物视皮层细胞的研究,他们记录了猫脑中各个神经元的电活动.休伯尔和维瑟尔使用幻灯机向猫展示特定模式,并发现了特定的视觉模式刺激了大脑特定部位的活动.休伯尔和维瑟尔通过实验记录并绘制了猫的视觉皮层电信号地图[4].他们的研究开创了视皮层结构和功能研究的新纪元.一方面,他们大量的基础工作为视觉神经生物学的后续发展奠定了基础,提出了视觉信息在皮层水平的处理机制模型;另一方面,他们从发育的角度对皮层功能的可塑性等方面也进行了观察和阐述.因此,他们共同获得了 1981 年的诺贝尔生理学或医学奖.其中,定向选择性和复杂细胞的发现是他们获得诺贝尔生理学或医学奖的两个最主要成果.

视觉感受野是指视网膜上一定的区域和范围,当它们受到刺激时,能激活视觉系统与这个区域有联系的各层神经细胞的活动.视网膜上的这个区域就是这些神经细胞的感受野.在初级视皮层 V1 中,数百万个成束的大锥体神经元(50~100 个)连接到一个视野区域不同的感受野,整个视野被大锥体神经元所覆盖.每一束神经元中的每一个神经元对连接到该束的感受野中呈现不同轮廓的线和方向做出反应,对于元素的大小也可以做出反应,见图 4-1.这数百万个神经元就是简单细胞.在 V1 中,复杂细胞会整合来自相邻同类型简单细胞的响应.这个聚合操作可以计算简单细胞的输出平均值或者计算它们中的最大值.当模式在输入端稍微移动时,复杂细胞的响应几乎没有变化.这种聚合操作可以实现不变性.

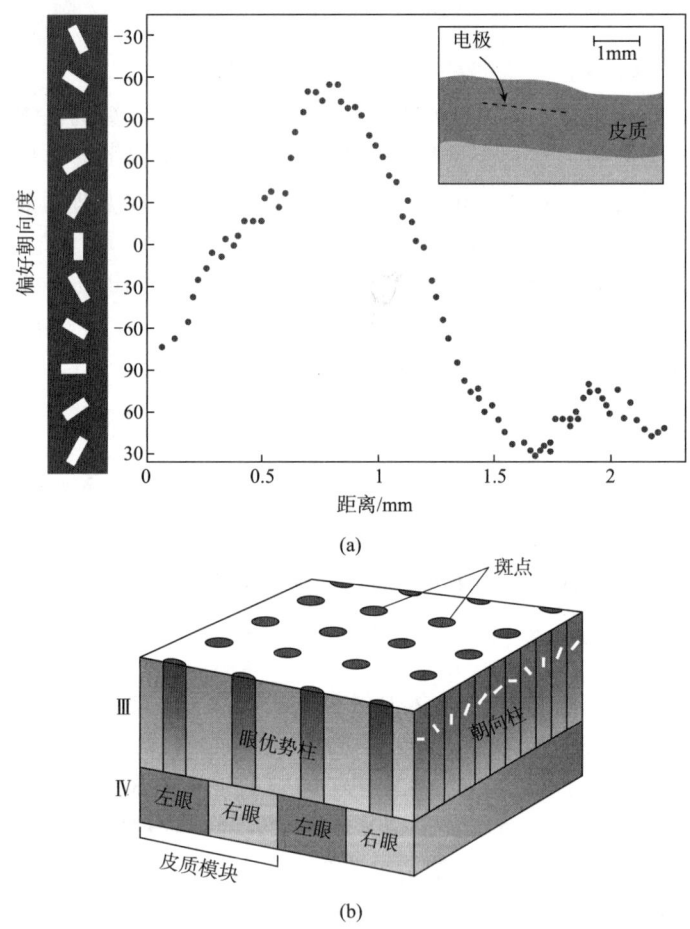

图 4-1 初级视皮质的特征表征

来自加扎尼加(Gazzaniga)等著的《认知神经科学》[5]

视觉信号经过视网膜、外侧漆状体(Lateral Geniculat Nucleus,LGN)传递到初级视皮质 V1、次级视觉区(V2、V3、V4),激活朝向、大小、颜色、运动等特征,最后在颞下皮层中激活代表相应概念的神经元.

休伯尔和维瑟尔在视觉皮层上的研究为人工智能领域提供了两个思路[6]:

(1) 局部连接.

(2) 在视野上进行重复操作,检测相同模式.

4.1.2 卷积

针对图像的像素矩阵,卷积操作就是通过一个卷积核(权重矩阵)来逐行逐列扫描像素矩阵,并与像素矩阵中相应位置的元素进行相乘求和运算.也就是每扫描一次,卷积核会对卷积核扫过的范围内的像素矩阵进行加权求和运算,由此得到新的像素矩阵,称为输出特征图.卷积核也称为滤波器,滤波器在像素矩阵上扫过的区域称为感受野.卷积运算的过程如图 4-2 所示,用 3×3 卷积核扫描 5×5 矩阵,计算过程如下:

$1\times1+1\times0+1\times1+0\times0+1\times1+1\times0+0\times1+0\times0+1\times1=4.$

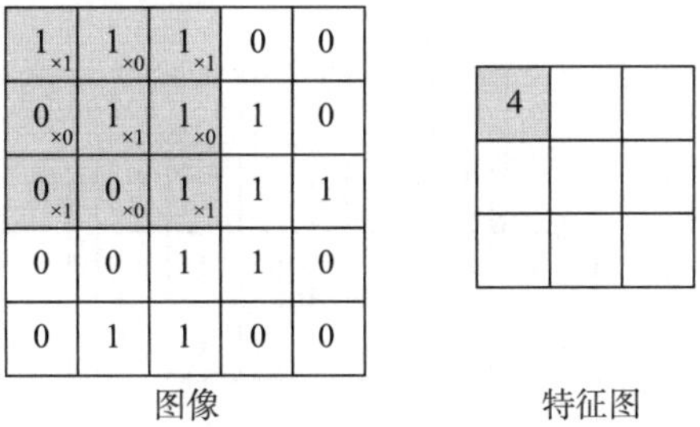

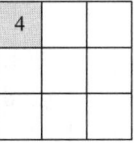

图 4-2 卷积

这样得到了第一个输出特征图中的一个元素 4.卷积核逐步在像素矩阵内滑动,得到输出特征图,见图 4-3.

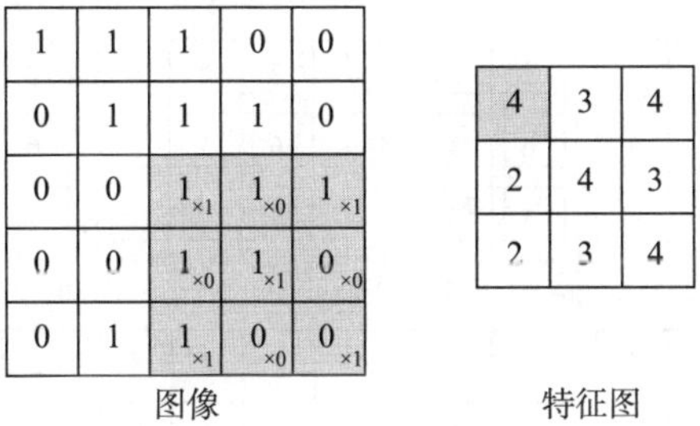

图 4-3 卷积的结果

卷积核通常是奇数大小,比如 3×3 或 5×5.卷积核即为共享权值.卷积核具有局部性,可以抽取某些特征,比如边缘特征,起到降维的作用.

卷积有三种模式：全卷积（full convolution），同尺寸卷积（same convolution），有效卷积（valid convolution）。下面通过一个二维张量和二维卷积核的卷积示例来说明这三种模式，见图 4-4。

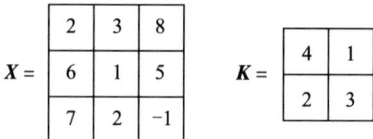

图 4-4　二维张量和卷积核

（1）全卷积。

卷积核 K 沿 x 方向按照先行后列的顺序移动。每移动到一个固定位置，对应位置的值相乘，然后求和。"full"是完全的意思，只要卷积核可以覆盖到像素矩阵的一部分，就要计算，并将落在像素矩阵外的元素全部补 0 后进行计算，计算过程见图 4-5，计算结果见图 4-6。

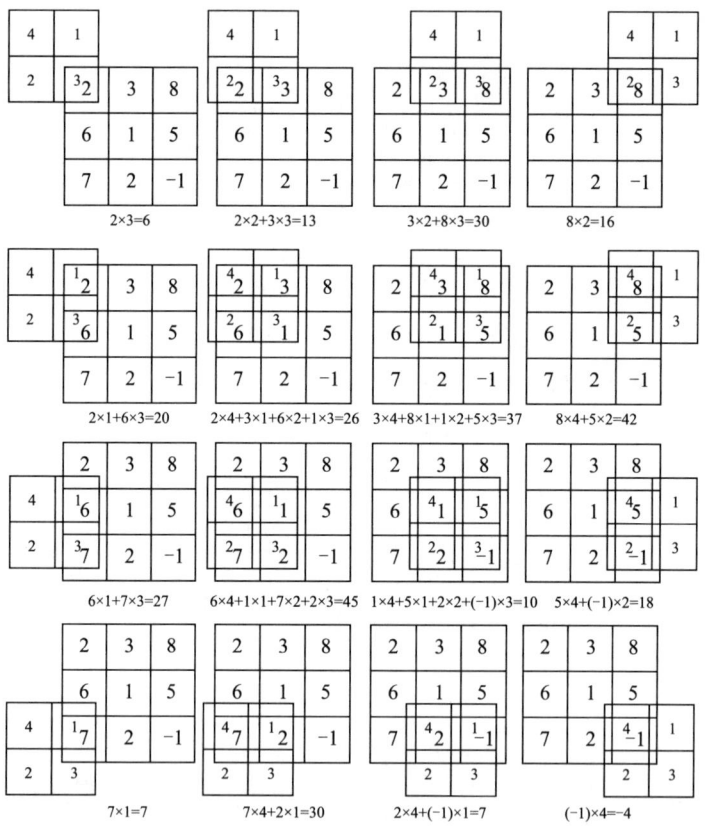

图 4-5　全卷积过程

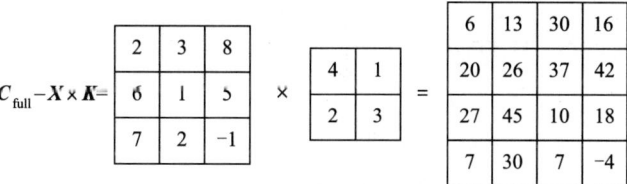

图 4-6　全卷积结果

（2）同尺寸卷积.

"same"代表卷积前和卷积后的图像大小保持一致.同尺寸卷积是一种最常见的卷积模式.首先指定卷积核 K 的锚点(中心点),锚点的确定方法见表 4-1.图 4-7 给出了一个确定锚点的示例.根据表 4-1 确定好锚点后,将锚点从左到右、从上到下移动到张量 X 的每一个位置,对应位置的值相乘再求和,计算过程见图 4-8,计算结果见图 4-9.

表 4-1　锚点的确定

高度 H	宽度 W	锚点
偶数	偶数	$\frac{H-2}{2},\frac{W-2}{2}$
偶数	奇数	$\frac{H-2}{2},\frac{W-1}{2}$
奇数	偶数	$\frac{H-1}{2},\frac{W-2}{2}$
奇数	奇数	$\frac{H-1}{2},\frac{W-1}{2}$

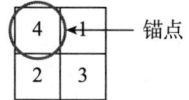

图 4-7　卷积核的锚点

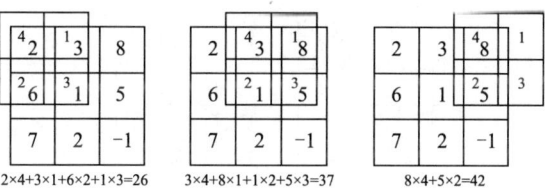

图 4-8　同尺寸卷积过程

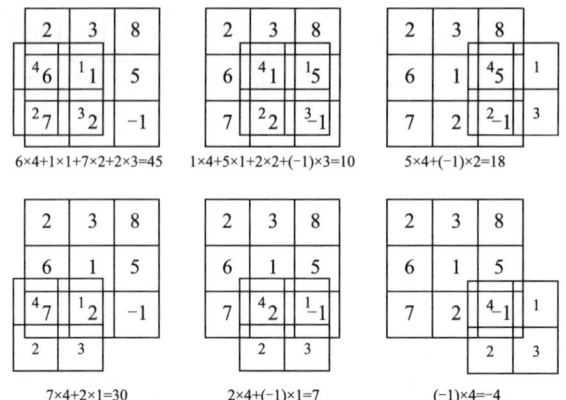

图4-8 同尺寸卷积过程(续)

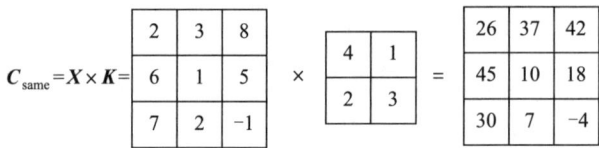

图4-9 同尺寸卷积结果

(3) 有效卷积.

从全卷积的计算过程可知,当 K 靠近 X 的边界时,就会有部分卷积核延伸到 X 之外,而有效卷积忽略边界,只考虑 X 能完全覆盖 K 的情况,即 K 在 X 的内部移动的情况.有效卷积是另一种常用的卷积模式,可以得到比卷积之前尺寸更小的图像,计算过程见图4-10,计算结果见图4-11.

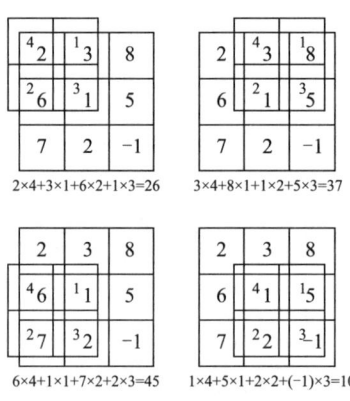

图4-10 有效卷积过程

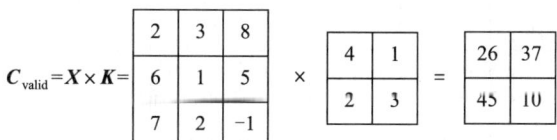

图 4-11 有效卷积结果

4.1.3 池化

池化操作是对卷积结果进一步处理的过程,也称为下采样或降采样.它将平面内某一位置及其相邻位置的特征值进行统计汇总,并将汇总后的结果作为该位置在此平面内的值输出.池化操作分为最大池化(max pooling)和平均池化(average pooling).

(1)同尺寸最大池化.

以 4 行 4 列的张量 X 和 2 行 3 列的掩码为例,进行步长为 1 的同尺寸最大池化操作,见图 4-12,池化过程见图 4-13,池化结果见图 4-14.

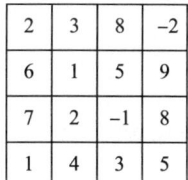
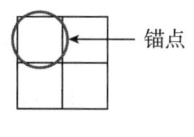

图 4-12 张量 X 和池化窗口

图 4-13 同尺寸池化过程

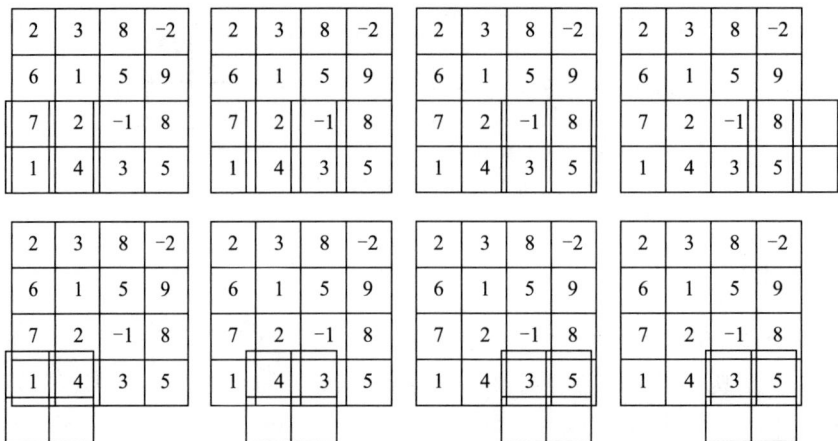

图 4-13 同尺寸池化过程(续)

6	8	9	9
7	5	9	9
7	4	8	8
4	4	5	5

图 4-14 同尺寸池化结果

(2) 有效最大池化.

有效池化与同尺寸池化的不同之处在于,掩码只在张量内移动.以 $4\times4\times1$ 的张量 X 和 $2\times2\times1$ 的掩码为例,进行步长为 1 的有效最大池化,见图 4-12,池化过程见图 4-15,池化结果见图 4-16.

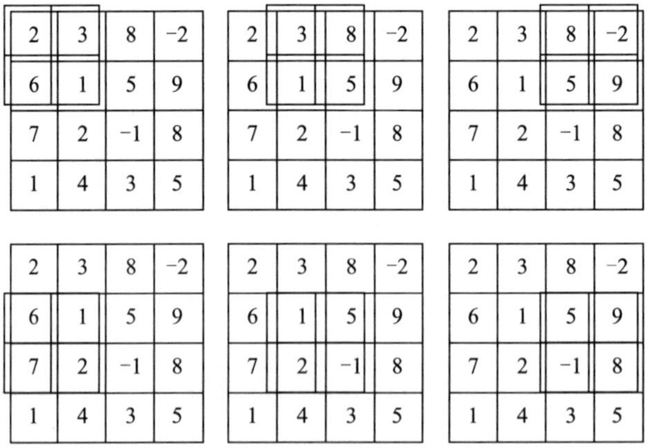

图 4-15 有效池化过程

2	3	8	-2
6	1	5	9
7	2	-1	8
1	4	3	5

2	3	8	-2
6	1	5	9
7	2	-1	8
1	4	3	5

2	3	8	-2
6	1	5	9
7	2	-1	8
1	4	3	5

图 4-15 有效池化过程(续)

6	8	9
7	5	9
7	4	8

图 4-16 有效池化结果

通过池化操作,特征图可以保留显著特征,过滤不明显的特征,从而降低特征维度,并缓解卷积层对位置的敏感性.池化操作能够产生输入图像模式的一个不变形表征,并且在此过程中不产生新的参数.表 4-2 展示了视觉神经系统和卷积神经网络在结构功能上的对照.如表 4-2 所示,卷积神经网络中的卷积和池化运算分别相当于视觉神经生物学中简单细胞和复杂细胞的操作.

4.1.4 卷积神经网络应用场景

卷积神经网络具有局部连接和权重共享的特点,是一种特征学习和表示学习的方法,可以自动抽取特征.然而卷积神经网络也存在一些局限性,例如需要海量数据、计算昂贵、调参困难、泛化性能差、可解释性差(被视为"黑箱模型")、不稳定、过拟合以及在使用反向传播梯度下降训练时容易出现梯度消失和梯度爆炸等问题.

尽管存在这些局限,但卷积神经网络因其强大的特征提取能力,被广泛应用于视觉数据处理任务中,如图像分类、目标检测、图像分割、人脸识别、医学影像分析、风格迁移、自动驾驶和视频分析等.

此外,卷积神经网络也可用于一些其他数据类型.在自然语言处理任务中,卷积神经网络可以用于文本分类、情感分析和句子建模等任务.通过将文本转换为嵌入向量,卷积神经网络可以捕捉到文本中的局部特征.在音频处理任务中,卷积神经网络可以用于语音识别和音乐分类等.在时间序列分析中,卷积神经网络也被应用于股票价格预测、天气预报、工业设备预测性维护、蛋白质结构预测和基因组学等领域.

卷积神经网络不仅在传统的图像处理领域持续发展,还通过与其他深度学习技术的结合展现出新的应用潜力.轻量级模型的发展、新型架构的提出、与其他技术的融合,以及多模态学习等都是卷积神经网络的主要前沿趋势.

表 4-2 视觉神经系统和卷积神经网络结构功能对照

系统	单元	操作	作用
视觉神经系统	简单细胞	检测感受野中非常小的、简单的模式,如检测水平边缘线、垂直边缘线等	对感受野内呈现不同轮廓的线和方向做出反应
	复杂细胞	整合来自感受野内相同类型的相邻简单细胞的响应,计算响应的平均值或最大值	对图像模式的微小变化(平移、轻微的旋转或变形)产生响应,保证在一定位置偏差内检测出模式,通过聚集机制实现不变性
卷积神经网络	卷积单元	卷积:通过卷积核对像素矩阵进行卷积运算	提取特征,检测特定的模式,如垂直线、水平线、颜色等
	池化单元	池化:在特征图的池化窗口内,计算相应窗口的最大值或平均值	输入图像的特征模式在微小变化的情况下具有稳健性,产生输入图像模式的不变形表征

4.2 LeNet-5 网络

杨立昆于 1998 年在 IEEE 上发表了一篇长达 42 页的论文《文档识别的梯度学习方法》(*Gradient-based Learning Applied to Document Recognition*).该论文至今被引用次数已经超过 4 万次,见图 4-17[3].论文提出了一种使用反向传播训练的用于手写字符识别的卷积神经网络 LeNet-5.LeNet-5 网络在 MNIST 数据集上的识别准确率达到了 99.2%,并且该网络成功用于邮政编码和手写支票的数字识别,展现了良好的学习能力和识别能力.LeNet-5 网络是最早建立的卷积神经网络之一,如今提到的 LeNet 网络一般指 LeNet-5 网络.LeNet 的网络结构见图 4-18.

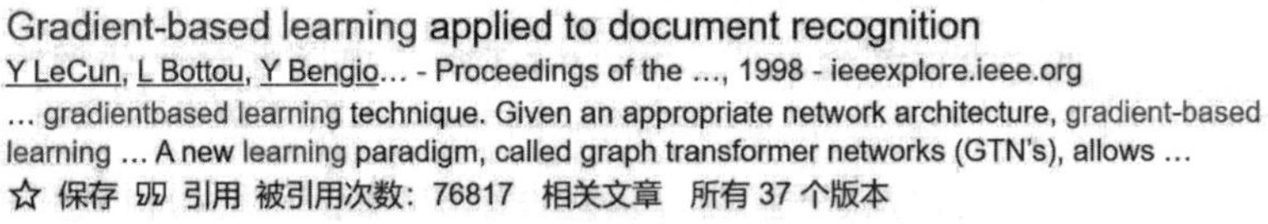

图 4-17 论文的引用情况(截至 2025-6-26)

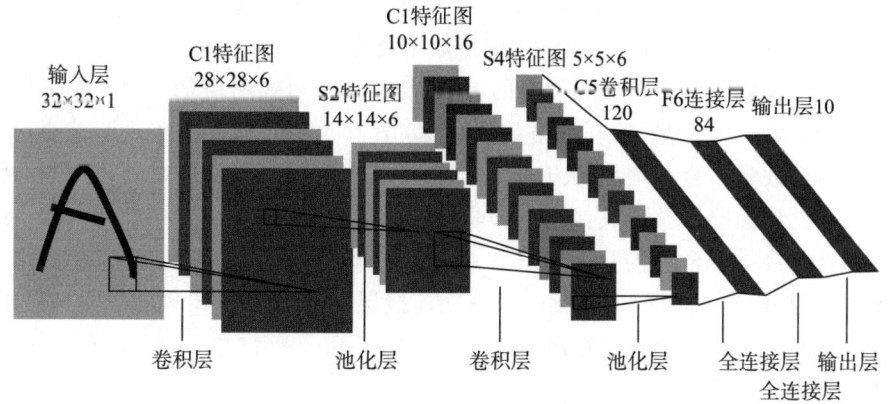

图 4-18　LeNet-5 的网络结构

4.2.1　LeNet-5 网络结构

如图 4-18 所示，LeNet-5 的网络结构如下：

（1）输入层.

输入图片大小为 $32\times32\times1$，其中 1 表示黑白图像，仅有一个通道.

（2）卷积层.

卷积核大小为 5×5，深度（个数）为 6，采用有效卷积模式，卷积步长为 1，输出特征图大小为 $28\times28\times6$，其中 6 表示深度.

（3）池化层.

采用最大池化，卷积核大小为 2×2，个数为 6，采用有效池化，步长为 2，Sigmoid 激活.输出特征图大小为 $14\times14\times6$.

（4）卷积层.

卷积核大小 5×5，个数为 16，采用有效卷积模式，卷积步长为 1，输出特征图大小为 $10\times10\times16$.

（5）池化层.

采用最大池化，卷积核大小为 2×2，个数为 16，采用有效池化模式，步长为 2，输出特征图大小为 $5\times5\times16$.需要注意的是，在该层结束，需要将 $5\times5\times16$ 的矩阵拉直成一个 400 维的向量.

（6）全连接层.

输入层神经元数量为 400，第一个隐藏层神经元数量为 120，激活函数为 Sigmoid.第二个隐藏层神经元数量为 84，激活函数为 Sigmoid.

（7）输出层.

现代版本的 LeNet-5 网络的输出层一般会采用 Softmax 激活函数.在 LeNet-5

网络提出的原始论文中,使用的激活函数并非 Softmax,但该函数现在已不常用.该层神经元数量为 10,分别代表 0～9 十个数字类别.

如果不算输入层计入神经网络的层数,那么 LeNet-5 网络是一个 7 层的网络,包含大约 60000 个参数.随着网络越来越深,图像的高度和宽度在逐渐缩小,但是图像的通道数量一直在增加.从 LeNet-5 的网络结构可以清楚地看到,卷积神经网络由三种类型的层堆叠而成:卷积层、非线性激活层(现在多用 ReLU)和池化层.各层堆叠后连接一个全连接层直到输出.典型的架构为:输入→卷积(ReLU 激活)→池化→卷积(ReLU 激活)→池化→⋯→全连接层→输出.后来出现的卷积神经网络都是在此网络结构基础上进行改进.

4.2.2 Keras 中 LeNet-5 网络的代码实现

下面基于 TensorFlow 的 Keras 接口构建 LeNet-5 网络:

```python
from tensorflow.keras.models import Sequential
from tensorflow.keras.layers import Conv2D, AveragePooling2D, Flatten, Dense
model = Sequential()
model.add(Conv2D(6, kernel_size=(5, 5), activation='relu', input_shape=(32, 32, 1)))
model.add(AveragePooling2D(pool_size=(2, 2)))
model.add(Conv2D(16, kernel_size=(5, 5), activation='relu'))
model.add(AveragePooling2D(pool_size=(2, 2)))
model.add(Conv2D(120, kernel_size=(5, 5), activation='relu'))
model.add(Flatten())
model.add(Dense(120, activation='relu'))
model.add(Dense(84, activation='relu'))
model.add(Dense(10, activation='softmax'))
model.summary()
```

4.2.3 LeNet-5 网络应用场景

LeNet-5 网络是一个简单的卷积神经网络,可以帮助我们理解卷积神经网络的基本结构和构建思想,为之后更复杂的卷积神经网络架构奠定了基础,具有历史性的意义.

LeNet-5 网络的主要应用场景集中在早期的图像分类任务,尤其是手写字符识别.例如,LeNet-5 网络被广泛应用于银行系统中,用于自动处理手写支票,将手写字符转换为机器可读的数字,从而提升处理效率.此外,LeNet-5 网络还被用于识别邮政系统中的手写邮政编码,自动化分拣信件和包裹.LeNet 5 的网络架构也可以用于简单的图像分类任务,特别是小尺寸的灰度图像.

虽然 LeNet-5 网络在手写字符识别上取得了成功,但是由于数据量和计算机计算能力的限制,其在大规模图像处理上效果不佳,所以没有得到计算机视觉领域的足够重视.直到 2012 年 AlexNet 网络的出现,卷积神经网络才迎来了井喷式发展,成为了计算机视觉领域的主流方法.随着计算能力的提升和更深层次网络的出现,LeNet-5 网络的应用逐渐减少,但它依然是卷积神经网络发展的重要基础.

4.3 AlexNet 网络

AlexNet 网络由 2012 年 ImageNet 竞赛冠军获得者亚历克斯·克里热夫斯基(Alex Krizhevsky)、伊利亚·苏茨克维(Ilya Sutskever)和辛顿共同设计[7].亚历克斯是 AlexNet 网络的主要开发者,他和伊利亚在导师辛顿的指导下完成了 AlexNet 网络的开发工作.2012 年之后,更多更深的神经网络被提出,比如视觉几何组网络,GoogLeNet,深度神经网络方法迎来了爆发期.AlexNet 网络至今已经被引用了 10 万次以上,见图 4-19.

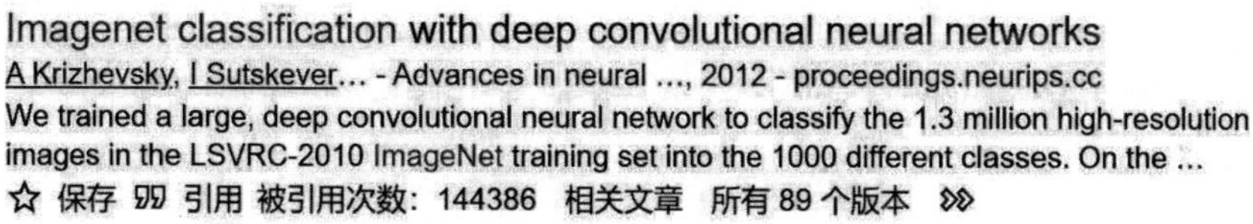

图 4-19 AlexNet 网络的引用情况(截至 2025-6-26)

4.3.1 AlexNet 网络结构

AlexNet 网络有 6000 万个参数和 65000 个神经元,5 层卷积,3 层全连接网络,最终的输出层是 1000 通道的 Softmax 激活函数.

图 4-20 和图 4-21 展示了 AlexNet 的网络结构.AlexNet 的网络结构如下:

(1) 输入层:图像大小为 $224 \times 224 \times 3$,其中 3 表示输入图像的通道数(R,G,B)为 3.

(2) 卷积层:卷积核大小为 11×11,个数为 96,卷积步长 $s=4$,有效卷积.输出:$55 \times 55 \times 96$.

(3) 池化层:采用最大池化,池化层大小为 3×3,步长 $s=2$.输出:$27 \times 27 \times 96$.

(4) 卷积层:卷积核大小为 5×5,个数为 256,步长 $s=1$,同尺寸卷积.输出:27×27×256.

(5) 池化层:采用最大池化,池化层大小为 3×3,步长 $s=2$.输出:13×13×256.

(6) 卷积层:卷积核大小为 3×3,个数为 384,步长 $s=1$,同尺寸卷积.输出:13×13×384.

(7) 卷积层:卷积核大小为 3×3,个数为 384,步长 $s=1$,同尺寸卷积.输出:13×13×384.

(8) 卷积层:卷积核大小为 3×3,个数为 256,步长 $s=1$,同尺寸卷积.输出:13×13×256.

(9) 池化层:采用最大池化,池化大小为 3×3,步长 $s=2$.输出:6×6×256.

(10) 全连接层:将大小为 6×6×256 的输出矩阵拉直成一个 9216 维的向量.第一个隐藏层神经元数量为 4096,第二个隐藏层神经元数量为 4096.

(11) 输出层:Softmax 激活函数,神经元数量为 1000,代表 1000 个类别.

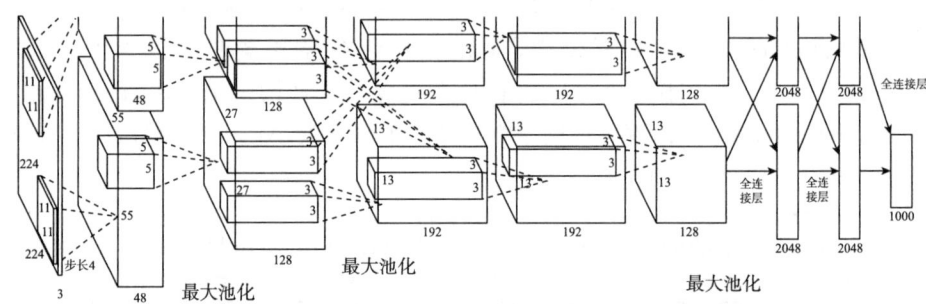

图 4-20 来自《基于深度卷积神经网络的 ImageNet 分类》[7] 中的 AlexNet 网络结构

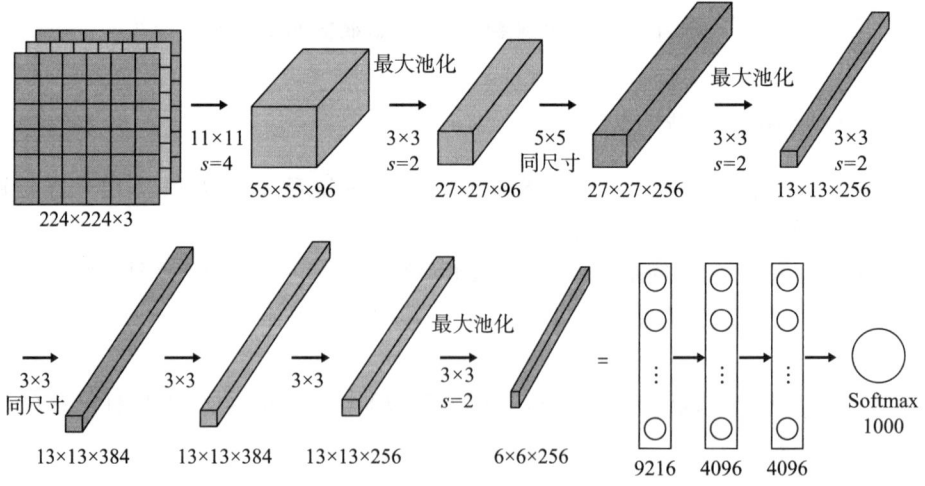

图 4-21 AlexNet 网络结构

4.3.2 Keras 中 AlexNet 网络的代码实现

下面基于 Keras 构建 AlexNet 网络：

```python
from tensorflow.keras.models import Sequential
from tensorflow.keras.layers import Conv2D, MaxPooling2D, Dense, Flatten, Dropout
model = Sequential()
model.add(Conv2D(96, (11, 11), strides=(4, 4), activation='relu', input_shape=(227, 227, 3)))
model.add(MaxPooling2D(pool_size=(3, 3), strides=(2, 2)))
model.add(Conv2D(256, (5, 5), padding='same', activation='relu'))
model.add(MaxPooling2D(pool_size=(3, 3), strides=(2, 2)))
model.add(Conv2D(384, (3, 3), padding='same', activation='relu'))
model.add(Conv2D(384, (3, 3), padding='same', activation='relu'))
model.add(Conv2D(256, (3, 3), padding='same', activation='relu'))
model.add(MaxPooling2D(pool_size=(3, 3), strides=(2, 2)))
model.add(Flatten())
model.add(Dense(4096, activation='relu'))
model.add(Dropout(0.5))
model.add(Dense(4096, activation='relu'))
model.add(Dropout(0.5))
model.add(Dense(1000, activation='softmax'))
model.summary()
```

4.3.3 AlexNet 网络性质

AlexNet 网络与 LeNet-5 网络在架构上没有太大的区别,本质上是更人更深的卷积神经网络.AlexNet 网络在 LeNet-5 网络的基础上进行了以下改进和创新：

(1) AlexNet 网络使用了 8 层深度神经网络,其中包括 5 个卷积层和 3 个全连接层,显著地深于当时的其他网络.因此,AlexNet 网络能够从数据中学习更复杂的特征,并大幅提高了分类精度.

(2) AlexNet 网络成功使用 ReLU 作为卷积神经网络的激活函数.ReLU 是一种非线性非饱和函数,在较深的网络中使用 ReLU 的效果超过了 Sigmoid,克服了

Sigmoid在网络较深时的梯度消失问题,加速了训练速度.

(3) 训练时使用丢弃法(dropout)随机忽略一部分神经元.这是在模型更大时采取的一种正则化方法,以避免模型过拟合.在AlexNet网络中,主要是最后几个全连接层使用了丢弃法.丢弃法是AlexNet网络中一个很大的创新.

(4) 在卷积神经网络中使用重叠的最大池化.此前卷积神经网络中普遍使用平均池化,而AlexNet网络全部使用最大池化.此外,AlexNet中提出让步长比卷积核的尺寸小,这样池化层的输出之间会有重叠和覆盖,提升了特征的丰富性.

(5) AlexNet网络提出了局部响应归一化(Local Response Normalization,LRN)层,对当前层输出结果做平滑处理.局部响应归一化借鉴神经生物学中"侧抑制"的思想来实现局部抑制.对局部神经元的活动创建竞争机制,使得其中响应比较大的值变得相对更大,并抑制其他反馈较小的神经元,从而增强了模型的泛化能力.

(6) AlexNet网络使用统一计算设备架构(Compute Unified Device Architecture,CUDA)加速深度卷积网络的训练.AlexNet网络利用GPU强大的并行计算能力处理神经网络训练时大量的矩阵运算.AlexNet网络使用了两块GTX 580 GPU进行训练.GPU并行化和分布式训练是当今深度学习非常常用的技术.

(7) 数据增强.AlexNet网络随机地从256×256的原始图像中截取224×224大小的区域(以及水平翻转的镜像),相当于增加了2048倍的数据量.

4.3.4 AlexNet网络应用场景

AlexNet网络的应用场景主要集中在计算机视觉领域,特别是在处理复杂、大规模图像分类任务方面.AlexNet网络的成功标志着深度学习在多个视觉任务中的广泛应用.AlexNet网络极大地推动了深度学习在图像分类领域的应用.此外,AlexNet网络还被应用于物体识别和检测、人脸识别、图像检索、医学影像分析、自动驾驶等领域.

4.4 批量归一化

批量归一化是由谷歌于2015年提出的,相关论文是《批量归一化:通过减少内部协方差平移加速深层网络训练》(*Batch Normalization*: *Accelerating Deep Network Training by Reducing Internal Covariate Shift*).这是一个深层神经网络训练的技巧,主要是让数据的分布变得一致,从而使得训练深层网络模型更加容易和稳定[8].

4.4.1 内部协方差平移

在训练深层神经网络时,容易发生内部协方差平移(Internal Covariate Shift,ICS).内部协方差平移指的是由训练过程中网络参数的变化导致的网络激活分布的变化.由于使用小批量梯度下降,不同批次的数据分布可能会有所不同,从而导致梯度计算出现波动.

假设我们正在训练一个模型来识别不同种类的花(如鸢尾花、玫瑰、向日葵等),并且使用小批量梯度下降进行训练.每个小批量会包含随机选择的几种花的图片,这些图片的颜色和形状特征不同,因此它们的像素分布也会有差异.例如,第一个小批量包含 32 张花的图片,其中 20 张是玫瑰(红色或粉色的花瓣),6 张是向日葵(黄色的花瓣,深棕色的中心),6 张是鸢尾花(紫色或蓝色的花瓣).在这一批次中,由于玫瑰花占多数,其红色或粉色的颜色特征主导了整个批次,像素值的均值可能偏高(因为玫瑰花瓣的颜色较亮),而方差相对较小,因为大多数图像中的颜色变化不大(集中在红色和粉色之间).在下一个小批量中,图片分布为 12 张鸢尾花(蓝色或紫色),15 张郁金香(多种颜色,如黄色、粉色、紫色),5 张向日葵.这一批次的图像颜色特征较为多样,郁金香的多种颜色会使像素的分布更分散.由于存在较多的中性色(如紫色和蓝色),均值可能偏向中等值,同时因为颜色跨度大,方差也较大.不同小批次中,花的种类和颜色分布不同,导致数据的像素值分布(均值和方差)不断变化.由于输入值的分布不同,神经网络不得不学习新的分布,前层隐藏层参数的更新会导致每一层输入的变化.这种效应在网络深层被放大,越到后层数据的分布变化越大,因此在反向传播时容易发生梯度消失,最终只能使用较小的学习率和谨慎的初始值.

4.4.2 批量归一化算法和 Keras 中的代码实现

批量归一化的目的是通过将各层的输入值进行标准化,减少网络内部的协方差平移.批量归一化算法的步骤如图 4-22 所示.其中 $\varepsilon > 0$ 是一个很小的常数,用于保证分母大于 0.批量归一化在标准化的基础上增加了变换重构,引入了两个可以学习的参数:拉伸(scale)参数 γ 和偏移(shift)参数 β.如果批量归一化没有起到优化作用,可以通过这两个参数进行抵消,从而保留了不做批量归一化的可能.批量归一化的位置应该是在各层激活之前.对于卷积神经网络,批量归一化的位置应该是卷积运算和激活函数之间.Keras 中批量归一化的函数为 tensorflow.keras.layers.BatchNormalization().

通过将各层的输入值进行标准化,批量归一化能够固定网络训练过程中各层的分布,使整个神经网络在中间各层的输出更加稳定,降低了前层网络对后层网络的影响,使各层网络变得相对独立,从而加速训练并增加深层神经网络的稳定性.

批量归一化的主要优点包括:加速了训练过程;允许训练时使用较大的学习率;允许在深层网络中使用 Sigmoid 这种易导致梯度消失的激活函数;具有轻微的正则化效果,从而可以降低丢弃法的使用.

输入:一个小批量中 x 的取值 $\mathcal{B}=\{x_{1\ldots m}\}$;需要学习的参数 γ,β

输出:$\{y_i = \mathrm{BN}_{\gamma,\beta}(x_i)\}$

$$\mu_{\mathcal{B}} \leftarrow \frac{1}{m}\sum_{i=1}^{m} x_i \qquad //\text{小批量的均值}$$

$$\sigma_{\mathcal{B}}^2 \leftarrow \frac{1}{m}\sum_{i=1}^{m} (x_i - \mu_{\mathcal{B}})^2 \qquad //\text{小批量的均值}$$

$$\hat{x}_i \leftarrow \frac{x_i - \mu_{\mathcal{B}}}{\sqrt{\sigma_{\mathcal{B}}^2 + \varepsilon}} \qquad //\text{标准化}$$

$$y_i \leftarrow \gamma \hat{x}_i + \beta \equiv \mathrm{BN}_{\gamma,\beta}(x_i) \qquad //\text{拉伸和偏移}$$

图 4-22 批量归一化

4.5 残差网络

残差网络是由来自微软研究院的何恺明、张翔雨、任少卿、孙剑四位学者提出的卷积神经网络,在 2015 年的 ImageNet 大规模视觉识别竞赛中获得了图像分类和物体识别的优胜[9].残差网络的特点是容易优化,并且能够通过增加相当的深度来提高准确率.残差网络内部的残差块使用了快捷连接(shortcut),缓解了在深层神经网络中增加深度带来的梯度消失、梯度爆炸和退化问题.残差网络至今已有 27 万次以上的引用,见图 4-23.由于为人工智能做出了基础性贡献,何恺明、孙剑、任少卿、张祥雨共同获得了 2023 年未来科学大奖数学与计算机科学奖,见图 4-24.

Deep residual learning for image recognition
K He, X Zhang, S Ren, J Sun - Proceedings of the IEEE ..., 2016 - openaccess.thecvf.com
... Deeper neural networks are more difficult to train. We present a residual learning framework to ease the training of networks that are substantially deeper than those used previously. ...
☆ 保存 ⁹⁹ 引用 被引用次数: 272802 相关文章 所有 53 个版本 ≫

图 4-23 残差网络的引用情况(截至 2025-6-24)

图 4-24　2023 年未来科学大奖数学与计算机奖获奖者
(从左至右:何恺明,孙剑,任少卿,张祥雨)

4.5.1　残差学习

何恺明等发现,随着神经网络深度的加深,容易出现梯度消失、梯度爆炸和退化问题.梯度消失和梯度爆炸可以通过批量归一化得到有效解决,但是网络的退化问题仍然存在,见图 4-25.图 4-25 显示,随着网络深度的增加,网络训练错误率和预测错误率都在上升,这种现象称为退化问题.退化问题不能用过拟合来解释.

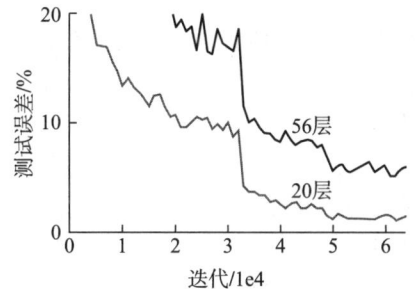 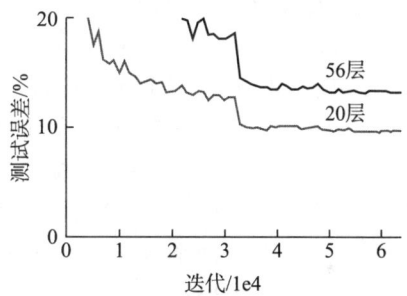

图 4-25　简单网络(plain network)在 CIFAR-10 的错误率

何恺明等受到残差表示和"快捷连接"等工作的启发,利用深度残差学习框架来解决退化问题.对于一个堆叠的层,假设所需的基本映射为 $H(x)$,如果让堆叠的层来拟合另一个映射:$F(x):=H(x)-x$,那么原始的映射转化为$F(x)+x$,其中,$F(x)=H(x)-x$ 称为残差映射.残差映射比原始的映射更容易优化.在极端情况下,如果某个恒等映射是最优的,那么将残差变为 0,比直接拟合恒等映射更简单.残差网络通过将复杂的拟合任务分解为一系列小的、简单的任务,降低了学习的难度,使优化过程更稳定.因此,通过拟合残差映射,可以训练更深的网络.

拟合残差映射可以通过残差模块来实现,残差模块见图 4-26.残差模块通过在前馈神经网络中增加"快捷连接"来实现.快捷连接是指跳过一个或者多个层.快捷连接只是简单地执行恒等映射,并将它们的输出和堆叠层的输出叠加在一起,构成残差网络.恒等的快捷连接并不增加额外的参数和计算复杂度,这对残差网络来说非常重要.

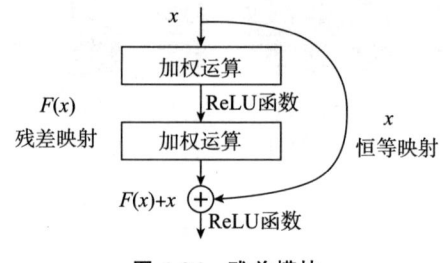

图 4-26　残差模块

4.5.2　残差网络结构

图 4-27 展示了残差网络中常用的两种残差学习模块.通过堆叠两种残差学习模块,可以构造不图层数的残差网络.图 4-28 展示了 18 层残差网络的结构.如图 4-28 所示,18 层残差网络结构如下:

(1) 输入层:7×7 的卷积层,64 个卷积核,步长为 2,接着是最大池化层.
(2) 残差块:包含多个残差块,每个块有两层卷积.
　　- 残差块 1:两个卷积层,输出通道数为 64.
　　- 残差块 2:两个卷积层,输出通道数为 128.
　　- 残差块 3:两个卷积层,输出通道数为 256.
　　- 残差块 4:两个卷积层,输出通道数为 512.
(3) 全局平均池化(global average pooling):将特征图转化为向量.
(4) 全连接层:输出类别数(默认为 1000 类).

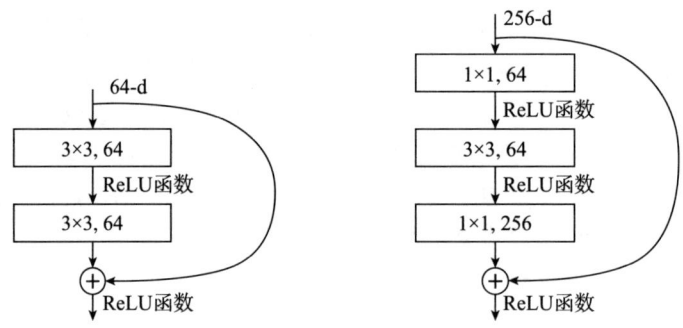

图 4-27　两种残差模块

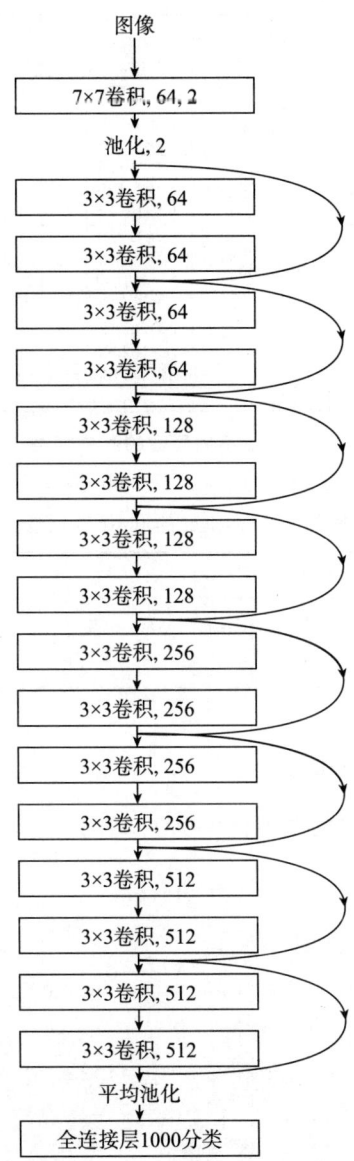

图 4-28 18 层残差网络结构

图 4-29 展示了不同层数残差网络的结构.

何恺明等将残差网络与普通网络的预测误差进行了对比,见表 4-3. 表 4-3 表明残差网络可以有效提高预测的准确率并解决退化问题.

层名	输出大小	18层	34层	50层	101层	152层
conv1	112×112	7×7, 64, 步长2				
		3×3最大池化, 步长2				
conv2_x	56×56	$\begin{bmatrix}3\times3, 64\\3\times3, 64\end{bmatrix}\times2$	$\begin{bmatrix}3\times3, 64\\3\times3, 64\end{bmatrix}\times2$	$\begin{bmatrix}1\times1, 64\\3\times3, 64\\1\times1, 256\end{bmatrix}\times3$	$\begin{bmatrix}1\times1, 64\\3\times3, 64\\1\times1, 256\end{bmatrix}\times3$	$\begin{bmatrix}1\times1, 64\\3\times3, 64\\1\times1, 256\end{bmatrix}\times3$
conv3_x	28×28	$\begin{bmatrix}3\times3, 128\\3\times3, 128\end{bmatrix}\times2$	$\begin{bmatrix}3\times3, 128\\3\times3, 128\end{bmatrix}\times4$	$\begin{bmatrix}1\times1, 128\\3\times3, 128\\1\times1, 512\end{bmatrix}\times4$	$\begin{bmatrix}1\times1, 128\\3\times3, 128\\1\times1, 512\end{bmatrix}\times4$	$\begin{bmatrix}1\times1, 128\\3\times3, 128\\1\times1, 512\end{bmatrix}\times4$
conv4_x	14×14	$\begin{bmatrix}3\times3, 256\\3\times3, 256\end{bmatrix}\times2$	$\begin{bmatrix}3\times3, 256\\3\times3, 256\end{bmatrix}\times6$	$\begin{bmatrix}1\times1, 256\\3\times3, 256\\1\times1, 1024\end{bmatrix}\times6$	$\begin{bmatrix}1\times1, 256\\3\times3, 256\\1\times1, 1024\end{bmatrix}\times23$	$\begin{bmatrix}1\times1, 256\\3\times3, 256\\1\times1, 1024\end{bmatrix}\times36$
conv5_x	7×7	$\begin{bmatrix}3\times3, 512\\3\times3, 512\end{bmatrix}\times2$	$\begin{bmatrix}3\times3, 512\\3\times3, 512\end{bmatrix}\times3$	$\begin{bmatrix}1\times1, 512\\3\times3, 512\\1\times1, 2048\end{bmatrix}\times3$	$\begin{bmatrix}1\times1, 512\\3\times3, 512\\1\times1, 2048\end{bmatrix}\times3$	$\begin{bmatrix}1\times1, 512\\3\times3, 512\\1\times1, 2048\end{bmatrix}\times3$
	1×1	平均池化, 1000分类, Softmax				
FLOPs		1.8×10^9	3.6×10^9	3.8×10^9	7.6×10^9	11.3×10^9

图 4-29 不同层数的残差网络

表 4-3 残差网络与简单网络在 ImageNet 的 top-1 验证误差(%, 10-crop 测试)对比

层数	简单网络	残差网络
18 层	27.94	27.88
34 层	28.54	25.03

4.5.3 Keras 中残差网络的代码实现

下面以包含两个残差块的残差网络为例,基于 Keras 构建包含两个残差块的残差网络:

```python
import tensorflow as tf
from tensorflow.keras import layers, models
input_shape = (224, 224, 3)
inputs = layers.Input(shape=input_shape)
x = layers.Conv2D(64, kernel_size=7, strides=2, padding='same')(inputs)
x = layers.BatchNormalization()(x)
x = layers.ReLU()(x)
x = layers.MaxPooling2D(pool_size=3, strides=2, padding='same')(x)
shortcut = x
x = layers.Conv2D(64, kernel_size=3, padding='same')(x)
x = layers.BatchNormalization()(x)
```

```
x = layers.ReLU()(x)
x = layers.Conv2D(64, kernel_size=3, padding='same')(x)
x = layers.BatchNormalization()(x)
x = layers.add([x, shortcut])
x = layers.ReLU()(x)
shortcut = x
x = layers.Conv2D(64, kernel_size=3, padding='same')(x)
x = layers.BatchNormalization()(x)
x = layers.ReLU()(x)
x = layers.Conv2D(64, kernel_size=3, padding='same')(x)
x = layers.BatchNormalization()(x)
x = layers.add([x, shortcut])
x = layers.ReLU()(x)
x = layers.GlobalAveragePooling2D()(x)
outputs = layers.Dense(1000, activation='softmax')(x)
model = models.Model(inputs, outputs)
model.summary()
```

另外一种构建残差网络的方法是迁移预训练残差网络.预训练模型指在大型数据集(如 ImageNet)上已经训练好的模型,它学习到一组通用的特征.然后这些预训练模型的权重被用于其他相似任务,通过微调的方式进一步训练.预训练加上微调是深度学习中一个非常流行的迁移学习方式.残差网络迁移模型构建过程为:将 Keras 中预训练残差网络模型作为基础模型,然后利用目标数据集中的输入、输出对基础模型进行微调,以让它适应目标任务.使用迁移学习的方法,可以迁移残差网络,视觉几何组网络[10],Inception 网络[11]等经典网络,进而获得更高的起始精度、更快的收敛速度和更高的逼近精度.

Keras 中提供了多个在 ImageNet 上预训练的残差网络模型,如 ResNet-50(50 层深度)、ResNet-101(101 层深度)、ResNet-152(152 层深度)等.以 ResNet-50 为例,加载 ResNet-50 预训练模型代码如下:

```
from keras.applications.resnet import ResNet50
model = ResNet50(include_top = True, weights = 'imagenet', input_
            tensor = None, input_shape = None, pooling =
            None, classes = 1000)
```

> ResNet50 中各参数说明:
> $include\_top = True$:迁移网络顶部的全连接层.
> $include\_top = False$:去掉网络顶部的全连接层.
> $weights = 'imagenet'$:使用 ImageNet 上的预训练权重.
> $input\_tensor$:图像输入的可选 Keras 张量.
> $input\_shape$:输入大小.
>   此模型的默认输入大小为 224×224
> $Classes$:对图像进行分类的可选类别的数量.

4.5.4 残差网络应用场景

2015 年之前,深度学习最多只能训练 20 层,而使用残差网络可以训练深度是视觉几何组网络 8 倍的 152 层的神经网络.残差网络的出现使得神经网络的深度首次突破了 100 层,最大的残差网络甚至超过了 1000 层.深度残差学习让神经网络能够达到前所未有的深度,获得以前难以实现的能力.残差网络的出现大大提升了图像分类、目标检测和图像分割等计算机视觉任务的性能,并促成了多个突破性的成果,如 AlphaGo[12]、AlphaFold[13]、ChatGPT、DeepSeek 等.残差网络现在已经成为计算机视觉领域的经典网络之一,是深度学习领域中频繁采用的深度神经网络架构,是卷积神经网络的开创性工作.

4.6 语言模型与 Word2Vec 词向量

4.6.1 自然语言处理概述

自然语言处理是计算机科学领域与人工智能领域中的一个重要方向.它研究能使用计算机处理、理解和运用人类语言的各种理论和方法.自然语言处理是一门融语言学、计算机科学、数学于一体的科学,因此也称为计算语言学.它与语言学的研究有着密切的联系,但又有重要的区别.自然语言处理并不是一般地研究自然语言,而在于研制能有效地实现自然语言通信的计算机系统.自然语言处理主要应用于机器翻译、舆情监测、自动摘要、观点提取、文本分类、问题回答、文本语义对比、语音识别、中文光学字符识别(Optical Character Recognition,OCR)等方面.生活中有许多自然语言技术的产品,如智能音箱、聊天机器人等.

由于人类语言的复杂性、多样性、歧义性,以及语言对知识的依赖性、上下文知识获取的困难和高质量语料的不足等困难,自然语言处理任务完成起来有很大挑战.自然语言处理常用的方法有隐马尔可夫模型、条件随机场等统计学习方法[14]和循环神经网络[15]、长短期记忆网络[16]等深度学习方法.随着深度学习的发展,出现了很多预训练的自然语言处理大模型,如 BERT[17],GPT[18][19][20],DeepSeek 等自然语言处理模型.自然语言处理领域出现了令人惊叹的突破,各项任务的性能得到了显著提升.

4.6.2 语言模型

语言模型(Language Model,LM)是自然语言处理中的一个核心概念,它用于理解和生成自然语言文本.语言模型是一种概率模型,用于估计自然语言文本中词序列的概率分布.它通过给定的上下文(前面的词或句子)来预测或生成下一个词或句子,最终生成一个符合语法和语义规则的完整文本.其目标是最大化给定词序列的联合概率.假设有一个词序列 $w_1, w_2, \cdots, w_T$,语言模型的任务是估计这个序列的概率:$P(w_1, w_2, \cdots, w_T)$.根据链式法则,联合概率可以分解为条件概率的乘积:

$$P(w_1, w_2, \cdots, w_T)$$
$$= P(w_1)P(w_2|w_1)P(w_3|w_1, w_2) \cdots P(w_T|w_1, w_2, \cdots, w_{T-1}). \tag{4-1}$$

简单来说,语言模型通过逐词预测,即基于前面词的上下文来估计每个后续词的条件概率.

在实际中,常见的语言模型包括:

(1) n 元语法(n-gram)模型.使用有限长度的词的上下文(即 n 个词)来近似条件概率[21].例如,三元组模型(trigram model)只考虑前两个词的上下文的概率 $P(w_t|w_{t-2}, w_{t-1})$.n 元语法模型的优点是计算简单,但也有数据稀疏、语义信息缺失,以及无法捕捉长距离依赖关系的缺点.

(2) 神经网络语言模型.通过神经网络来捕捉更复杂的上下文依赖,如循环神经网络、长短期记忆网络和门控循环单元[22]等.它们可以处理更长的上下文,捕捉长距离的上下文依赖.

(3) Transformer 模型.Transformer 是近年来取得显著进展的语言模型架构,能够捕捉全局上下文信息,并且能并行处理序列数据[23].Transformer 的重要变体包括 BERT 和 GPT,适用于各种自然语言理解和生成任务.

语言模型是理解和生成自然语言的基础工具.传统的 n 元语法模型、神经网络模型以及最新的 Transformer 架构各有优缺点.语言模型的进步推动了自然语言处理技术的发展,使得计算机能够更好地理解和生成自然语言.

4.6.3 Word2Vec 及 Keras 中的代码实现

自然语言处理的最基本表示单元是词语.词语组合成句子,句子组成段落,段落组成文章.然而,机器无法直接处理词语,需要将词汇转化为计算机可以处理的数值形式.这种转化和表征方法主要有两种:一种是独热编码,另一种是词嵌入.独热是一种最简单、最直接的词的向量化表示方式.假设我们有一个词库,一共有 V 个词汇,包括了所有的词语,组成一个 V 维的向量.给每个词语分配一个编号,如果表示某个词语,则该词语对应编号位置设置为 1,其余位置都是 0.例如,有一个词汇表:

$$[篮球,足球,羽毛球,乒乓球,排球],$$

则篮球可以表示成:$[1,0,0,0,0]$,乒乓球可以表示成:$[0,0,0,1,0]$.

独热编码形成的是一种稀疏编码,容易造成维数灾难,而且无法度量词汇之间的相似性.为了克服独热编码的缺陷,需要使用词嵌入技术.词嵌入的基本思想是将词汇表示成普通向量,这种向量称为词向量.它通过把一个维数很高的词汇嵌入一个维数低得多的连续向量空间中,实现词汇表示的降维.词向量生成方法主要有基于传统统计模型的降维技术(如奇异值分解(Singular Value Decomposition, SVD))和基于神经网络的词嵌入技术(如 Word2Vec(词向量)).下面主要介绍基于深度学习的词向量 Word2Vec.

Word2Vec 由托马斯·米克罗夫(Tomas Mikolov)等人在一篇论文《向量空间中词表征的高效估计》($Efficient\ Estimation\ of\ Word\ Representations\ in\ Vector\ Space$)中提出,是一种词嵌入表征方法,包括两种模型:连续词袋(Continuous Bag-of-Words,CBOW)和跳字(skip-gram).连续词袋模型是根据上下文预测中间目标词,跳字模型是根据中间词预测上下文.两种模型的结构和算法没有太大区别,因此仅介绍连续词袋模型.

(1) 单词上下文的连续词袋模型.

首先考虑单词上下文模型.假设每个上下文仅考虑一个词汇,也就是模型将在给定一个上下文词汇的情况下预测一个目标词汇.词表大小为 V,而隐藏层大小为 N.相邻层的神经元都是全连接的.连续词袋模型的结构见图 4-30.

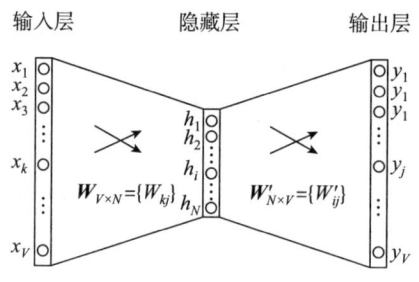

图 4-30 一个简单的连续词袋模型

① 输入层:输入是一个独热编码的矢量,这意味着对于给定的输入上下文词,V 个单位 $\{x_1, x_2, \cdots, x_V\}$ 中只有一个为 1,所有其他单位为 0.假设输入 w_I 的

独热编码 $x_k=1$.

② 隐藏层：W 是输入权重矩阵，隐藏层向量为
$$h = W^T x = W^T_{(k,\cdot)} x = v^T_{w_I},\tag{4-2}$$

其中 v_{w_I} 是 W 的第 k 行，是输入 w_I 的词汇表示.

③ 输出层：W^T 是输出权重矩阵，词的得分为
$$u_j = v'^T_{w_j} h,\tag{4-3}$$

其中 v'_{w_j} 是 W^T 的第 j 列，是输入 w_I 的另外一种词汇表示.

经过 Softmax 激活函数得到
$$y_j = \frac{\exp u_j}{\sum_{j'=1}^{V} \exp u_{j'}} = \frac{\exp(v'^T_{w_j} v_{w_I})}{\sum_{j'=1}^{V} \exp(v'^T_{w_{j'}} v_{w_I})}.\tag{4-4}$$

将最大 y_j 的索引 j 预测为目标词汇. v_w 和 v'_w 分别称为词 w 的输入表示和输出表示，是词的两种表示方法.

假设实际输出 w_O 在输出层的索引为 j^*，训练的目标函数为
$$\max y_{j^*} = \max \ln y_{j^*} = u_{j^*} - \ln \sum_{j=1}^{V} \exp u_j = -E,\tag{4-5}$$

其中 E 为损失函数，可以使用反向传播的随机梯度下降法进行训练，获得参数的最优解.

（2）多词上下文的连续词袋模型

如果是多词上下文模型，也就是给定多个上下文词汇的情况下预测一个目标词汇. 图 4-31 显示了多词上下文的连续词袋模型，其中 W 是共享输入权重矩阵，W' 是共享输出权重矩阵.

① 输入层：上下文词汇进行独热编码，词汇表维度为 V，上下文词汇数量为 C，输入维度为 $C \times V$.

② 隐藏层：W 是共享输入权重矩阵，隐藏层向量为
$$h = \frac{1}{C} W^T (x_1 + x_2 + \cdots + x_C) = \frac{1}{C} (v_{w_1} + v_{w_2} + \cdots + v_{w_C})^T,\tag{4-6}$$

其中 v_w 是词 w 的输入向量表征.

③ 输出层：W 是共享输入权重矩阵，词的得分为
$$u_j = v'^T_{w_j} h,\tag{4-7}$$

其中 v'_{w_j} 是 W' 的第 j 列.

经过 Softmax 激活函数得到
$$y_j = \frac{\exp u_j}{\sum_{j'=1}^{V} \exp u_{j'}} = \frac{\exp(v'^T_{w_j} h)}{\sum_{j'=1}^{V} \exp(v'^T_{w_{j'}} h)}.\tag{4-8}$$

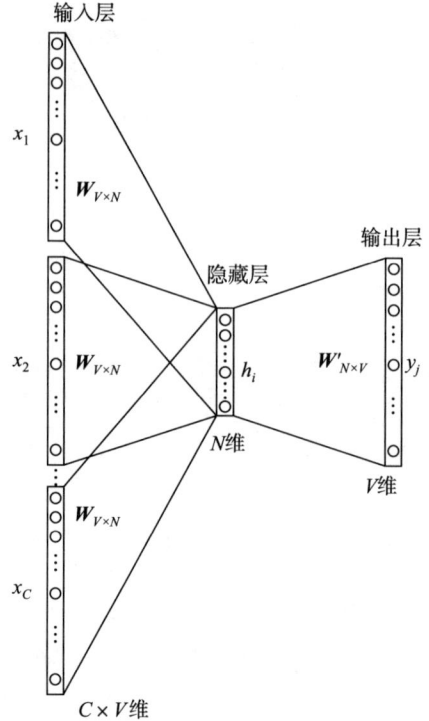

图 4-31 多词上下文的连续词袋模型

假设实际输出 w_O 在输出层的索引为 j^*,则

$$E = -u_{j^*} + \ln\sum_{j'=1}^{V}\exp u_{j'} = -v'^{\mathrm{T}}_{w_O}h + \ln\sum_{j'=1}^{V}\exp(v'^{\mathrm{T}}_{w_{j'}}h). \quad (4\text{-}9)$$

与单词上下文模型相同,多词上下文模型基于损失函数进行梯度下降训练。

下面举一个例子说明连续词袋模型的计算过程:

示例语料:{I drink tea everyday}.

上下文词:I(我),drink(喝),everyday(每天).

待预测词:tea(茶).

输入权重矩阵:

$$W = \begin{pmatrix} 1 & 1 & -1 \\ 2 & 2 & 1 \\ 3 & 1 & 1 \\ 0 & 2 & 1 \end{pmatrix},$$

输出权重矩阵:

$$\boldsymbol{W}' = \begin{pmatrix} 1 & -1 & 1 & 0 \\ 2 & 2 & 2 & 2 \\ -1 & -1 & 2 & 0 \end{pmatrix}.$$

预测结果对应的词汇为 tea.完整的连续词袋模型的计算过程如图 4-32 所示.

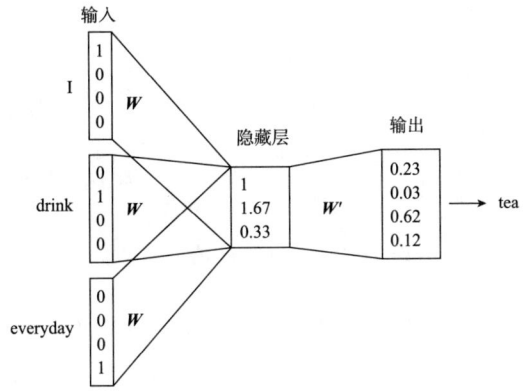

图 4-32 连续词袋模型示例

词嵌入的类为 Word2Vec,可以从 gensim.models 中加载,代码如下:

```
import genism
from gensim.models import Word2Vec
model = Word2Vec(sentences, sg=1, size=100, min_count=5)
```

Word2Vec 中各参数说明:

$sentences$:输入的语料.
$sg = 0$:使用连续词袋模型.
$sg = 1$:使用跳字模型.
$size$:虚拟空间维度.
$min\_count = 5$:保留词频大于等于 5 的词根.

值得注意的是,词向量模型关注的不是模型本身,而是训练之后的词的向量表征.这种表征本质上是降维操作,将词汇从高维空间降到低维空间,方便执行下游自然语言处理任务.图 4-33 是将 1700 万单词用跳字模型训练得到的词向量压缩到二维空间的可视化效果.

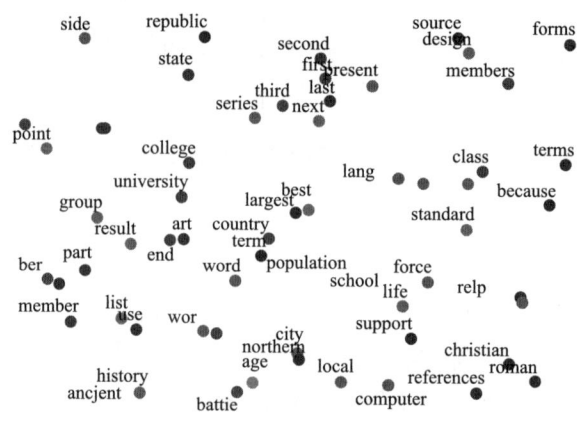

图 4-33 Word2Vec 的可视化

从图 4-33 中可以看到,在词向量空间中,语义相关的词通常映射到相近的位置.例如,second(第二)、first(第一)、present(当前的)、last(最后)、next(下一个)、third(第三).这些词在词向量空间中彼此接近,这说明模型在训练中学到了它们之间的语义联系(它们都表达某种顺序或时间先后的关系).所以,Word2Vec 的词向量表示是比较有效的,不仅能有效降维,而且 Word2Vec 的词向量可以有效度量词汇之间的相似性.

4.7 循环神经网络

循环神经网络是一种具有循环连接和记忆机制的神经网络模型,能够处理序列数据并捕捉序列中的时序信息,特别适用于处理具有时间序列性质的数据.

4.7.1 循环神经网络的生物学基础及发展史

1933 年,西班牙神经生物学家拉斐尔·洛伦特·德诺(Rafael Lorente de Nó)基于他对大脑皮层解剖结构的研究提出了反响回路假设.德诺的研究涉及理解大脑中神经元如何相互连接并形成复杂的神经回路[25].他对大脑皮层和其他神经组织的解剖学研究揭示了神经元并不仅仅是线性传递信号的,而是能够形成环状结构,即"反响回路".当外界刺激作用于神经环路的某一部分时,回路便产生神经冲动.外部刺激停止后,神经回路中的神经冲动可以继续在回路内循环,维持一段时间.这种短暂的持续性被认为是短期记忆的基础,因为它解释了刺激结束后信息仍能短时间保留的现象.

1949 年,加拿大心理学家唐纳德·O.赫布(Donald O. Hebb)提出了赫布学习规则[26].赫布理论指出,神经元共同激发则彼此连接.这个原则解释了学习过程中的神经机制,认为当一个神经元反复激活另一个神经元时,这两个神经元之间的连接就会加强.这种机制被认为是神经网络学习的基础.赫布的研究还激发了对突触可塑性和长时程增强效应的探索,发现神经元之间的连接在长期活动后会变得更强.这种机制对于长期记忆的形成至关重要,这些概念是现代神经科学中关于学习和记忆的核心议题.

这些神经科学和心理认知理论为循环神经网络的开发提供了生物学上的理论基础.循环神经网络最早是由约翰·J.霍普菲尔德(John J.Hopfield)在1982年提出的[27].霍普菲尔德提出的网络是一种联想记忆网络,被称为霍普菲尔德网络,属于一种简单形式的循环神经网络,通常用于模式识别和记忆存储,并且能够利用能量函数描述神经网络的状态空间.霍普菲尔德网络的主要特点是网络中的每个神经元与其他神经元相连,信息能够从任何节点读入或输出,如图4-34所示.霍普菲尔德和辛顿获得2024年诺贝尔物理学奖,以表彰他们在使用人工神经网络进行机器学习的基础性发现和发明,见图4-35.

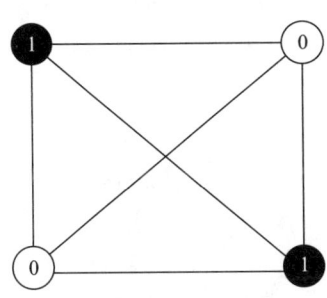

图4-34 霍普菲尔德网络

图4-35 2024年诺贝尔物理学奖获奖者
(从左至右:霍普菲尔德、辛顿)

1986年,戴维·E.鲁梅尔哈特与同事提出了反向传播算法,这是训练循环神经网络的基础技术,特别是使用通过时间的反向传播(Back Propagation Through Time,BPTT)用于处理序列数据[25].同年,迈克尔·I.乔丹(Michael I. Jordan)提出了乔丹网络,这是一种早期的循环神经网络[28].1990年,美国认知科学家杰弗里·L.埃尔曼(Jeffrey L. Elman)对乔丹网络进行了简化,提出了埃尔曼网络,并采用反向传播算法进行训练.埃尔曼网络是一种标准的循环神经网络[29].1997年,赛普·霍赫赖特(Sepp Hochreiter)和于尔根·施密德胡伯(Jürgen Schmidhuber)提出了长短期记忆网络,长短期记忆网络使用门控单元及记忆机制,大大缓解了早期循环神经网络训练的问题[30].2014年,赵京训(Kyunghyun Cho)等人提出了门控循环单元[22],门控循环单元简化了长短期记忆网络的结构,提供了一种具有类似性能但计算上更为高效的循环神经网络变体.同年,伊利亚·苏茨克韦尔等人基于编码、解码结构提出了Seq2Seq(序列到序列)等模型,Seq2Seq本质上还是循环神经网络模型[30].

4.7.2 循环神经网络结构

考虑下面两个典型的应用场景:

场景一是输入一个音频X,输出一个文本片段Y;

场景二是输入一个文本,输出翻译.

如果在这两个典型的应用场景中,使用标准的神经网络,那么会出现以下两个问题:

(1)输入大小不固定,输出的长度也不同,因此无法使用标准的神经网络进行训练;

(2)无法共享从文本或语音序列的不同位置学到的特征.

因此,需要使用循环神经网络处理,见图4-36.循环神经网络与典型的前馈神经网络相比,最大的区别在于网络中存在环形结构.隐藏层内部的神经元是互相连接的,神经元不仅可以接收其他神经元的信息,还可以接收自身的信息.由于神经元自带反馈,因此可以处理任意长度的时序数据.

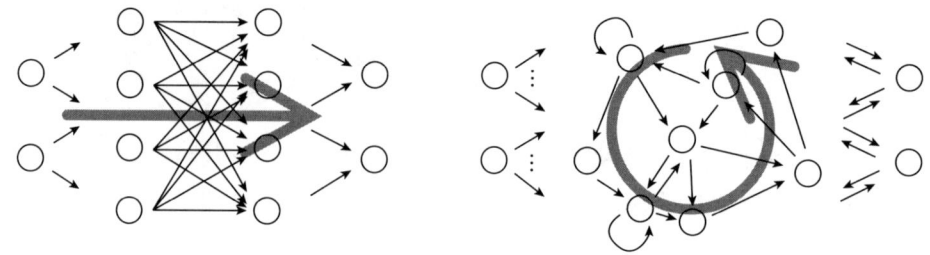

图4-36 普通神经网络和循环神经网络在结构上的区别

图4-37显示了展开后的循环神经网络结构,图4-38展示了一个循环神经网络单元的结构.一个循环神经网络单元的结构如下:

(1)输入层:输入为x_t(词嵌入).

(2)隐藏层:隐藏状态为

$$s_t = \tanh(\boldsymbol{U}x_t + \boldsymbol{W}s_{t-1} + b_1), \tag{4-10}$$

其中,s_0是初始的隐藏状态,$\boldsymbol{U}$为当前输入的共享权重矩阵,$\boldsymbol{W}$是上一隐藏状态输入的共享权重矩阵,b_1为输入偏置,s_t依赖于$t-1$时间步的隐藏状态,可以认为是一种记忆.

(3) 输出层:输出结果为

$$O_t = \text{Softmax}(Vs_t + b_2),\quad (4\text{-}11)$$

其中,V 为输出的共享权重矩阵,b_2 为输出偏置.

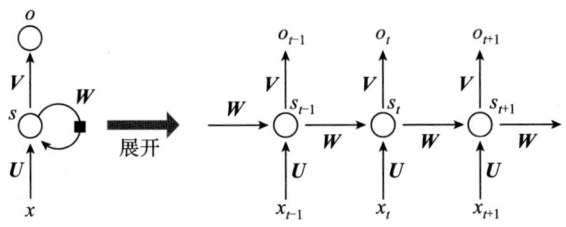

图 4-37 循环神经网络结构(右边为展开图)

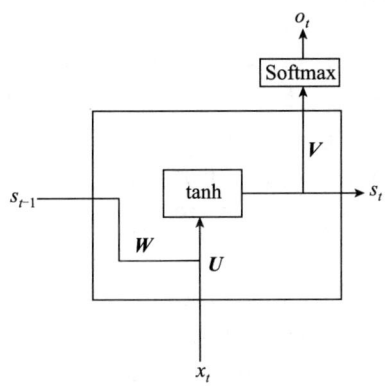

图 4-38 循环神经网络单元

循环神经网络单元组合到一起就是循环神经网络,如图 4-39 所示.循环神经网络可以使用交叉熵作为损失函数,并通过反向传播的随机梯度下降进行训练.

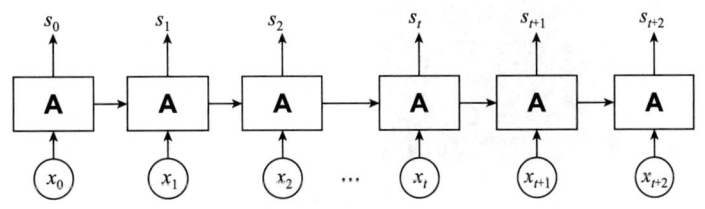

图 4-39 循环神经网络结构

4.7.3 Keras 中循环神经网络的代码实现

```
import tensorflow as tf
```

```
from tensorflow.keras.models import Sequential
from tensorflow.keras.layers import SimpleRNN, Dense
model = Sequential()
model.add(SimpleRNN((50, return_sequences=True, input_shape
    =(10, 5)))
model.add(Dense(2, activation='softmax'))
model.summary()
```

其中,SimpleRNN 类中隐藏单元的数量为 50,return_sequences=True 表示返回整个序列的输出,input_shape=(10,5)表示输入 10 个时间步,每步的特征数为 5.

4.7.4 循环神经网络应用场景

循环神经网络模型可以适应任何长度的输入,能够记忆很多时间步之前的信息,且网络规模不会随着输入文本序列的长度增加而增大.然而,循环神经网络也有一些缺点:计算速度较慢,且当循环神经网络加深时,由于梯度消失使得前层的权重得不到更新,从而会在一定程度上丢失记忆性.

循环神经网络具有多种应用模式,适用于不同的应用场景.

(1) 一对多结构.

输入是一个,输出是多个.这种结构用于一个输入生成多个输出的任务,例如图片描述生成,见图 4-40.图片描述任务为输入一张图片,输出图片的描述信息.一对多结构也可用于音乐生成:输入音乐的类型或音符,生成一段音乐.

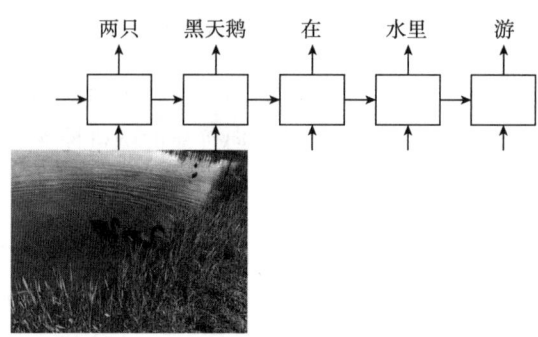

图 4-40　图片描述

(2) 多对一结构.

输入是多个,输出是一个.这种结构适用于情感分类等任务,如图 4-41 所示.

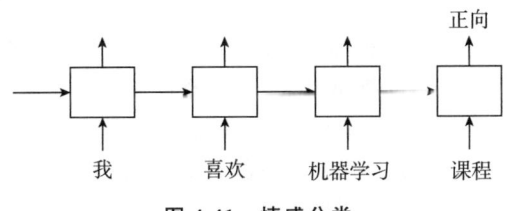

图 4-41 情感分类

(3) 多对多结构.

输入和输出都是多个.这种结构适用于机器翻译任务,如图 4-42 所示.还有一种等长的多对多结构,应用并不广泛,例如对视频进行分类.

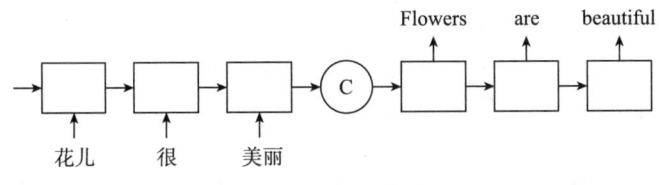

图 4-42 机器翻译

循环神经网络在文本生成、文本摘要、机器翻译、机器问答、语音识别等领域获得了广泛的应用.图 4-43 是清华大学利用 80 万首古诗训练的机器人"九歌"所作的诗.

早春

早春江上雨初晴,

杨柳丝丝夹岸莺.

画舫烟波双桨急,

小桥风浪一帆轻.

图 4-43 机器人(九歌)作诗

4.7.5 长短期记忆网络

为了克服循环神经网络梯度消失的问题,研究者提出了很多基于循环神经网络改进的序列模型,如长短期记忆网络、门控循环单元.长短期记忆网络的单元结构见图 4-44.长短期记忆网络通过三个门来控制信息流动和状态更新,分别是遗忘门、输入门和输出门.每个门的功能如下:

(1) 遗忘门:决定了前一时间步的细胞状态 c_{t-1} 中有哪些信息需要保留,哪些信息需要遗忘.通过遗忘门,长短期记忆网络可以"遗忘"不重要的旧信息.计算公式为

$$f_t = \sigma(W_f h_{t-1} + U_f x_t + b_f), \qquad (4-12)$$

其中,f_t 是遗忘门的输出,σ 是激活函数(通常是 Sigmoid 函数),W_f,U_f 和 b_f 是

权重和偏置。

（2）输入门：决定了当前时间步的输入 x_t 需要多少信息存入新的细胞状态 c_t。输入门控制了新信息如何写入细胞状态。计算公式为

$$i_t = \sigma(W_i h_{t-1} + U_i x_t + b_i), \quad (4-13)$$

其中 i_t 是输入门的输出。新候选细胞状态的计算公式为

$$g_t = \tanh(W_g h_{t-1} + U_g x_t + b_g)。 \quad (4-14)$$

然后，输入门 i_t 和新候选细胞状态 g_t 的结合决定了哪些信息将被加入新细胞状态中：

$$c_t = f_t \circ c_{t-1} + i_t \circ g_t, \quad (4-15)$$

其中 $\circ$ 表示哈达玛（Hadamard）乘积。

（3）输出门：决定了细胞状态 c_t 中哪些部分将被输出为当前时间步的隐藏状态 h_t。计算公式为

$$o_t = \sigma(W_o h_{t-1} + U_o x_t + b_o)。 \quad (4-16)$$

然后，结合细胞状态 c_t 得到隐藏状态 h_t：

$$h_t = o_t \circ \tanh c_t。$$

这些门协同工作，使长短期记忆网络能够在处理序列数据时保留重要的长期信息，同时丢弃不重要的细节，从而解决了普通循环神经网络中长期依赖问题的不足。

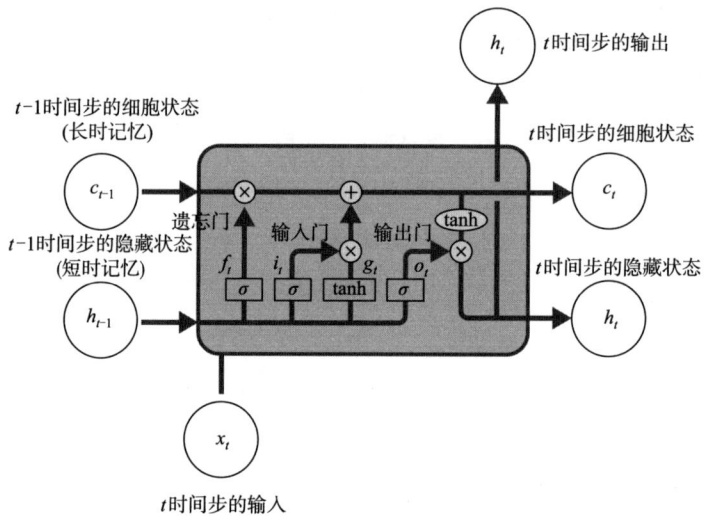

图 4-44　长短期记忆网络模型

4.7.6　Keras 中长短期记忆网络的代码实现

Keras 中长短期记忆网络的代码实现如下：

```
import tensorflow as tf
from tensorflow.keras.models import Sequential
from tensorflow.keras.layers import LSTM, Dense
model = Sequential()
model.add(LSTM(50, activation='tanh', recurrent_activation='sig-
            moid', return_sequences=True, input_shape=(50, 2)))
model.add(Dense(1, activation='sigmoid'))
model.summary()
```

其中,长短期记忆网络类中隐藏单元的数量为 50,activation='tanh'表示输出激活函数为 tanh,recurrent_activation='sigmoid'表示循环激活函数为 Sigmoid,return_sequences=True 表示返回整个序列的输出,input_shape=(50, 2)表示输入 50 个时间步,每步的特征数为 2.

4.7.7 长短期记忆网络应用场景

长短期记忆网络因其强大的序列处理能力,在文本生成、机器翻译、情感分析等自然语言处理领域,金融预测、气象预报、需求预测等时间序列预测领域,语音识别、生成领域和视频分析、医疗诊断领域有广泛应用.

近年来,长短期记忆网络取得了一些令人瞩目的进展.长短期记忆网络与注意力机制结合,能够更好地关注序列中重要的部分.双向长短期记忆网络(Bidirectional LSTM,BiLSTM)[31]通过同时考虑输入序列的前向和后向信息,增强了模型对序列上下文的理解能力,在自然语言处理和语音识别中表现突出.另外一个显著的进展是扩展型长短期记忆网络(Extended LSTM,xLSTM)[32]架构的开发,该架构引入了新的结构化长短期记忆网络(Structured LSTM,sLSTM)和乘积型长短期记忆网络(Multiplicative LSTM,mLSTM)模块,这些改进旨在增强模型的记忆能力,并改善其处理长序列的能力,使长短期记忆网络在语言建模和时间序列预测等任务中成为 Transformer 的有力竞争者.将长短期记忆网络与卷积神经网络结合起来构成的混合模型常用于处理时空序列数据.这个组合被广泛应用于视频处理、图像描述生成、语音识别和时间序列分析等领域.一些混合模型将长短期记忆网络与 Transformer 结合起来用于语言建模任务和时间序列预测.

这些进展表明,长短期记忆网络仍然是深度学习领域中的一个活跃研究方向,其应用范围不断扩展,模型架构也在持续优化中.

习 题

1. 尝试改变 LeNet-5 网络的超参数,观察预测精度的变化.

2. 在使用批量归一化的卷积神经网络中,尝试取消批量归一化,观察批量归一化的影响.

3. 实践题:猫狗分类.

在图像分类领域,猫狗分类是一个经典的深度学习任务.Kaggle 数学竞赛平台上的猫狗(Dogs vs Cats)数据集包含两类图像:猫和狗,其中训练集 25000 张图片,测试集 12500 张图片.从 Kaggle 竞赛平台网站下载猫狗数据集,选择一个合适的卷积神经网络模型,并对其进行修改以适合猫狗分类任务.在训练时对数据进行必要的数据增强,使用准确率、精确率、召回率和 F_1 分数等指标来评价模型的表现.

4. 实践题:个人照片智能分类.

个人照片智能分类的使用场景广泛且多样,能够大大提升用户的生活便利性.通过智能分类技术,用户可以轻松地整理和管理大量照片,无论是快速查找特定人物或场景的照片,还是自动生成个性化的回忆相册,均能够显著节省时间和精力.此外,智能分类还可以帮助用户在社交媒体上进行更有效的内容分享,同时增强隐私保护.这一技术在日常生活、工作和社交中都有着重要的应用价值.

收集不同环境和时间的个人照片,将照片按照不同的类别(如情感类别、场景类别、人物身份类别、时间或季节类别等)进行标注.使用数据增强技术(旋转、反转、缩放等)扩展数据集以提高模型泛化能力.尝试迁移 VGG-16 或残差网络等卷积神经网络,创建一个深度学习模型,对个人照片进行分类并评估模型性能.

5. 实践题:诗歌生成器.

唐诗是中国古代诗歌艺术的巅峰之一,以其高度的艺术成就、丰富的题材和多样的风格而著称.唐诗的内容丰富多样,包括描写自然景色、反映社会现实、抒发个人情感等.它不仅是中国古典文学的瑰宝,也是中华文化的重要象征.收集和整理唐诗数据集.你可以使用开放数据集,比如《全唐诗》数据集,或者其他包含大量唐诗的文本数据.你可以选择仅使用五言绝句或七言律诗来训练模型.将诗句按字或词切分,并进行编码(如使用独热编码或字符嵌入).使用准备好的唐诗数据集训练循环神经网络模型,在训练结束后,使用训练好的循环神经网络模型生成诗歌.你可以通过给定一个起始字符或词来引导模型生成后续的诗句.

6. 实践题:空气质量预测.

空气质量预测能够提前识别空气污染事件,尤其是有害物质(如 PM2.5、O_3、

NO_2 等)超标的情况,从而提醒公众采取防护措施,减少健康风险,同时也可以帮助政府和环保部门制定应急响应措施.因此,空气质量预测具有重要的意义.

收集政府和环境监测网站的某地区的空气质量数据(PM2.5、PM10、CO、NO_2 等污染物浓度).使用天气监测网站给出的该地区的历史天气数据集,包括气温、湿度、风速、降水量等.按时间将空气质量数据和天气数据合并,形成一个包含空气质量和天气因素的综合数据集.通过数据可视化观察空气质量与天气因素(如气温、湿度等)的变化趋势.观察数据的季节性和周期性变化.使用长短期记忆网格模型结合天气数据和空气质量数据,预测未来的空气质量水平.分析天气因素对空气质量的影响,探讨模型应用场景和如何改进模型.

参 考 文 献

[1] 王汉生,周静.深度学习:从入门到精通[M].北京:人民邮电出版社,2021.

[2] FUKUSHIMA K.Neocognitron:A self-organizing neural network model for a mechanism of pattern recognition unaffected by shift in position[J].Biological Cybernetics,1980,36(4):193-202.

[3] LECUN Y,BOTTOU L,BENGIO Y,et al.Gradient-based learning applied to document recognition[J].Proceedings of the IEEE,1998,86(11):2278-2324.

[4] HUBEL D H,WIESEL T N.Receptive fields,binocular interaction and functional architecture in the cat's visual cortex[J].The Journal of Physiology,1962,160(1):106-154.

[5] GAZZANIGA M S,IVRY R B,MANGUN G R.认知神经科学[M].周晓林,等译.北京:中国轻工业出版社,2023.

[6] LECUN Y.科学之路[M].李皓,马跃,译.北京:中信出版集团,2021.

[7] KRIZHEVSKY A,SUTSKEVER I,HINTON G E.ImageNet classification with deep convolutional neural networks[C]//Advances in Neural Information Processing Systems.2012:1097-1105.

[8] IOFFE S,SZEGEDY C.Batch normalization:Accelerating deep network training by reducing internal covariate shift[C]//Proceedings of the 32nd International Conference on Machine Learning.2015:448-456.

[9] HE K,ZHANG X,REN S,et al.Deep residual learning for image recognition[C]//Proceedings of the IEEE Conference on Computer Vision and Pattern Recognition.2016:770-778.

[10] SIMONYAN K,ZISSERMAN A.Very deep convolutional networks for large-scale image recognition[C]//International Conference on Learning Representations.2015.

[11] SZEGEDY C,LIU W,JIA Y,et al.Going deeper with convolutions[C]//Proceedings of the IEEE conference on computer vision and pattern recognition.2015:1-9.

[12] SILVER D,HUANG A,MADDISON C J,et al.Mastering the game of Go with deep neural networks and tree search[J].Nature,2016,529(7587):484-489.

[13] JUMPER J,EVANS R,PRITZEL A,et al.Highly accurate protein structure prediction with AlphaFold[J].Nature,2021,596(7873):583-589.

[14] 李航.统计学习方法[M].2版.北京:清华大学出版社,2019.

[15] RUMELHART D E,HINTON G E,WILLIAMS R J.Learning representations by back-propagating errors[J].Nature,1986,323(6088):533-536.

[16] HOCHREITER S,SCHMIDHUBER J.Long short-term memory[J].Neural Computation,1997,9(8):1735-1780.

[17] DEVLIN J,CHANG M W,LEE K,et al.BERT:Pre-training of deep bidirectional transformers for language understanding[C]//Proceedings of the 2019 Conference of the North American Chapter of the Association for Computational Linguistics:Human Language Technologies.2019:4171-4186.

[18] RADFORD A,NARASIMHAN K,SALIMANS T,et al.Improving language understanding by generative pre-training[R].San Francisco:OpenAI,2018.

[19] RADFORD A,WU J,CHILD R,et al.Language models are unsupervised multitask learners[EB/OL].(2019)[2025-06-12].https://cdn.openai.com/better-language-models/language_models_are_unsupervised_multitask_learners.pdf.

[20] BROWN T,MANN B,RYDER N,et al.Language models are few-shot learners[C]//Proceedings of the 34th Conference on Neural Information Processing Systems.2020:1877-1901.

[21] JELINEK F.Statistical methods for speech recognition[M].Cambridge:MIT Press,1997.

[22] CHO K,VAN MERRIËNBOER B,GULCEHRE C,et al.Learning phrase representations using RNN encoder-decoder for statistical machine translation[C]//Proceedings of the 2014 Conference on Empirical Methods in Nat-

ural Language Processing.2014:1724-1734.

[23] VASWANI A,SHAZEER N,PARMAR N,et al.Attention is all you need[C]//Advances in Neural Information Processing Systems.2017:5998-6008.

[24] MIKOLOV T,CHEN K,CORRADO G,et al.Efficient estimation of word representations in vector space[J].arXiv preprint arXiv:1301.3781,2013.

[25] FAIRÉN A.Cajal and Lorente de Nó on cortical interneurons:Coincidences and progress[J].Brain Research Reviews,2007:430-444.

[26] HEBB D O.The organization of behavior:A neuropsychological theory[M].New York:Wiley,1949.

[27] HOPFIELD J J.Neural networks and physical systems with emergent collective computational abilities[C]//Proceedings of the National Academy of Sciences.1982,79(8):2554-2558.

[28] JORDAN M I.Attractor dynamics and parallelism in a connectionist sequential machine[C]//Proceedings of the Eighth Annual Conference of the Cognitive Science Society.1986.

[29] ELMAN J.Finding structure in time[J].Cognitive Science,1990,14(2):179-211.

[30] SUTSKEVER I,VINYALS O,LE Q V.Sequence to sequence learning with neural networks[C]//Advances in Neural Information Processing Systems.2014:3104-3112.

[31] GRAVES A,SCHMIDHUBER J.Framewise phoneme classification with bidirectional LSTM and other neural network architectures[C]//Neural Networks.2005,18(5-6):602-610.

[32] BECK M,PÖPPEL K,SPANRING M,et al.xLSTM:Extended long short-term memory[J].arXiv preprint arXiv:2405.04517,2024.

第 5 章

大语言模型

在自然语言处理领域 Transformer 是近几年来引领自然语言处理发展的核心模型.建立在 Transformer 结构基础上的预训练大语言模型(Large Language Model,LLM),先利用大规模语料进行预训练(pre-training),再利用下游任务的少量数据进行微调(fine-tuning),开启了"预训练加微调"的新范式.预训练大语言模型提高了大模型的通用性,帮助我们节省大量的时间和计算资源,降低了模型的研发成本.本章介绍对自然语言处理领域产生深远影响的 Transformer 模型和 BERT,GPT,GPT-2,GPT-3,ChatGPT 模型.

5.1 Transformer 模型

2017 年,谷歌团队的阿希什·瓦斯瓦尼(Ashish Vaswari)等人在论文《注意力机制即所需全部》(*Attention is All You Need*)中提出了一种使用自注意力机制的自然语言处理经典模型——Transformer[1].Transformer 引领了自然语言处理的新范式.

5.1.1 Transformer 架构

在此之前的自然语言处理模型都是以循环神经网络及其改进版本长短期记忆网络等为基础.循环神经网络以串行的方式处理数据,无法并行处理,且在处理长序列时存在捕捉长距离依赖关系的困难.Transformer 摒弃了循环神经网络[2]、长短期记忆网络[3]、门控循环单元[4]的单元结构,采用了多头自注意力机制(multi-head self-attention)的编码器-解码器结构.Transformer 架构如图 5-1 所示.多头自注意力机制使得 Transformer 可以注意到输入语句中不同位置的相关关系,学习到丰富的上下文信息.例如,我们想要翻译句子:"The dog did not cross the street because it was too tired(那只狗没有过马路,因为它太累了)."当模型处理"it"这个词的时候,自注意力机制允许"it"与"dog"建立联系.当模型处理序列的每个单词,自注意力会关注序列中的每一个单词,从而帮助模型对本单词更好地编码.

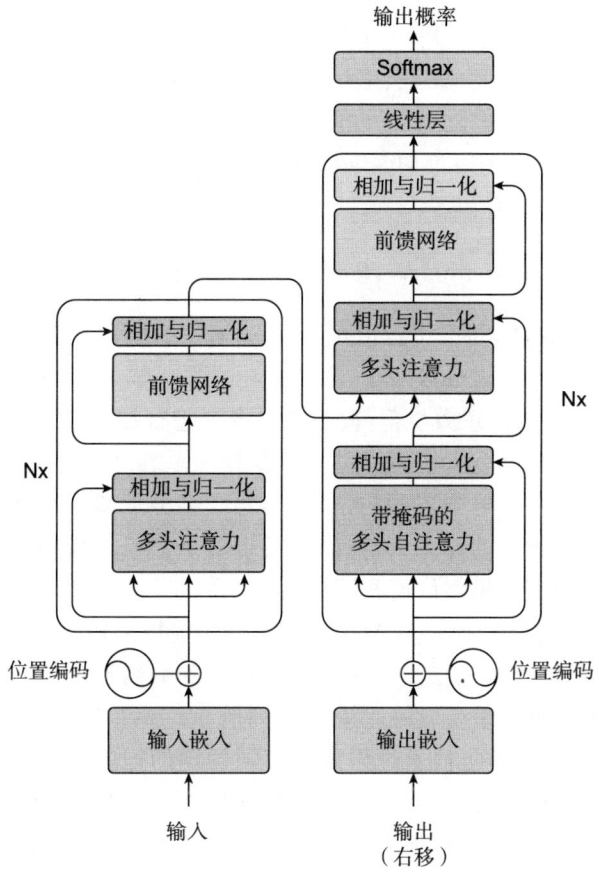

图 5-1 Transformer 架构

Transformer 编码器由 6 个相同的层组成,每层包括两个子层:多头自注意力层和全连接前馈型神经网络,并且在每个子层都使用残差连接和层标准化.每个子层输出的维数为 512 维.

解码器同样由 6 个相同的层组成,每层包括三个子层:带掩码(mask)的多头自注意力层、多头注意力层和全连接前馈型神经网络,同样在每个子层都使用残差连接和层归一化.解码器中使用的带掩码的多头自注意力层,可以把当前位置后面的词掩盖掉,保证解码器对序列中位置 i 的元素进行预测时,不受到位置 i 以后的输出元素的影响.

5.1.2 注意力机制

注意力机制可以描述为查询 q 和一系列键值对 (k,v) 的映射.它的思想类似于网络搜索:q 相当于在搜索框里查询的内容,v 相当于网络上各种各样的内容,k 代表 v 所对应的关键词,k 和 v 是一一对应的关系.例如,q 是"发烧了怎么办",v 是"某退烧药",其对应的 k 是"发烧、退烧……".将 q 和 k 进行对比,发现相似度高,所以搜索结果中会把"某退烧药"放在前面.

定义矩阵 Q 为一系列查询向量 q 组成的查询矩阵,K 为键矩阵,V 为值矩阵.缩放点积注意力机制计算如下:

$$\text{Attention}(K,Q,V) = \text{Softmax}\left(\frac{QK^{\text{T}}}{\sqrt{d_k}}\right)V. \tag{5-1}$$

根据(5-1)式,对于 (K,V) 每一个键值对 (k,v),通过点积计算查询向量 q 与向量 k 之间的相似性,得到注意力分数.将注意力分数利用 Q 和 K 的维度 d_k 进行缩放和归一化,得到 (k,v) 的注意力权重,按照权重将 v 进行加权求和得到输出.

为了更有效地提取信息,模型中引入了多头自注意力机制.模型的多头注意力首先通过将 (K,Q,V) 映射到不同的子空间,将模型分成多个头,多个注意力模块并行工作,获得不同类型的注意力信息,最后将多个注意力模块的输出进行堆叠,再经过线性变换,得到与模型维度相同的输出.

在编码器的注意力层,K,Q,V 来自编码器中前层的输出,实现了编码器的每个位置对前层所有位置输入信息的关注.例如,对于编码器中第一个注意力层,图 5-2 和图 5-3 展示了单头注意力的计算过程.如图 5-2 所示,假设编码器输入序列为"你好吗",每个词的表示向量通过词嵌入和词位置的嵌入相加得到,因此输入序列可以由 1 个矩阵 X 来表示,Q,K,V 由 X 乘以 3 个不同的矩阵计算得到.得到 Q,K,V 之后,就可以进一步得到注意力权重.注意力权重与 V 相乘,通过图 5-3 所示的过程得到了序列的编码输出.

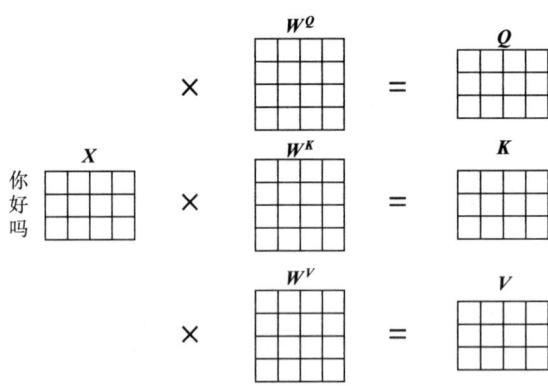

图 5-2　编码器注意力层中 Q,K,V 的计算

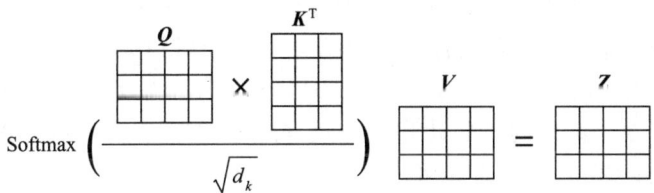

图 5-3 编码器中自注意力的计算

在"编码器-解码器"注意力层,Q 来自之前的解码层,K 和 V 来自编码器的输出层,因此实现了输出与输入之间的注意力机制.计算过程见图 5-4.假设解码器输入序列为"<s> how are you",其中<s>为开始符,Q 是序列经解码器的多头自注意力层的解码输出,再经过线性变换得到的结果;K 和 V 是序列"你好吗"的编码器输出(记忆)经过线性变换的结果.再经过如图 5-5 所示的过程,得到注意力权重和序列的解码输出.

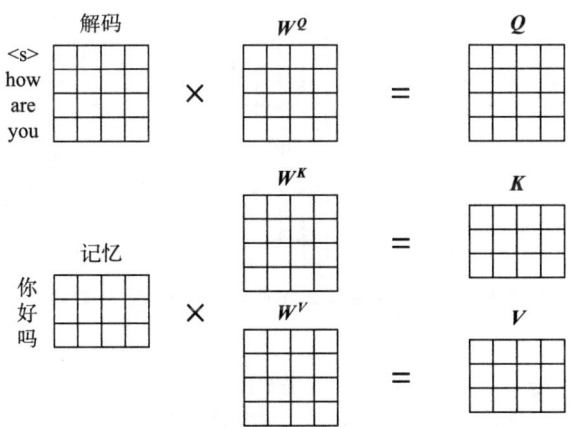

图 5-4 编码器-解码器注意力层中 Q,K,V 的计算

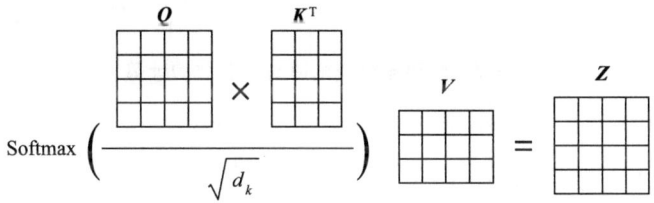

图 5-5 编码器-解码器注意力层中注意力的计算

在解码器的带掩码的注意力层,同样实现了解码器的每个位置对前层当前位置之前所有位置输入信息的关注.以解码器中第一个带掩码的注意力层为例,计算过程见图 5-6.对于解码器输入序列"<s> how are you",Q,K,V 由此输入序列的表示矩阵乘以 3 个不同的矩阵计算而得到,再经过如图 5-7 所示过程进行带掩码的自注意力的计算,计算时首先将注意力得分矩阵与掩码矩阵相加,再进行缩放和归一化得注意力权重,最后将权重矩阵与 V 相乘得到解码输出.图 5-7 显示,掩码矩阵可以屏蔽输入序列当前位置之后的所有位置的信息.假如当前时刻输入为"how",解码时"how"后面的词"are"和"you"的信息被遮蔽,因此模型对"how"进行解码时只能将注意力放在"how"前面的词"<s>"和自身上.解码时前两个位置的权重之和为 1,后两个位置的权重为 0,从而实现了解码时对当前位置之前的所有位置输入信息的关注.

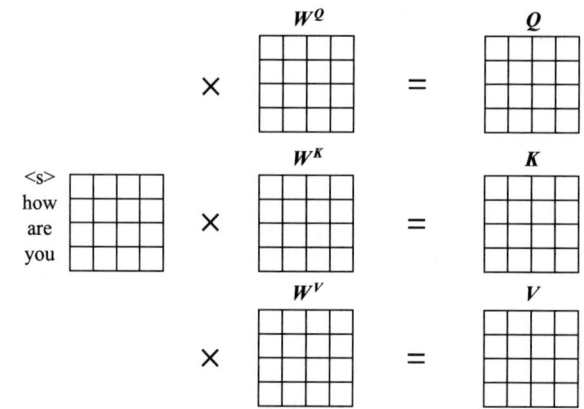

图 5-6 解码器带掩码的注意力层中 Q,K,V 的计算

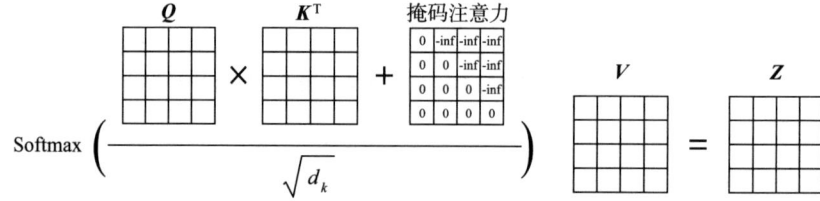

图 5-7 解码器中带掩码自注意力的计算

5.1.3 Transformer 应用场景

Transformer 可以扩展到非常深的深度,使得表层的词法信息随着模型的逐步加深组合为更加抽象的语义信息.由于不依赖循环神经网络或卷积神经网络的结构,

Transformer能够进行并行化的语言处理,因而性能优越。Transformer在机器翻译数据集2014年统计机器翻译研讨会(Workshop on Statistical Machine Translation 2014,WMT 2014)的英语-德语和英语-法语的两项翻译任务中表现出色,并且比以前的模型需要更少的训练时间。

自提出以来,Transformer模型被广泛应用于多个领域,尤其在自然语言处理任务中取得了巨大成功。Transformer最初被谷歌用于解决机器翻译问题,并在经典的Seq2Seq[5]架构上实现了大幅改进。其架构的灵活性使其成为许多人工智能应用的基础。通过各种变体,如切换式Transformer(Switch Transformer)[6]、长文档Transformer(Long-Document Transformer,Longformer)[7]、高效Transformer(The Efficient Transformer,Reformer)[8]、视觉Transformer(Vision Transformer,ViT)[9]等模型,Transformer模型在多个任务上取得了显著的成果。这些变体通过不同的优化策略,在保持Transformer原有优势的同时,针对特定任务或场景进行了改进,在自然语言处理、视觉、语音处理等领域推动了Transformer模型的广泛应用和创新。Transformer提出的自注意力机制,近年来通过稀疏注意力和线性注意力两大技术,实现了对长序列的高效处理,并与卷积神经网络等多种架构深度融合。Transformer是BERT、GPT、T5、DeepSeek等大模型的基础架构,在多个任务上取得了显著成果。

Transformer的代码见链接https://gitee.com/qdc123/tensor2tensor.[2025-6]

5.2 BERT模型

在Transformer的基础上,谷歌的雅各布·德夫林(Jacob Devlin)等人于2018年在论文《BERT:基于深度双向Transformer的语言理解预训练》(*BERT：Pre-training of Deep Bidirectional Transformers for Language Understanding*)中提出了预训练语言模型BERT。其中,基础版本BERT_base大约110M(1.1亿)参数,大模型版本BERT_large包含约340M(3.4亿)参数[10]。BERT基于大型文本语料库BooksCorpus和英文维基百科(Wikipedia)进行训练。

5.2.1 BERT架构

BERT采用了预训练加微调的架构,见图5-8。BERT在预训练阶段通过不同的预训练任务进行无监督学习,在微调阶段则利用下游任务中有标签的数据对预训练的权重进行微调。

BERT预训练模型采用了Transformer架构中的编码模块进行连接,是一种双向表征语言模型,可以结合上下文进行训练。其本质是学习单词的词向量表达,

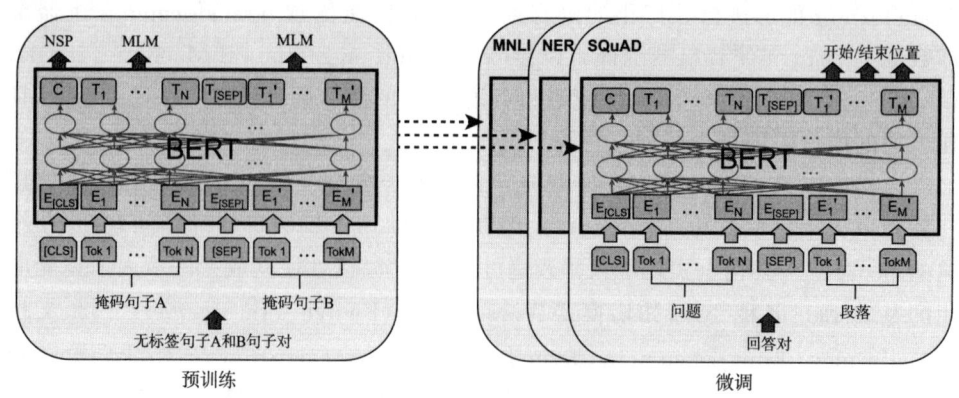

图 5-8 BERT 架构

可以看作 Word2Vec[11] 词向量模型的高级版本.与 Word2Vec 不同,Word2Vec 获得的每个词的词向量都是固定的,是一种静态的表达,而 BERT 可以学习基于上下文的词向量,对于同一个词,BERT 根据上下文输入的不同生成不同的词向量表达,能够表达一词多义,因此是一种动态表达.图 5-9 给出了一个示例:在"这部电影今年太火了"和"他用火取暖"这两个句子中,"火"的意义不同.如果使用 Word2Vec 模型,"火"对应的词向量只有一个,而如果使用 BERT,由于"火"在两句话中的上下文("电影"和"取暖")不同,因此可以得到不同的词向量.

> 这部电影今年太火了
> 他用火取暖

图 5-9 基于上下文的词向量表达

BERT_base 预训练模型堆叠了 12 层 Transformer,隐状态为 768 维,采用 12 头自注意力机制.BERT_large 包含 24 层 Transformer 模块,隐状态为 1024 维,采用 16 头自注意力机制.微调模型与预训练模型除了输出层之外,其他结构相同.BERT 的输入可以包含一个句子对(句子 A 和句子 B),也可以是单个句子.同时,BERT 增加了一些有特殊作用的标志位,如图 5-8 所示,[CLS]标记放在第一个句子的首位,其取值在模型训练过程中自动学习,[CLS]经过 BERT 编码后得到最后的隐藏状态向量 C,向量 C 可以看作分类任务时序列的综合表征,用于刻画文本的全局语义信息,C 可以用于下游的分类任务,对于非分类任务,C 将被忽略.[SEP]标记用于分开两个输入句子.BERT 模型中词的输入表征由词表征(token embeddings)、段表征(segment embeddings)、位置表征(position embeddings)三种表征求和而来.BERT 输入的最大长度限制为 512.

5.2.2 BERT 预训练

BERT 在预训练阶段引入两个核心任务：带掩码的语言模型（Masked Language Model，MLM）和下一句预测（Next Sentence Prediction，NSP）。

带掩码的语言模型任务示例见图 5-10，带掩码的语言模型需要将输入的词语随机掩码，训练模型预测被遮盖的词语。具体来说，模型需要在一句话中随机选择 15% 的词汇用于预测。对于在原句中被抹去的词汇，BERT 引入了一些随机化的策略，见图 5-11。80% 的情况下采用一个特殊符号 [MASK] 替换，10% 的情况下采用一个任意词替换，剩余的 10% 的情况下保持原词汇不变。

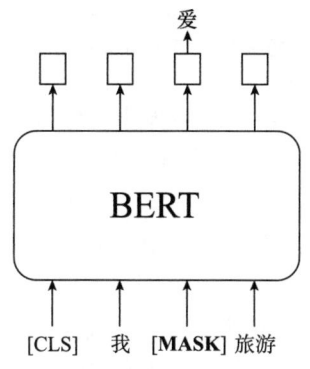

图 5-10 带掩码的语言模型任务

80%：我爱旅游→我[MASK]旅游
10%：我爱旅游→我是旅游
10%：我爱旅游→我爱旅游

图 5-11 带掩码的语言模型策略

下一句预测任务为每一个预训练实例选择句子 A 和 B，并预测句子 B 是否是句子 A 的下一句。下一句预测任务示例如图 5-12 所示，把训练样例输入 BERT 模型中，用 [CLS] 对应的 C 信息预测 B 是否为 A 的下一句。对于每一个预训练实例，BERT 的策略见图 5-13；50% 的情况下，句子 B 是句子 A 的下一句；50% 的情况下，句子 B 是从语料库中随机选择的一句话。由于语言模型不具备捕捉句子之间语义关系的能力，因此下一句预测训练可以增强模型对两个句子之间关系的理解能力，这有助于适应下游的许多重要任务，如问答（Question Answering，QA）和自然语言推理（Natural Language Inference，NLI）。

```
输入：[CLS]天气越来越热[SEP]西瓜销量大增[SEP]
输出：B是A的下一句
输入：[CLS]天气越来越热[SEP]小狗很可爱[SEP]
输出：B不是A的下一句
```

图 5-12 下一句预测任务

```
50%： [CLS]天气越来越热[SEP]西瓜销量大增[SEP]
50%： [CLS]天气越来越热[SEP]小狗很可爱[SEP]
```

图 5-13 下一句预测策略

带掩码的语言模型将掩码的词汇替换为[MASK]符号,相当于训练模型完成完形填空任务,可以防止模型直接看到要预测的词,避免信息泄露.带掩码的语言模型将掩码的词汇替换为任意一个词,相当于训练模型进行文本纠错,为 BERT 模型赋予了一定的文本纠错能力.带掩码的语言模型将掩码的词汇保留不变,可以帮助模型学习正确的词汇表达.在带掩码的语言模型训练中,模型需要处理未知的信息、正确的信息、错误的信息,且模型不知道信息的位置和类别,因此需要在每一个词上学习基于上下文信息的全局语境下的表征.带掩码的语言模型训练帮助BERT 获得极强的语义理解能力,同时可以解决微调阶段输入与预训练模型输入不匹配的问题(在后续微调任务中,语句中不会出现[MASK]标记).

5.2.3 BERT 微调

预训练得到的 BERT 模型在后续用于具体自然语言处理任务时可以进行微调.BERT 模型适用于多种不同的自然语言处理任务.对于情感分析、文本分类等单个句子的分类任务,微调过程见图 5-14.微调时需要将单个句子传入 BERT,然后使用[CLS]的输出值 C 进行分类.对于自然语言推断(如多类型自然语言推理(Multi-Genre Natural Language Inference,MNLI))、句子语义等价判断(如 Quare问题对(Quora Question Pairs,QQP))等一对句子的分类任务,微调过程见图 5-15.微调时需要将两个句子传入 BERT,然后使用[CLS]的输出值 C 进行句子对分类.此外,其他可以使用 BERT 进行微调的任务包括问答任务、单个句子标注任务等.

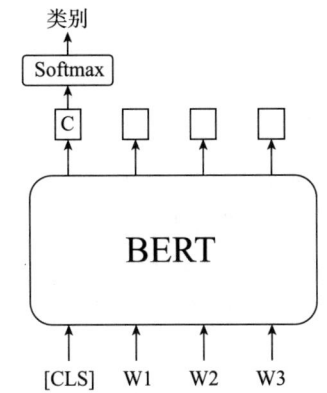

图 5-14　单个句子分类任务的 BERT 微调

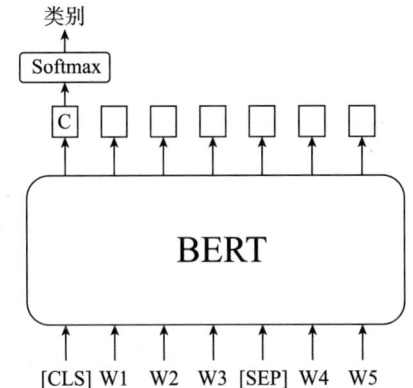

图 5-15　句子对分类任务的 BERT 微调

5.2.4　BERT 应用场景

BERT 在 11 个独立的自然语言处理任务中取得当前最优技术（State Of The Art，SOTA）模型，成为自然语言处理发展史上的里程碑式的模型.

BERT 在文本分类任务中表现优异，能够用于情感分析、垃圾邮件检测、新闻分类等任务.通过其双向编码器结构，BERT 可以有效地理解上下文，从而帮助更准确地分类文本.此外，BERT 还被应用于构建智能问答系统、生成文本摘要、自然语言推理、命名实体识别、句子相似度计算、机器翻译、情感分析等任务.通过对各种任务的高度适应性和出色性能，BERT 已成为现代自然语言处理中的核心工具，被广泛用于各种语言理解和生成任务.BERT 的代码见链接 https://github.com/google-research/bert.[2025-6]

5.3 GPT 模型

OpenAI 团队的亚历克·拉德福德(Alec Radford)等人于 2018 年在论文《通过生成预训练提升语言理解能力》(*Improving Language Understanding by Generative Pre-Training*)中提出生成式预训练 Transformer(Generative Pre-Training Transformer,GPT)模型。该模型使用了 BooksCorpus 数据集,这个数据集包含 7000 本没有发布的书籍,数据量约为 5GB,GPT 的参数量约为 117M(1.17 亿)[12]。

5.3.1 GPT 架构

GPT 采用半监督的方式进行学习(包括无监督预训练和有监督微调)。GPT 架构见图 5-16。预训练模型基本遵循了 Transformer 结构中的解码部分。GPT 采用掩码注意力(masked-attention)机制,使每个词只能看到它的上文。与原始的 Transformer 解码器相比,GPT 删除了编码器和解码器之间的注意力层,只保留了掩码注意力层和前馈神经网络层。GPT 模型包括 12 层 Transformer 解码器,768 维隐状态,12 头掩码注意力,输入序列长度为 512。

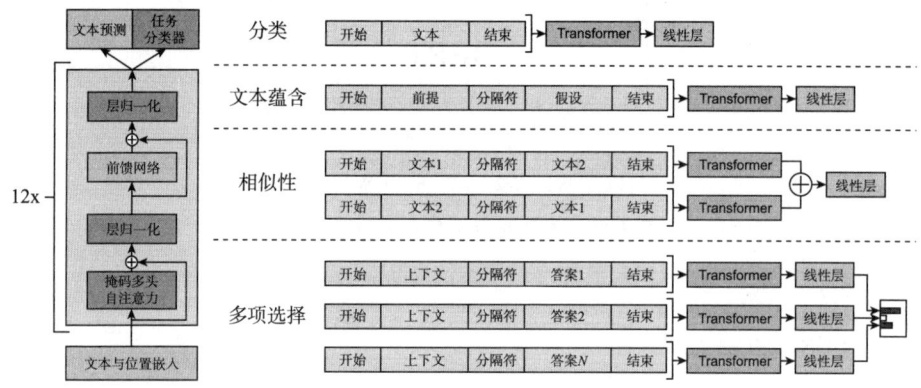

图 5-16 来自原论文的 GPT 架构

5.3.2 GPT 预训练

GPT 通过无监督学习进行预训练。GPT 使用标准语言模型的目标函数,训练任务为预测下一个词。由于 GPT 的预训练任务是单向任务,预测当前词时模型需要遮盖住下文,只能根据上文来进行预测,因此只能使用 Transformer 解码器。设 $u = \{u_1, u_2, \cdots, u_n\}$ 为无监督语料的词,输入长度为 k 的序列 $\{u_{i-k}, \cdots, u_{i-1}\}$,模型通过预测下一个词 u_i 进行学习。GPT 预训练的目标为最大化如下似然函数:

$$L_1(u) = \sum_i \ln P(u_i \mid u_{i-k}, \cdots, u_{i-1}; \Theta), \tag{5-2}$$

其中的模型为由参数 Θ 的多层 Transformer 解码器构成的 GPT 神经网络模型，P 为由 GPT 模型得到的条件概率，基于梯度下降训练可以得到参数 Θ。与 BERT 相比，GPT 的训练任务更加困难，因此未来更具发展潜力。

5.3.3　GPT 微调

GPT 预训练之后进入有监督微调阶段。微调阶段包括两个任务：判别任务和语言建模。判别任务是微调的主要目标，设 C 为有标签数据集，$\{x^1, x^2, \cdots, x^m\}$ 为 C 的一个文本序列，对应的标签为 y，微调的目标是预测 y。微调时，首先将 $\{x^1, x^2, \cdots, x^m\}$ 输入预训练模型，序列经由 Transformer 模块处理后得到表征，将表征连接到线性层，得到 $\{x^1, x^2, \cdots, x^m\}$ 在真实标签上 y 的概率。训练目标是得到真实标签的概率最大，即最大化如下目标：

$$L_2(C) = \sum_{(x,y)} \ln P(y \mid x^1, x^2, \cdots, x^m), \tag{5-3}$$

其中的模型为预训练模型连接线性层构成的神经网络，P 为由模型得到的条件概率。除此之外，微调阶段还将预测文本 C 中序列的下一个词作为辅助目标。这两个目标一起训练，即优化如下目标：

$$L_3(C) = L_1(C) + \lambda L_2(C), \tag{5-4}$$

其中 λ 为权重。在微调阶段，同时考虑两个目标可以提高模型的泛化性能并加速收敛。在微调过程中，仅仅需要训练线性层的参数和分隔符的嵌入值，GPT 预训练模型的其他参数保持不变。因此，GPT 能够以极小的代价适配各种下游任务。

GPT 微调的任务包括分类（classification）、文本蕴含（entailment）、相似性识别（similarity）和多项选择（multiple choice）。下面说明，对于不同任务微调的方法。

（1）文本分类。

文本分类指对一句话或一段文本判断其类别。表 5-1 给出了情感分类的一个示例。如图 5-16 所示，此类任务微调时，在待分类文本的开头和结尾分别加入开始（start）和结束（extract）这两个特殊的字符。将输入序列经过模型处理后生成序列表征，最后通过线性输出层（线性变换＋Softmax）进行分类。

表 5-1　文本分类示例

输入（文本）	输出（情感分类）
这本书很有启发性，受益匪浅	积极
书的内容很空洞，不想读第二遍	消极

(2) 文本蕴含.

文本蕴含定义为一对文本之间的有向推理关系,即给定一个前提(premise)和一个假设(hypothesis),去判断能否从该前提语义中推断出该假设.如果从前提语义中可以推理出假设,则称为蕴含关系;如果由前提的语义可以推出假设为假,则称为矛盾关系;如果无法从前提的语义判断假设的真假,称为中性关系.因此,文本蕴含是一个三分类问题.表 5-2 给出了文本蕴含的一个示例.很多自然语言处理任务都面对包含文本蕴含关系的样本,因此文本蕴含研究是自然语言处理的一项基本工作,广泛应用于问答系统、机器翻译、关系抽取等领域.如图 5-16 所示,对于该类任务,微调时需要在前提和假设中间加入分割符(delim)进行连接,表示前后是不同的句子,并在输入序列的开头和结尾分别加入开始和结束.序列经过模型处理后,最后由线性输出层进行分类.

表 5-2 文本蕴含示例

输入		输出
前提	假设	蕴含关系
我吃了一个苹果	我吃了一个水果	蕴含
我吃了一个苹果	我什么都没有吃	矛盾
我吃了一个苹果	我中午吃了一个苹果	中性

(3) 相似性识别.

相似性识别指识别两个文本在语义上是否相似,是一个二分类问题.表 5-3 给出了一个相似性识别的示例.文本相似性识别在自然语言处理领域是一个重要研究方向,在信息检索、新闻推荐、智能客服等领域都发挥重要作用.由于相似性是对称的,为了消除顺序的影响,此类任务在微调阶段需要对输入序列进行一些变化来更好地适配下游任务.如图 5-16 所示,微调时构造了两个序列,让文本 1 和文本 2 分别作为开头,经过 Transformer 预训练模型生成两个独立的表征,然后将两个表征相加,经过线性输出层进行分类.

表 5-3 相似性识别示例

输入		输出
文本 1	文本 2	是否相似
我喜欢读书	读书是我的爱好	相似
你早餐想吃什么	你早餐吃的什么	不同

(4) 多项选择.

多项选择指根据给出的背景文章、问题和选项,给出正确的答案.表 5-4 给出了一个多项选择的示例。多项选择在自然语言推理、问答系统中有重要应用。如图 5-16 所示，此任务微调阶段首先将背景文章和问题连接在一起，再分别与 N 个可能的答案选项使用分隔符进行拼接，拼接之后形成 N 个输入序列。这些输入序列经由模型独立处理，经过线性变换得到对应的输出标量，再对这些标量整体取 Softmax 得到 N 个可能答案的分布。

表 5-4　多项选择示例

输入	背景	"清明插柳，端午插艾"是一句民间流传的俗语
	问题	从谚语中可知影响这两种植物生活的非生物因素主要是（）
	选项	A 阳光 B 温度 C 水分 D 空气
输出	答案	B

5.3.4　GPT 应用场景

GPT 现在被称为 GPT-1，展示了预训练语言模型在语言生成任务中的潜力。它被广泛应用于各种文本生成任务，如文本自动完成、对话生成、文章摘要、文本翻译等。GPT 的代码见链接 https://github.com/openai/finetune-transformer-lm.[2025-6]

5.4　GPT-2 模型

OpenAI 的拉德福德等人于 2018 年在论文《语言模型是无监督多任务学习者》（Language Models are Unsupervised Multitask Learners）中提出了预训练语言模型 GPT-2，具有 1.5B(15 亿)参数规模，在很多自然语言处理任务上表现强大[13]。

GPT-2 基于 40GB 的网络数据 WebText 进行预训练，将 Transformer 的层数堆叠到 48 层，词汇表的数量增加到 50257 个，词向量维度为 1600，上下文窗口的大小为 1024。GPT-2 采用了无监督的多任务学习方式，同一个模型通过多个相关任务同时并行学习，梯度同时反向传播。多个任务通过底层的共享表示互相补充学习到的领域相关信息，从而提升泛化效果。GPT-2 在模型中去掉了微调部分，采用零样本学习，只需给出任务描述和任务提示就可以自动生成答案。在零样本学习的设置下，GPT-2 在 8 个测试语言建模的测试集中的 7 个上取得了最好的结果。在对话式问答（Conversational Question Answering，CoQA）基准数据集的测试中，GPT-2 的 F_1 为 55，超过了需要使用 127000 个问答实例进行训练的四项基线模型中的三个，展示了 GPT-2 在阅读理解、翻译、摘要生成、问答等方面的优秀性能。GPT-2 的代码见链接 https://github.com/openai/gpt-2.[2025-6]

5.5 GPT-3 模型

OpenAI 的汤姆·B.布朗(Tom B. Brown)等人于 2020 年在论文《语言模型是小样本学习者》(*Language Models are Few-Shot Learners*)中提出预训练语言模型 GPT-3，其具有 1750 亿参数规模，在很多自然语言处理任务上表现强大。GPT-3 是在几个不同权重的数据集上训练的，包括 Common Crawl(通用爬取)、WebText 2(网络文本 2)、数据语料 Book1 和 Books2 以及英文维基百科，数据规模为 45TB[14]。

5.5.1 GPT-3 架构

GPT-3 与 GPT-2 两者的模型和结构是相同的。GPT-3 采用了 96 层的多头 Transformer，词向量维度为 12288，文本长度为 2048。GPT-3 在 Transformer 各层中使用了交替稠密和局部带状稀疏注意力机制。交替稠密和局部带状稀疏的注意力模式只关注 k 个贡献最大的状态。通过显式选择，只关注少数几个元素，与传统的注意力机制相比，对于与查询不高度相关的值将被归 0。

5.5.2 上下文学习

GPT-3 使用上下文学习(in context learning)技术进行学习。上下文学习要求预训练模型根据输入的示例判断需要完成的任务，并进一步完成给定的任务。根据上下文中包含示例数量的多少，上下文学习分为：小样本学习(few-shot learning)、单样本学习(one-shot learning)和零样本学习三种方式。

小样本学习是指给定模型有关任务的一些演示进行学习。图 5-17 给出了一个小样本学习的示例，小样本学习首先需要给模型看一个句子，这个句子是任务描述(task description)，接下来给模型一些示例(examples)和一个提示(prompt)，模型可以根据示例进行回答。小样本学习大大减少了为了完成给定任务所需要提供给模型的数据量。

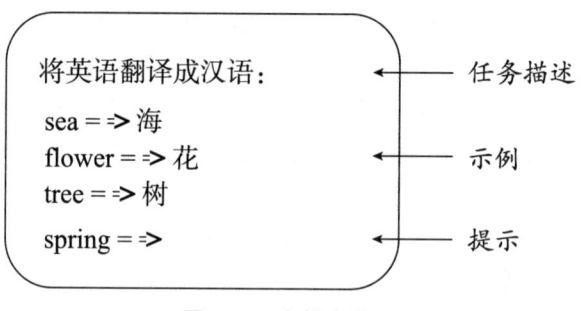

图 5-17 小样本学习

单样本学习是指只给出模型一个有关任务的示例进行学习。图 5-18 给出了一个单样本学习的示例,模型可以根据一个示例进行回答。单样本学习类似于人类信息交互的方式,例如,在一些考试中,考生需要根据一个给出的示例回答问题,这可以理解成一种单样本学习。

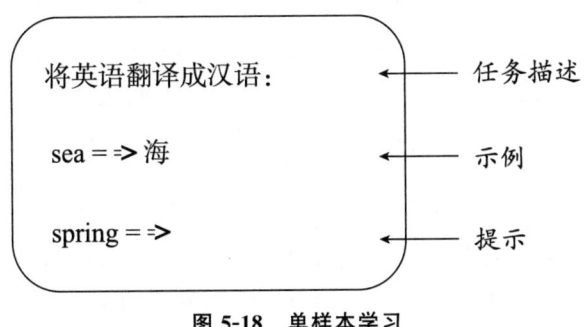

图 5-18　单样本学习

采用零样本学习,只需给出任务描述和提示,模型就可以自动生成答案。图 5-19 为零样本学习的示例,零样本学习无需示例,模型可以根据描述和提示作答。这是一种最具有挑战性,但也是最接近人类执行任务时的交互方式,类似于考生在考试时根据题目要求答题的情境。

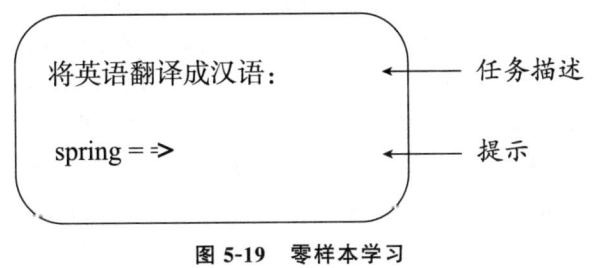

图 5-19　零样本学习

5.5.3　GPT-3 性能和应用场景

GPT-3 在 42 个基准数据集上表现出强大的性能,这些任务包括语言建模的基本任务(如词性标注、句法分析等)、完形填空、补全、闭卷问答、翻译、温纳格拉德(Winograd)风格的任务、常识推理、阅读理解、自然语言推理以及需要即时推理和领域适应的多项任务。对于每项任务,GPT-3 都不需要微调或反向传播,而是通过零样本、单样本和小样本三种方式进行上下文学习。测试的结果表明,在所有情况下,GPT-3 的零样本和单样本学习能力较好,小样本学习能力与当前最优技术模型接近。在 PTB(Penn Tree Bank,宾夕法尼亚树)模型数据集上,零样本 GPT-3 取得了一个新的当前最优技术模型。在测试文本中长期依赖建模能力(该模型被要求预测需要阅读一段上下文的句子的最后一个单词)的数据集 LAMBADA(LAnguage Modeling Broadened to Account for Discourse Aspects,语言建模扩展至篇章层面的评估数据集)上,零样本 GPT-3 比当前最优技术模型高 8%,而小样本 GPT-3 可以提升 18%.在对话式问答数据集 CoQA 上,零样本 GPT-3 的 F_1 为 81.5,单样本 GPT-3 的 F_1 为 84.0,小样本 GPT-3 的 F_1 为 850.在问答数据集 TriviaQA 上,零样本 GPT-3 的准确率为 64.3%,单样本 GPT-3 的准确率为 68.0,小样本 GPT-3 的准确率为 71.2%,其中小样本 GPT-3 的准确率已经超过了需要微调的当前最优技术模型.在自然语言基准集 SuperCLUE 的测试中,小样本 GPT-3 在八项任务中的四项表现优于微调的 BERT-Large,并且在两项任务上,GPT 接近经过微调的 110 亿参数模型的当前最优技术模型.除此之外,GPT-3 在拼字、在句子中使用新词或进行三位数算术运算等快速适应和即时推理任务中也取得了优异的成绩.在文本生成方面,GPT-3 同样表现出色,能够生成高质量的文本.例如,GPT-3 生成的新闻文章达到了人类无法分辨文章是否为机器生成的水平.

与参数更小规模的模型相比,随着参数规模的增加,大模型的学习能力更强.在零样本学习条件下,模型的表现随着参数规模的增加而稳定提升.例如,15 亿参数规模的模型(相当于 GPT-2)总体准确率为 20% 左右,而 1750 亿参数规模的 GPT-3 总体准确率为 30% 左右.在小样本学习条件下,模型的表现随参数规模增加提升较快.15 亿参数规模的模型总体准确率为 30% 左右,而 GPT-3 的总体准确率可以接近 60%.

GPT-3 广泛应用于聊天机器人、文章创作、代码生成、市场报告、语言翻译、搜索引擎优化、医学研究等领域.尽管 GPT-3 性能强大,但是在性别、种族、地区等方面可能存在公平性和偏见问题.此外,大模型存在隐私泄露的风险,除此之外,大模型缺乏常识和知识,无法充分理解世界在物理和社会方面如何运作.这导致模型会在问答对话中给出荒谬的答案,也会在推理过程中出现基本的逻辑错误.

5.6 ChatGPT 模型

OpenAI 的欧阳龙等人于 2022 年在论文《通过人类反馈训练语言模型遵循指令》(Training Language Models to Follow Instructions with Human Feedback)中提出了 1.3B 参数的 InstructGPT.InstructGPT 在 GPT-3 的基础上,引入了来自人类反馈的指令进行强化学习微调(Reinforcement Learning from Human Feedback,RLHF),希望输出真实、有用且无害的结果,从而实现大模型与用户的价值对齐(aligning)[15].ChatGPT 与 InstructGPT 方法相同.

5.6.1 数据集

InstructGPT 的提示数据集来源于两部分:一部分提示数据集来自 OpenAI 的

API(Application Programming Interface,应用程序编程接口),一部分来自人工标注.数据集中 96% 以上为英文.

GPT-3 和 InstructGPT 等大模型用户在与大模型 API 交互过程中产生了大量数据,可以从用户提交至 API 的提示词中选择实例构成提示数据集.数据集中提示的种类和配比对模型的性能有重要影响,API 数据集包括生成、问答、聊天、头脑风暴等不同类别的实例,用于模型的训练和测试.使用 API 真实数据训练模型有助于模型贴近实用场景,更好地对齐用户意图.

人工标注包括简单(plain)、少样本(few-shot)和基于用户(user-based)三类提示.简单提示是指提出任意任务,确保提示词内容和种类丰富多样.少样本提示是指提出一条指令以及该指令的多个查询/响应对,引导模型在少样本情形下有效推理.基于用户的提示是指基于 OpenAI API 应用实例,提出对应的提示.人工标注数据集是高质量的提示数据集,可以作为指令提升模型的性能.

InstructGPT 的提示词数据集包括:

(1) SFT 数据集:大小为 13K,来自 API 和人工标注.
(2) RM 数据集:大小为 33K,人工对提示词下模型生成的多个输出进行喜好排序.
(3) PPO 数据集:大小为 31K,无需人工标记.

5.6.2 模型

InstructGPT 包括 SFT(Supervised Fine-Tuning,监督微调),RM(Reward Model,奖励模型)训练和 PPO(Proximal Policy Optimization,近端策略优化)三个强化学习的步骤.

1. 监督微调模型

基于监督微调数据集,使用有监督学习对预训练的 GPT-3 模型进行微调,得到的模型称为监督微调模型.

2. 奖励模型

以监督微调模型为基础,使用一系列提示和响应训练奖励模型.模型的输出是一个奖励值,用于捕捉人类的喜好规律.奖励值与人类对输出的可取程度成比例.奖励模型的训练过程如下:

(1) 选择一个提示列表,监督微调模型为每个提示生成 K 个监督微调模型输出(K 在 4 到 9 之间),每个提示的 K 个输出会产生 C_K^2 个比较对.

(2) 标注人员将输出从好到坏进行排序,根据排序结果得到奖励模型数据集.

(3) 利用奖励模型数据集训练一个奖励模型.设输入为 (x, y),其中 x 表示提示词,y 表示对应的回答,$r_\theta(x, y)$ 代表奖励模型(参数为 θ)的打分值,y_w 表示比

较对 (y_w, y_l) 中更好的回答，D 为人类比较数据集。奖励模型的损失函数为

$$loss(\theta) = -\frac{1}{C_K^2} E_{(x, y_w, y_l) \sim D}[\ln(\sigma(r_\theta(x, y_w) - r_\theta(x, y_l)))].$$

3. 近端策略优化模型

接下来，使用强化学习中的近端策略优化算法对监督微调模型进行微调。

强化学习旨在通过与环境的交互，并根据环境反馈的奖励来学习最优策略。在强化学习中，智能体通过与环境进行交互，观察环境的状态，选择一个动作来影响环境，并接收一个奖励信号作为反馈。智能体根据奖励，调整自己的策略，以获得很高的累积奖励。强化学习的目标是找到最优策略，使智能体在与环境交互过程中能够最大化累积奖励。

近端策略优化算法是一种强化学习算法，主要用于优化策略。近端策略优化算法使用策略-价值(actor-critic)模型框架。策略-价值模型是一种常用的算法框架，它结合了策略评估和策略改进的思想，能够有效地解决连续动作空间和高维状态空间下的强化学习问题。其中，策略(actor)负责学习策略函数，根据当前状态选择动作；价值(critic)负责学习值函数，评估当前状态的价值。策略-价值模型通过策略评估和策略改进两个步骤来不断优化策略。近端策略优化算法将策略的变化限制在与先前策略的一定距离内，让新旧策略不要离得太远，这样可以避免在更新策略时出现过大的跳跃，从而提高学习的稳定性。

近端策略优化算法有两种主要形式：PPO 惩罚(PPO-penalty)和 PPO 截断(PPO-clip)。PPO 惩罚基于库尔巴克-莱布勒(Kullback-Leibler, KL)散度惩罚项优化目标函数。PPO 截断通过引入剪切(clipping)的技巧来限制策略的更新幅度，从而简化了计算并提高了算法效率。近端策略优化算法具有高效、稳定和灵活的特点。

在强化学习阶段，首先使用监督微调模型初始化近端策略优化模型，价值模型由奖励模型初始化。训练过程如下：使用当前模型给出提示和回答，接着使用奖励模型生成奖励值。近端策略优化模型训练时使用的奖励值并不单是奖励模型的输出，还要考虑库尔巴克-莱布勒惩罚。在监督微调模型中添加各个标记的库尔巴克-莱布勒惩罚，以优化奖励模型。库尔巴克-莱布勒惩罚确保近端策略优化模型的输出和监督微调模型的输出差距不会很大。将奖励模型的输出加到监督微调模型回答的最后一个标记的库尔巴克-莱布勒惩罚上，得到最终的奖励值。由近端策略优化算法得到的模型称为近端策略优化模型。

由于与人类价值对齐可能会导致模型在一些自然语言处理任务上性能下降，也就是产生了对齐税(alignment tax)，为了克服这个问题，可以在近端策略优化模型训练目标中加入预训练的语言模型目标。这样的模型称为 PPO-ptx 模型。

5.6.3 ChatGPT 应用场景

在自然语言处理数据集上的实验表明，InstructGPT/ChatGPT 模型比 GPT-3

更真实,减少了输出的有害性.尽管 InstructGPT/ChatGPT 模型仍然会犯一些简单的错误,但是在与人类价值对齐方面取得了重要进步.

ChatGPT 拥有广泛的应用场景,涵盖多个领域和行业.ChatGPT 最显著的应用是与用户进行对话,能够生成流畅的自然语言回复.它被广泛应用于客服、虚拟助手、聊天机器人等场景,为用户提供即时响应和帮助.ChatGPT 可以生成各种类型的内容,包括博客文章、社交媒体帖子、营销文案、故事、新闻摘要等.此外,Chat-GPT 还能为开发者提供编程帮助,例如解释代码、生成代码片段、调试代码和优化代码.ChatGPT 还被用于语言翻译、教育和学习辅导、信息检索与摘要、个性化推荐、医疗咨询、心理健康支持等领域.

ChatGPT 不仅在日常生活中提供帮助,还广泛应用于专业和商业领域,为用户提供多样化的支持和服务.ChatGPT 是当前重要的技术革命,正在改变多个行业的工作方式,极大地提高生产力效率,释放更多创造力.

习 题

1. 简述 Transformer 架构中有几种不同的注意力机制.

2. 实践题:BERT 情感分析.

情感分析,也称为意见挖掘,是指运用自然语言处理、文本分析和计算语言学等方法,对源材料中的情感倾向、情绪状态和观点态度进行识别、提取和量化的过程.情感分析的意义主要体现在市场研究、客户服务、公共舆情监控、内容推荐等方面.

选择公开可用的情感分析数据,如某些数据竞赛平台、社交媒体、评分网站数据等,对 BERT 模型进行微调,完成情感分析并评估模型的性能.

3. 实践题:建立读书助手智能体.

大模型智能体指基于大型预训练模型的智能系统,能够自主感知、理解、推理和执行任务.

请选择一本自己感兴趣的书籍,收集公开可用、符合法规的书籍文本数据和相关资料,利用先进的大模型智能体,创建一个读书助手智能体,实现章节摘要、思维导图生成、内容问答等功能.

4. 实践题:图文单词卡片生成.

在智能体系统中,工作流(workflow)是支撑智能体完成复杂任务的核心执行引擎.工作流指将多个任务节点按照一定顺序连接起来,形成一个自动执行的流程.每个节点完成特定的功能,比如接收输入、生成文本、生成图片等,节点间的数据传递使整个过程自动化、高效化.

请在 Coze 平台创建一个单词卡片智能体，设计一个完整的图文单词卡片生成工作流．该工作流能接收用户输入的英文单词，调用大语言模型节点生成英文释义、例句和图像生成提示词，并利用 Coze 内置"图像生成"节点生成插图，最终输出包含释义、例句和图片的单词卡片．

5．实践题：AI 古诗文视频生成．

古诗文是中华文化的瑰宝，蕴含丰富的情感与哲理．通过现代 AI 技术生成古诗文视频，可以让这些经典作品焕发新的生命力．

请首先用 DeepSeek 等大模型为古诗文生成视频分镜脚本和提示词，提取古诗文的核心意境和画面描述；然后利用即梦 AI 等图像视频生成工具生成提示词对应画面和视频；最后通过视频剪辑软件将视频与旁白、音乐合成，制作成富有艺术感染力的 AI 古诗文视频作品．

6．实践题：AI 辅助统计建模．

统计建模是利用数学和统计方法，从数据中发现规律、建立变量关系并进行分析和预测的过程．大语言模型（如 DeepSeek）具备强大的语言理解和代码生成能力，可以成为建模的重要助手．AI 辅助统计建模能够大大提升建模的效率和易用性．

请从经济发展、社会热点或个人生活出发，提出一个具有数据分析价值的分类或回归问题，使用公开或自采数据，完成一次完整的统计建模实践．建模过程包括：理解数据字段、提出研究问题、确定研究思路、编写代码处理数据、构建模型、分析模型结果、解释变量影响等．请使用大语言模型辅助完成各环节，对 AI 建模过程进行反思，针对不足进行优化，评估优化效果，并找到应用方向．

请撰写一份完整的项目报告，内容包括：研究问题的说明，数据来源与变量的介绍，数据处理与可视化过程，初步建模及结果解释，模型优化与对比分析、应用等．最后附上 Python 代码，AI 协作过程节选，对 AI 辅助建模的反思，以及最终的结论与个人收获．

参 考 文 献

[1] VASWANI A, SHAZEER N, PARMAR N, et al. Attention is all you need [C]//Advances in Neural Information Processing Systems. 2017: 5998-6008.

[2] RUMELHART D E, HINTON G E, WILLIAMS R J. Learning representations by back-propagating errors[J]. Nature, 1986, 323(6088): 533-536.

[3] HOCHREITER S, SCHMIDHUBER J. Long short-term memory[J]. Neural Computation, 1997, 9(8): 1735-1780.

[4] CHO K, VAN MERRIËNBOER B, GULCEHRE C, et al. Learning phrase representations using RNN encoder-decoder for statistical machine translation[C]//Proceedings of the 2014 Conference on Empirical Methods in Natural Language Processing. 2014:1724-1734.

[5] SUTSKEVER I, VINYALS O, LE Q V. Sequence to sequence learning with neural networks[C]//Advances in Neural Information Processing Systems. 2014:3104-3112.

[6] FEDUS W, ZOPH B, SHAZEER N. Switch transformers: scaling to trillion parameter models[J]. arXiv preprint arXiv:2101.03961, 2021.

[7] BELTAGY I, PETERS M E, COHAN A. Longformer: the long-document transformer[J]. arXiv preprint arXiv:2004.05150, 2020.

[8] KITAEV N, KAISER L, LEVSKAYA A. Reformer: the efficient transformer[J]. arXiv preprint arXiv:2001.04451, 2020.

[9] DOSOVITSKIY A, BEYER L, KOLESNIKOV A, et al. An image is worth 16x16 words: transformers for image recognition at scale[C]//International Conference on Learning Representations. 2021.

[10] DEVLIN J, CHANG M W, LEE K, et al. BERT: pre-training of deep bidirectional transformers for language understanding[C]//Proceedings of the 2019 Conference of the North American Chapter of the Association for Computational Linguistics: Human Language Technologies. 2019:4171-4186.

[11] MIKOLOV T, CHEN K, CORRADO G, et al. Efficient estimation of word representations in vector space[J]. arXiv preprint arXiv:1301.3781, 2013.

[12] RADFORD A, NARASIMHAN K, SALIMANS T, et al. Improving language understanding by generative pre-training[R]. San Francisco: OpenAI, 2018.

[13] RADFORD A, WU J, CHILD R, et al. Language models are unsupervised multitask learners[EB/OL]. (2019)[2025-06-12]. https://cdn.openai.com/better-language-models/language_models_are_unsupervised_multitask_learners.pdf.

[14] BROWN T, MANN B, RYDER N, et al. Language models are few-shot learners[C]//Proceedings of the 34th Conference on Neural Information Processing Systems. 2020:1877-1901.

[15] OUYANG L, WU J, JIANG X, et al. Training language models to follow instructions with human feedback[J]. arXiv preprint arXiv:2203.02155, 2022.

第 6 章

案例分析

6.1 粮仓之基——中国粮食产量影响因素分析

6.1.1 背景介绍

粮食是人类生存和发展的第一需要,是人类生存的基础.我国是一个拥有14多亿人口的农业大国,对粮食消费有着巨大的需求.因此,农业生产在我国经济发展中占重要地位,农业的基础地位任何时候都不能忽视和削弱.粮食安全是国家安全的重要基础.

从自然资源上看,中国以山地为主,耕地资源并不丰富,人均耕地面积较少,且耕地水资源也比较短缺.加上自然灾害,如何用占世界7%的耕地养活占世界22%的人口,是我国自新中国成立以来面临的首要问题.

从图 6-1 可以看到,自 1978 年农村实行家庭联产承包责任制以来,农业有了快速的发展,粮食产量快速增加.2022 年的粮食产量是 1978 年的 2 倍以上,并且我国粮食产量连续 8 年稳定在 6.5 亿吨以上.目前,我国稻谷和小麦两大口粮基本实现自给,谷物自给率超过 95%.尽管我国每年进口粮食 1 亿多吨,但主要以大豆、粗粮等为主.其中,大米进口约为 200 万吨,占国内消费总量的 2% 左右;小麦进口约为 1000 万吨,占国内消费总量的 8% 左右,主要起品种调剂作用[1].我们用占世界 7% 的耕地养活了占世界 22% 的人口,解决了十几亿人的温饱问题.自 2018 年起,我国将每年秋分日设立为"中国农民丰收节".丰收节不仅展示了农村改革发展的巨大成就,也展现了中国自古以来以农为本的传统.

同时也要看到,近年来粮食产量增长有放缓的趋势,粮食供需紧平衡的基本态势不会改变.极端气候事件频发,如干旱、暴雨、洪水等,影响了粮食作物的种植和

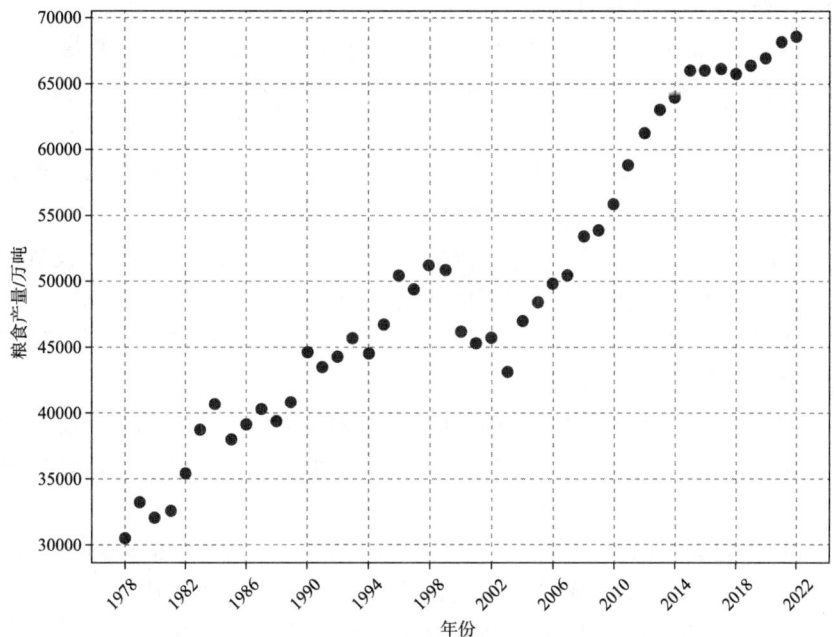

图 6-1 中国粮食产量散点图

收成,此外,全球粮食市场波动和贸易摩擦可能对中国粮食安全产生潜在威胁,中国的粮食安全面临多重挑战.因此,保证农业的稳定发展,保证粮食产量稳定和提高,尤其具有重大的意义.

6.1.2 数据与变量

粮食产量受到多种因素的影响,主要包括播种面积、灌溉面积、化肥施用量、农业机械总动力和受灾面积[2].本文选取的变量情况见表 6-1,数据来源于《中国统计年鉴》1978 年至 2022 年共计 45 年的数据.

表 6-1 中国粮食产量数据变量表

变量	变量名称	类型	单位
因变量	y:粮食产量	数值型	万吨
自变量	x_1:农作物播种面积	数值型	千公顷
	x_2:耕地灌溉面积	数值型	千公顷
	x_3:农用化肥施用量	数值型	万吨
	x_4:农业机械总动力	数值型	万千瓦
	x_5:农作物受灾面积	数值型	千公顷

本案例选用的主要统计指标解释如下：

（1）粮食指农业生产经营者在一个日历年度内生产的全部粮食数量.按收获季节分为夏收粮食、早稻和秋收粮食；按作物品种，包括谷物（如稻谷、小麦、玉米）、薯类和豆类.

（2）农作物播种面积指农业生产经营者在一个日历年度内收获的农作物在全部土地（包括耕地或非耕地）上的播种或移植的面积.

（3）耕地灌溉面积指具有一定的水源，地块比较平整，灌溉工程或设备已经配套，在一般年景下能够进行正常灌溉的耕地面积.

（4）农用化肥施用量指在一个日历年度内实际用于农业生产的化肥数量，包括氮肥、磷肥、钾肥和复合肥.

（5）农业机械总动力指全部农业机械动力的额定功率之和.农业机械包括用于种植业、畜牧业、渔业、农产品初加工、农用运输和农田基本建设等活动的机械及设备.

（6）农作物受灾面积指因水旱灾害造成农作物比正常年份减产的播种面积.它包括成灾面积和绝收面积.成灾面积指因水旱灾害造成农作物比正常年份减产三成（含三成）以上的播种面积.绝收面积指因水旱灾害造成农作物比正常年份减产八成（含八成）以上的播种面积.

6.1.3 描述性分析

1. 自变量变化趋势分析

图 6-2 显示了不同年份自变量的变化趋势.通过散点图 6-2，我们看到：

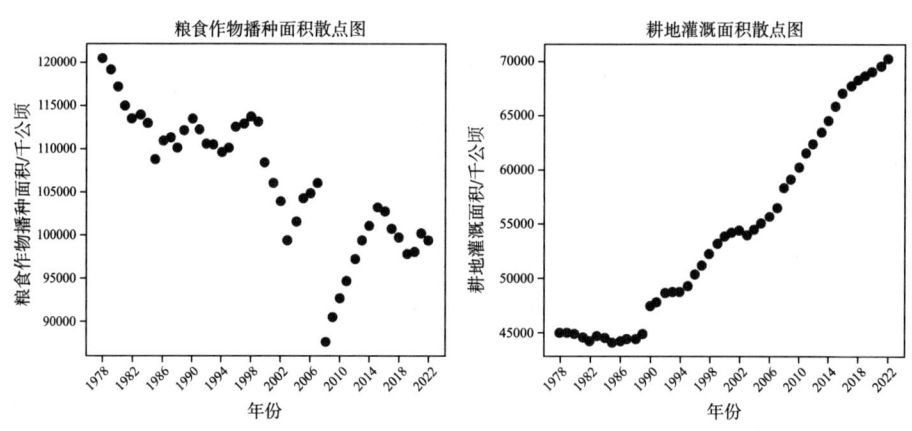

图 6-2　不同年份自变量变化趋势散点图

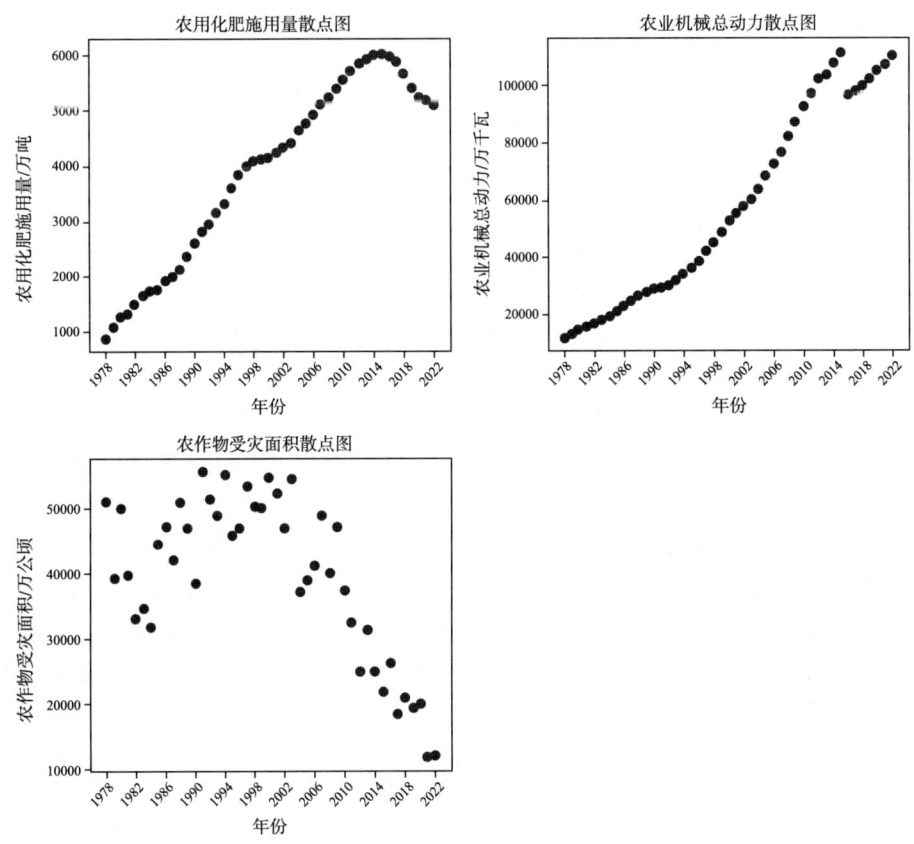

图 6-2 不同年份自变量变化趋势散点图(续)

(1) 粮食播种面积近几年稳中有升.由于国家基建占地、乡村基建占地、农民个人建房占地等原因,粮食播种面积呈现下降的趋势,但近几年稳中有升.2008 年粮食播种面积为 87499 千公顷(13.12 亿亩),此后播种面积连续 7 年增加,2015 年达到高峰 103225 千公顷(15.48 亿亩),共增加 2.36 亿亩.此后,播种面积有小幅下跌,但总体稳定略增.2008 年后,谷物种植面积增加,而豆类和薯类种植面积下降.如图 6-3 所示,2022 年谷物种植面积占比为 83.89%,豆类和薯类种植面积占比较小,种植比例趋向合理.2006 年,国务院印发第三版《全国土地利用总体规划纲要(2006—2020 年)》,其核心是确保 18 亿亩耕地红线,保障农业综合生产能力,确保国家粮食安全[3].另外,我国拥有 15 亿亩盐碱地,国家正在考虑将其改造成可以种植粮食的耕地.

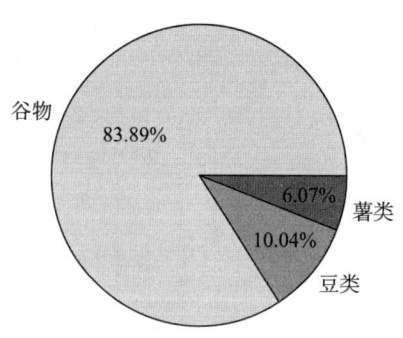

图 6-3 不同粮食作物种植面积比例分布饼图(2022年)

(2) 灌溉面积呈现快速增长。灌溉是中国农业发展的命脉,也是国家粮食安全的基石。新中国成立之初,我国的农田水利设施十分薄弱,仅有 22 座大中型灌溉水库和 2.4 亿亩的灌溉面积,根本无法抵御频发的自然灾害,粮食安全难以得到有力保障。经过多年来的发展,我国兴建了安徽淠史杭、山东位山、河南红旗渠、甘肃靖会提水等一批灌区,累计建成大中型灌区 7800 多处。图 6-4 为万亩以上灌区和水库数量增长情况,截至 2020 年,中国已建成万亩以上灌区 7500 多处,水库数量超过 98000 座,形成了比较完善的灌溉工程体系。到 2022 年底,我国农田有效灌溉面积增加到 70358 千公顷(10.6 亿亩),增长 342%,位居世界前列。

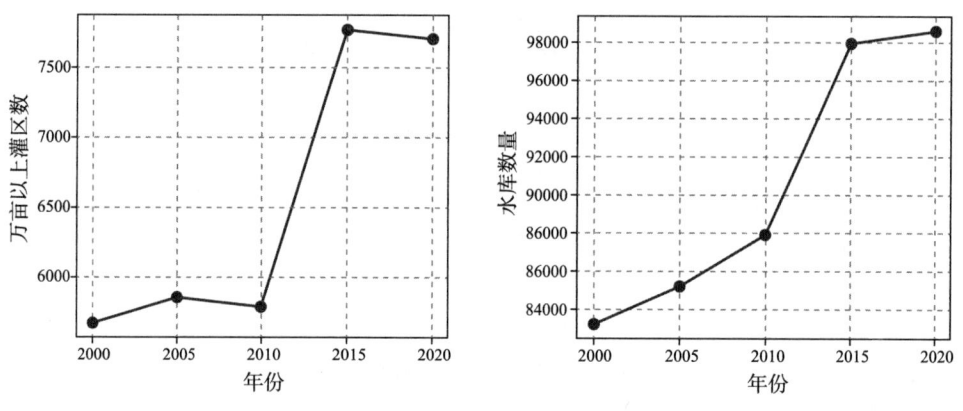

图 6-4 万亩以上灌区和水库数量折线图

(3) 化肥施用量近年逐渐减少。我国曾长期处于高强度施肥阶段,化肥使用量大。为了保护土地,国家正在逐步推行耕地修复,休耕轮作,鼓励以有机肥取代化肥,并推广各种功能性新型肥料和有机肥。同时,开展测土配方施肥,努力提高化肥利用率。这些措施使得化肥施用量减少,2016 年至 2022 年连续七年实现负增长。目前,我国正持续推进化肥减量和增效,力求科学施肥和环境保护的协调发展.

(4) 农机总动力呈增长态势,仅个别年份出现下降.如图 6-5 所示,2020 年农机总动力为 11.06 亿千瓦,是 1978 年 1.17 亿千瓦的 9.4 倍.如图 6-5 所示,人中型拖拉机和中小型拖拉机持续增长,我国已经成为农机生产大国和使用大国,农业生产方式实现了从人力畜力到主要依靠机械动力的历史性转变.目前,农机装备行业有 2500 多家,农机专业户超 500 万,农机合作社等作业服务组织 20 万个,每年作业服务面积累计 60 亿亩.2022 年的数据显示,农作物耕种收综合机械化率超 73%.小麦、水稻、玉米等主要粮食作物基本实现生产全程机械化,其中小麦已经实现了全程机械化,玉米耕种收综合机械化率超过 90%,水稻达到了 85%[4].近年来,我国针对农业机械行业出台了一系列政策,旨在引导和规范农业机械行业发展,促进农业机械产业转型升级.《国务院关于加快推进农业机械化和农机装备产业转型升级的指导意见》提出,到 2025 年,中国农作物耕种收综合机械化达到 75%,粮棉油糖生产县基本实现农业机械化,丘陵山区县农作物耕种收综合机械化率达到 55%等,推动中国农业机械设备全面进入农业机械化时期[5].

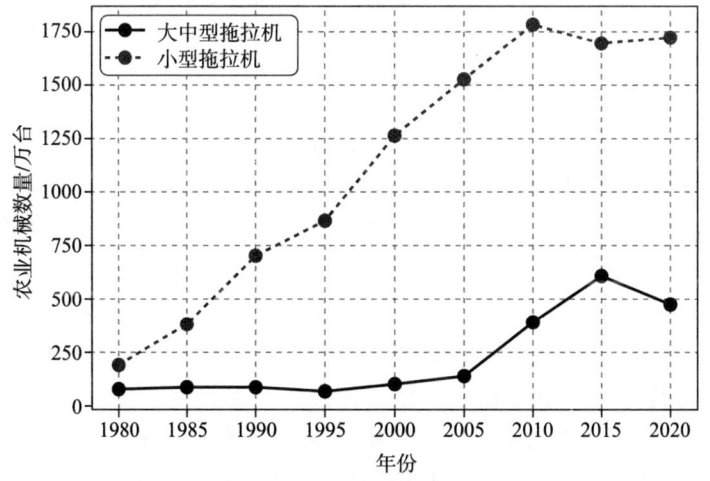

图 6-5 农业机械拥有量折线图

(5) 受灾面积逐步下降.大风、冰雹、暴雨、干旱、洪涝、地震等自然灾害都会给农作物带来不同程度的损失.我国自然灾害以洪涝、台风、干旱、地震、冰雹、低温冷冻和雪灾等为主.在全球气候变暖的背景下,我国各类极端天气发生频率明显增加.中国属于季风气候,地形复杂多变,受极端气候的影响,水灾、雪灾、旱灾每年都有发生,具有多种类、高频率、广影响的特点.图 6-6 展示了 2022 年不同灾害对农作物造成的受灾情况,水灾和旱灾的受灾面积最大,是对农业生产破坏性最强的灾害.

近年来,华北地区干旱加重,南方洪涝灾害加重.2022 年,中国因洪涝灾害造成的经济损失达 2300 多亿元.随着中国气象灾害体系的逐步建立和防灾意识的逐步增强,农作物受灾面积降低,经济损失也减少了.提高农作物抗灾能力需要加大科技投入,提高作物抗灾性,退耕还林,并加强水利工程建设.

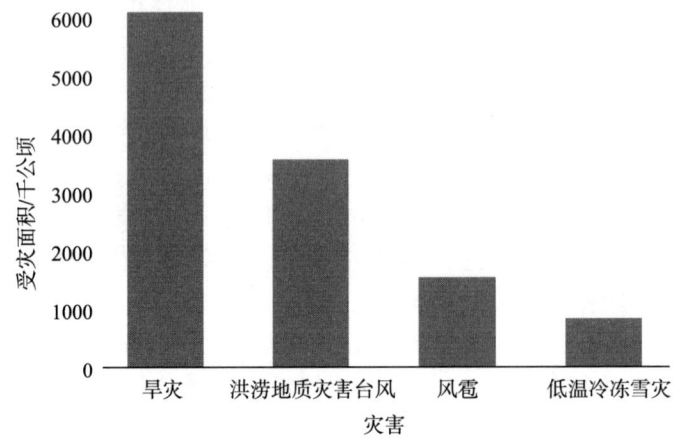

图 6-6　不同灾害农作物受灾面积分布柱状图(2022 年)

2. 相关性分析

接下来分析变量之间的相关性.图 6-7 为相关性热图,图 6-8 为粮食产量与各自变量相关关系散点图.

(1)耕地灌溉面积、化肥施用量、农业机械总动力与粮食产量高度相关.近几年以来,由于受到全球气温不断上升和降水分布极其不均匀的影响,旱涝灾害频发,给我国的经济社会发展造成了极大的影响,甚至严重威胁人民的生命财产安全.因此,必须不断地加大农田水利项目的建设力度,进一步提高现代农业建设的步伐,提升水资源可持续利用.化肥的主要作用是提高土壤肥力、改善作物质量和使作物增产,粮食产量中近一半的贡献来自化肥.农业机械化的发展降低了农民农业生产的劳动强度,缓解了青壮年劳动力短缺的问题,为稳定粮食生产面积发挥了重要作用.同时,农业机械化推动了先进农业技术的转化,加快了作业的进度,提高了劳动生产率,提供了防灾减灾装备支撑,减少了病虫害的发生,为实现粮食丰收提供了有力的保障.

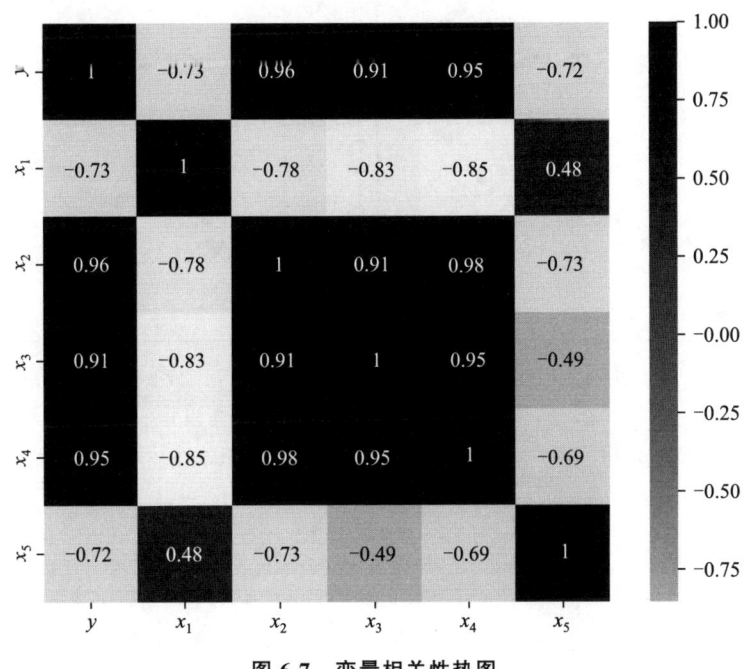

图 6-7 变量相关性热图

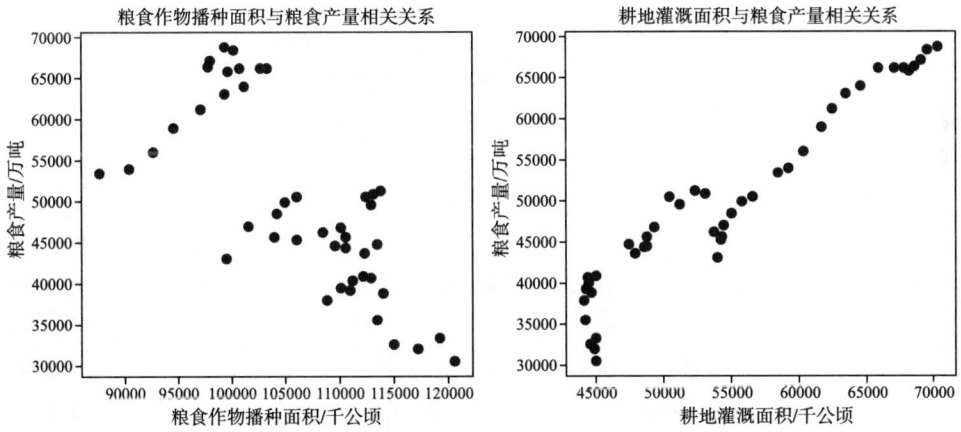

图 6-8 自变量与粮食产量相关关系散点图

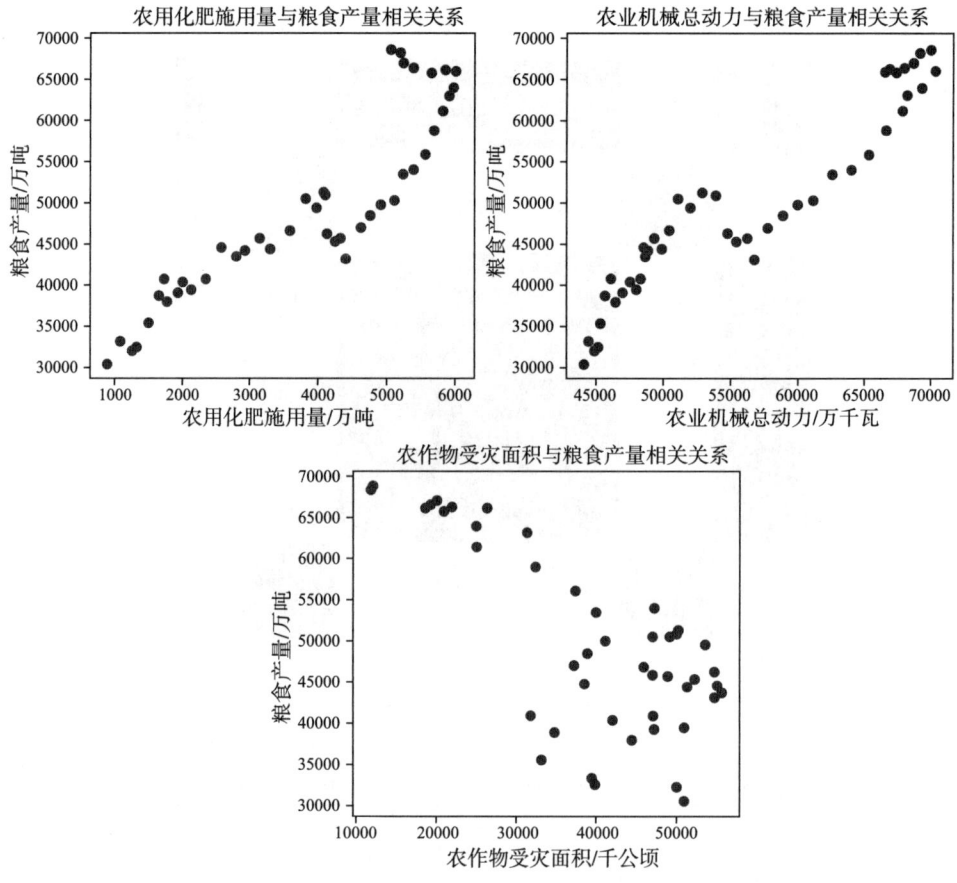

图 6-8　自变量与粮食产量相关关系散点图(续)

（2）粮食产量与播种面积、受灾面积负相关.粮食产量与播种面积的负相关性主要是由于其他变量的影响,不是真实的相关关系,可以进一步通过回归判断.

（3）自变量之间有很强的相关性.播种面积、灌溉面积、化肥施用量和农业机械总动力之间有高度的相关性.随着经济发展和农业资金投入的增加,这些变量均有显著的增长,因此呈现出一种高度显著的正向相关关系.另外,这几个变量之间有互相促进的作用.例如,农业机械化的发展保障了耕地面积的稳定,促进了节水灌溉、秸秆还田等技术的应用.受灾面积与播种面积呈正相关,而与其他变量呈负相关.

6.1.4　回归建模

将 1978—2019 年的数据作为训练集训练模型,2020—2022 年的数据作为测试集评估预测效果.

1. 线性回归

首先以粮食产量为因变量,以粮食播种面积、灌溉面积、化肥施用量、农业机械总动力、受灾面积为自变量建立线性回归模型,结果如图6-9所示,线性回归方程为

$$\hat{y}=-2118.0856+0.1634x_1+0.5366x_2+5.3748x_3-0.1111x_4-0.2424x_5,$$

决定系数 $R^2=0.942$.

```
                            OLS Regression Results
==============================================================================
Dep. Variable:                      y   R-squared:                       0.942
Model:                            OLS   Adj. R-squared:                  0.934
Method:                 Least Squares   F-statistic:                     117.0
Date:                Thu, 22 Aug 2024   Prob (F-statistic):           3.17e-21
Time:                        09:06:02   Log-Likelihood:                -387.39
No. Observations:                  42   AIC:                             786.8
Df Residuals:                      36   BIC:                             797.2
Df Model:                           5
Covariance Type:            nonrobust
==============================================================================
                 coef    std err          t      P>|t|      [0.025      0.975]
------------------------------------------------------------------------------
const      -2118.0856   1.48e+04     -0.144      0.887   -3.2e+04    2.78e+04
x1             0.1634      0.111      1.471      0.150     -0.062       0.389
x2             0.5366      0.267      2.009      0.052     -0.005       1.078
x3             5.3748      1.241      4.330      0.000      2.857       7.892
x4            -0.1111      0.093     -1.198      0.239     -0.299       0.077
x5            -0.2424      0.069     -3.520      0.001     -0.382      -0.103
==============================================================================
Omnibus:                        5.144   Durbin-Watson:                   0.304
Prob(Omnibus):                  0.076   Jarque-Bera (JB):                3.858
Skew:                          -0.609   Prob(JB):                        0.145
Kurtosis:                       2.150   Cond. No.                     4.98e+06
==============================================================================
```

图6-9 线性回归结果

根据线性回归的结果,可以看到:

(1) 拟合高度显著,拟合效果好,解释变量解释了粮食产量中94.2%的变化.

(2) x_4 回归系数为负,不合理,与实际经验不符,且与描述性分析结果不一致,因此是一个不合理的错误符号.

(3) 回归方程中存在不显著的变量.

线性回归模型存在的主要问题是回归系数符号不合理,造成回归系数错误的主要原因包括缺失重要变量、模型选择错误、多重共线性的影响等.由于在相关性

分析中已经知道有一些自变量之间存在比较强的线性相关性,因此模型中可能存在多重共线性的问题.回归系数的错误符号可能由多重共线性引起.为了进一步判断模型中是否存在多重共线性,计算各自变量的方差膨胀因子,结果为

$$VIF1=4.3621,\quad VIF2=29.01,\quad VIF3=25.79,$$
$$VIF4=52.19,\quad VIF5=2.94.$$

结果表明模型中存在多重共线性,特别是农业机械总动力、灌溉面积和化肥施用量之间可能存在较强的线性相关关系.因此,该模型的回归系数符号错误主要是因为多重共线性的影响.为此,改用岭回归模型修正多重共线性的问题.

2. 岭回归

首先计算岭回归系数,绘制岭迹图,通过岭迹分析选择岭参数,岭回归系数计算结果如表 6-2 所示,其中表 6-2 中 α 为岭参数(正则化参数),$x_1 \sim x_5$ 对应的各列为标准化岭回归系数,R^2 为决定系数.岭迹图如图 6-10 所示,其中 $\hat{\beta}_j(\alpha)$ 表示标准化岭回归系数.

表 6-2　岭回归系数表

	α	x_1	x_2	x_3	x_4	x_5	R^2
0	0.0	0.123536	0.415962	0.863864	-0.353762	-0.255322	0.942051
1	0.1	0.131613	0.391589	0.805025	-0.256990	-0.240773	0.941851
2	0.2	0.136440	0.375433	0.758982	-0.185652	-0.229510	0.941432
3	0.3	0.139213	0.364272	0.721678	-0.130939	-0.220500	0.940936
4	0.4	0.140621	0.356299	0.690659	-0.087688	-0.213114	0.940425
5	0.5	0.141087	0.350441	0.664339	-0.052672	-0.206943	0.939922
6	0.6	0.140885	0.346027	0.641643	-0.023772	-0.201709	0.939437
7	0.7	0.140197	0.342624	0.621809	0.000462	-0.197215	0.938975
8	0.8	0.139151	0.339942	0.604283	0.021056	-0.193317	0.938535
9	0.9	0.137838	0.337783	0.588651	0.038757	-0.189907	0.938116
10	1.0	0.136324	0.336008	0.574594	0.054120	-0.186900	0.937717
11	1.1	0.134657	0.334520	0.561864	0.067566	-0.184233	0.937336
12	1.2	0.132874	0.333245	0.550264	0.079424	-0.181852	0.936970
13	1.3	0.131005	0.332133	0.539635	0.089948	-0.179718	0.936619
14	1.4	0.129070	0.331144	0.529849	0.099344	-0.177795	0.936281
15	1.5	0.127087	0.330250	0.520799	0.107776	-0.176055	0.935954

(续表)

	α	x_1	x_2	x_3	x_4	x_5	R^2
16	1.6	0.125070	0.329428	0.512395	0.115379	−0.174476	0.935637
17	1.7	0.123030	0.328662	0.504563	0.122264	−0.173037	0.935329
18	1.8	0.120974	0.327939	0.497241	0.128521	−0.171723	0.935029
19	1.9	0.118911	0.327249	0.490374	0.134229	−0.170518	0.934737
20	2.0	0.116846	0.326585	0.483917	0.139453	−0.169411	0.934451
21	2.1	0.114784	0.325941	0.477828	0.144247	−0.168392	0.934171
22	2.2	0.112728	0.325312	0.472074	0.148658	−0.167451	0.933896
23	2.3	0.110681	0.324695	0.466624	0.152728	−0.166581	0.933627
24	2.4	0.108647	0.324087	0.461451	0.156491	−0.165774	0.933361
25	2.5	0.106626	0.323486	0.456532	0.159979	−0.165024	0.933100
26	2.6	0.104621	0.322890	0.451847	0.163217	−0.164327	0.932842
27	2.7	0.102634	0.322299	0.447376	0.166229	−0.163677	0.932587
28	2.8	0.100664	0.321710	0.443103	0.169036	−0.163070	0.932336
29	2.9	0.098714	0.321124	0.439013	0.171655	−0.162503	0.932087

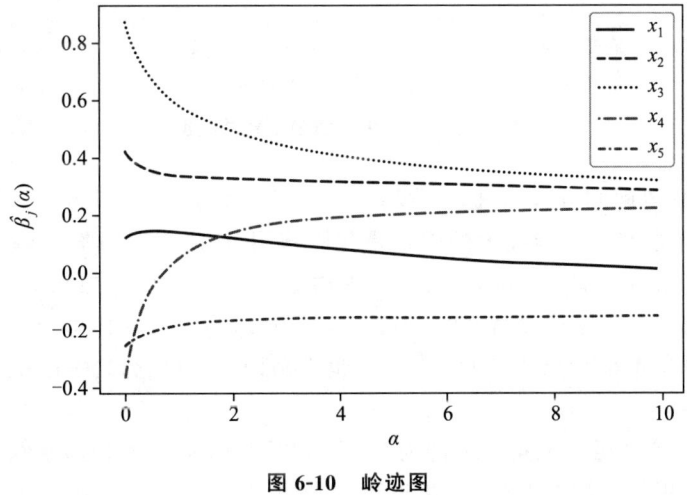

图 6-10 岭迹图

观察表 6-2 和图 6-10,可以发现当岭参数 α 增大时,农业机械总动力的岭回归系数 $\hat{\beta}_4(\alpha)$ 迅速变为正.当 $\alpha=2.0$ 时,各回归系数基本稳定,回归系数符号合理,决定系数 $R^2=0.934$,拟合优度高,因此选取岭参数 $\alpha=2.0$.另外,利用交叉验证法得

到的岭参数为 $\alpha=0.1$,但考虑到 $\alpha=0.1$ 时,$\hat{\beta}_4(\alpha)$ 为负不合理,最后仍选取 $\alpha=2.0$ 建立岭回归.得到 y 对 x_1,x_2,x_3,x_4,x_5 的标准化岭回归方程为

$$\hat{y}=0.1164x_1+0.3265x_2+0.4827x_3+0.1405x_4-0.1692x_5,$$

决定系数 $R^2=0.935$.未标准化岭回归方程为

$$\hat{y}=2138.9866+0.1545x_1+0.4213x_2+3.0108x_3+0.0438x_4-0.1609x_5.$$

为了比较各变量对粮食产量影响程度的大小,将标准化岭回归系数可视化,结果见图 6-11.

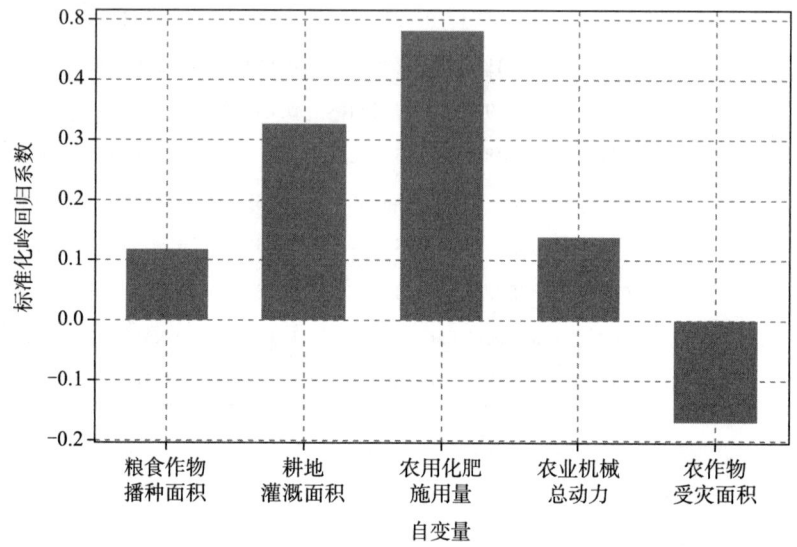

图 6-11　标准化岭回归系数柱状图

由标准化岭回归方程、非标准化岭回归方程和图 6-11,可以得到以下结论:

(1) 对粮食产量影响最大的因素是化肥施用量.在其他因素保持不变的情形下,化肥施用量每增加 1 万吨,粮食产量平均增加 3.0108 万吨.按年平均 3884 万吨化肥施用量计算,化肥可以增产约 11694 万吨粮食,平均年粮食总产量 49608 万吨计算,约占平均年粮食总产量的 23.57%.也就是说,大概四分之一的粮食产量归功于化肥的贡献.

(2) 对粮食产量影响第二大的因素是耕地灌溉面积.在其他因素保持不变的情形下,灌溉面积每增加 1 万公顷,粮食产量平均增加 0.4213 万吨.按年平均 54394 万公顷灌溉面积计算,灌溉可以增产 22916 万吨粮食,约占年平均粮食总产量的 46.19%.

(3) 对粮食产量影响第三大的因素是农作物受灾面积.在其他因素保持不变的情形下,受灾面积每增加 1 万公顷,粮食产量平均减少 0.1609 万吨.按年平均

39326万公顷受灾面积计算,受灾面积导致粮食减产6328万吨粮食,约占年平均粮食总产量的12.76%。

(4) 对粮食产量影响第四大的因素是农业机械总动力。在其他因素保持不变的情形下,农业机械总动力每增加1万千瓦时,粮食平均增产0.0438万吨。

(5) 对粮食产量影响最小的因素是播种总面积。在其他因素保持不变的情形下,播种面积每增加1万公顷,粮食平均增产0.1545万吨。

3. 随机森林回归

由于岭回归系数受到岭参数选择的影响,而且对回归系数的解释受到多重共线性的影响,因此下面使用对多重共线性适应能力较强的随机森林方法重新建模。

首先选择随机森林中的超参数。随机森林中有两个重要超参数可能会影响随机森林方法的性能:一个是决策树的数量(n_estimators),一个是每棵树进行分割时随机选择的变量个数(max_features)。将变量个数设置为 max_features=$\sqrt{5}\approx 2$,决策树的数量通过袋外得分选择。图6-12为随机森林中不同决策树的数量对应的袋外得分。从图6-12得知,当决策树的数量 n_estimators =100时,袋外得分最高,因此选择 n_estimators =100。

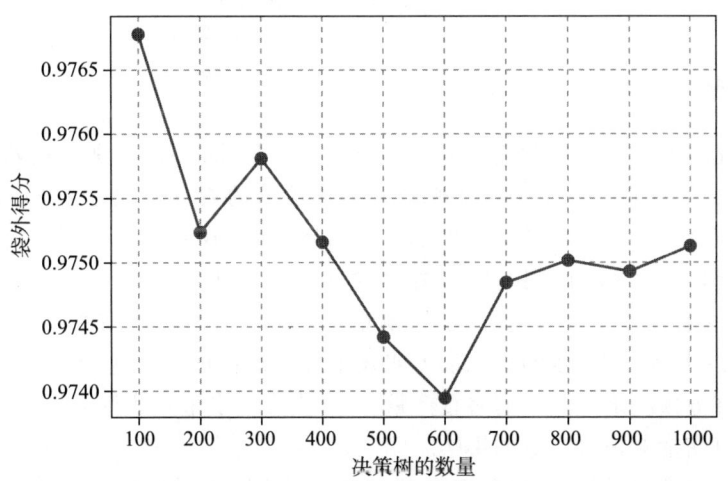

图6-12 随机森林袋外得分与决策树的数量关系

接下来利用选择好的超参数进行随机森林回归建模,随机森林的袋外得分为0.9768,说明随机森林预测非常准确。为了了解随机森林中树的结构,提取随机森林中第一棵树的信息,可以看到第一棵树的最大深度为9,总节点数为55,叶节点数为28。

为了评估变量重要性,提取随机森林的变量重要性得分并绘制柱形图,结果见图 6-13。图 6-13 显示,耕地灌溉面积、农用化肥施用量和农业机械总动力是对预测粮食产量最重要的因素。

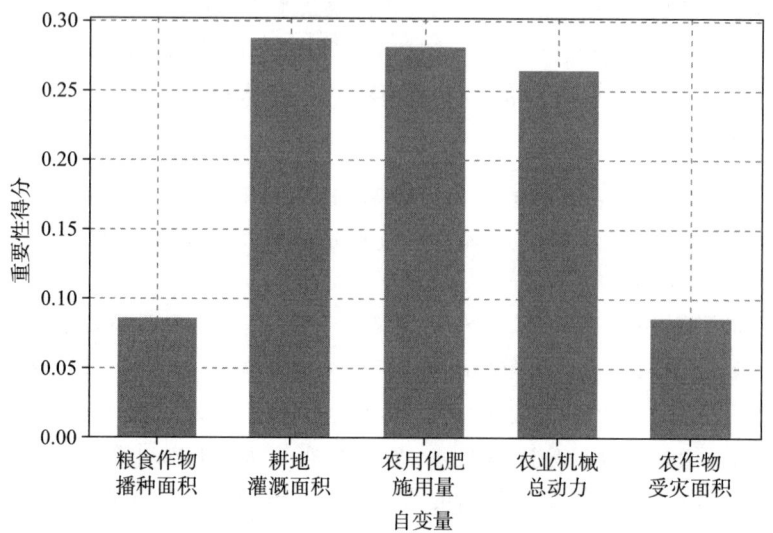

图 6-13　随机森林变量重要性

6.1.5　模型的评价

为了比较岭回归模型和随机森林回归模型的预测效果,分别使用两种模型对 2020—2022 年的粮食产量进行预测。岭回归预测值的均方根误差为 3181.7617,随机森林预测值的均方根误差为 4970.7954。结果表明,岭回归的预测性能优于随机森林模型。图 6-14 将岭回归与随机森林的预测值与真实值进行了对比。如图 6-14 所示,随机森林对 2020 年粮食产量的预测误差比岭回归的预测值误差略小,但岭回归对 2021 年和 2022 年的预测误差明显小于随机森林回归。总体而言,岭回归模型能够更好地预测未来几年的粮食产量,并且克服了多重共线性问题,能够清晰合理地解释自变量对粮食产量的影响。

岭回归模型结果显示,粮食产量最重要的影响因素是农用化肥施用量和耕地灌溉面积。这两个变量同时也是随机森林模型中最重要的变量。这说明化肥和灌溉对于粮食增产和保障粮食安全起到了举足轻重的作用,应该高度重视,并优先发展。

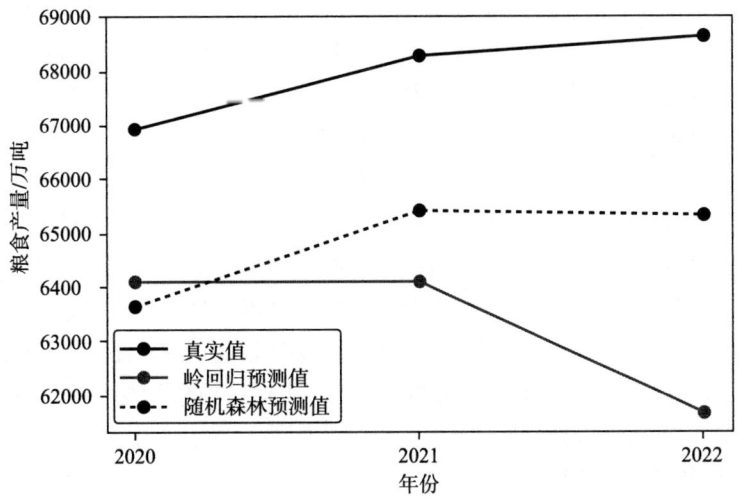

图 6-14 粮食产量预测值与真实值对比折线图

6.1.6 结论和建议

粮食产量受到农作物播种面积、耕地灌溉面积、农用化肥施用量、农业机械总动力、农作物受灾面积等因素的共同影响,其中影响最大的因素是农用化肥施用量和耕地灌溉面积.所以在工业化、城镇化进程加快的时代,保证农业现代化同步发展,保障粮食丰产丰收,核心是解决"谁来种地"和"怎么种好地"两个基本问题.为此,提出如下建议:

(1) 推进化肥减量增效.减少化肥施用总量,提高化肥利用率,鼓励使用有机肥.化肥提高了土壤肥力,对于粮食产量的促进作用是非常显著的,是粮食产量最重要的影响因素,也是粮食安全的基本保障.合理生产和安全使用化肥,对于降低农业生产成本,保护农业生产环境,提高农产品质量,促进粮食增产和增加农产品收入,实现农业可持续发展具有重要意义.但是,化肥使用中会存在化肥施用过量、养分搭配不合理、使用方式粗放等问题.过量施用化肥不仅加剧环境污染,形成农业面源污染,还浪费了大量紧缺资源.因此,推动化肥减量增效是调整农业结构、实现绿色发展的关键措施.农业农村部提出开展化肥施用量"零增长"行动,推行"精、调、改、替"四字方针.总之,要科学理性认识化肥的作用,进行科学合理的施肥.

(2) 发展节水灌溉.灌溉对增加粮食产量非常重要,同时可以提供饮用水、增加农民收入,并起到改善生态环境的作用.但是水资源短缺已经成为中国社会可持续发展的主要制约因素,灌溉用水在总用水量中仍然占较大比重.由于灌溉设施老化、配套不完善以及水管理技术落后等问题,灌溉用水利用率低下.我国在"九五"

期间大力发展节水灌溉,提高了灌溉的利用率和效益.为了合理利用水资源,我国提出了"节水优先、空间均衡、系统治理、两手发力"的治水方针,实施节水项目,提高水资源利用率,推动农田水利建设从提高供水能力向重视节水能力转变[6].

(3) 全面实现农业机械化.农业机械化为提高粮食生产效率和产量、降低粮食生产成本提供了重要硬件支撑,是发展现代农业的重要方向,也是农业现代化的重要标志.农业机械化还有助于解决城镇化带来的农村劳动力不足,对进一步释放农村劳动力起到促进作用.目前,全国农作物耕种收机械化率超过了 70%,农业生产方式实现了从以人畜力作业为主到以机械为主的历史性跨越,基本实现了农业机械化.然而,当前农机发展存在的主要问题有地域因素大、资金投入不足、使用效率低等问题.未来的发展方向是改地适机,农田等基础设施建设应该更多适应农业机械化发展,边角零星土地和坡度较高土地应有条件退出农业生产,为大中型农机作业创造条件.同时,要加大农业资金投入,加强农机技术研发,扶持农机企业,增加农业机械种类,提高农机购置补贴,发展农业机械的共享经济,提高农机使用效率.

(4) 保护耕地资源.耕地面积是粮食安全的基本保证,随着经济的发展,耕地资源的约束越来越明显,粮食种植面积扩大的空间越来越小,耕地保护和利用问题越来越受到关注.要打击非法侵占土地行为,守住土地红线,守好耕地质量红线,努力把中低产田改造成高产稳产田,提高粮食产量.

(5) 发展智慧气象技术.气象灾害是我国农作物产量波动的重要因素之一,气象预报对保障农业生产具有重大意义.目前我国农村气象灾害防御体系基本建成,防灾减灾能力明显增强.农业气象业务领域从最初的农业气象监测评价和国内外农作物产量预报,逐步扩展到农业气象监测评价、农业气象灾害和农业病虫害预报、农业气候区划等业务领域,实现了从点到面、从单一到综合、从宏观到精细的快速发展.未来,气象部门应进一步推动人工智能等新技术与气象科技的交叉融合,发展智慧气象技术,加强气象灾害风险研判和应对,筑牢气象防灾减灾第一道防线.

(6) 节约粮食,杜绝浪费.我国是一个自然灾害频发的国家,农业至今仍未改变"靠天吃饭"的局面.虽然近些年粮食连年丰收,但是始终应对粮食安全保持危机意识,厉行节约,反对浪费.在气候灾害频发、经济衰退的国际大背景下,需要增强风险意识,营造"浪费可耻、节约为荣"的社会氛围,养成节约粮食,杜绝浪费的生活习惯.

粮食产量受多方因素影响,除本案例考虑的因素外,还受到劳动力、极端天气、病虫害、种子和育秧技术、田间管理等因素的影响.由于条件的限制,本案例只考虑了五个因素,将来可以在模型中加入更多的因素.除此之外,还可以研究小麦、玉米等具体的粮食作物产量.提高粮食产量,保障粮食安全,需要从很多方面不断努力,加大农业投入,依靠科技的力量和科学的方法,促进农业从传统农业到现代农业的转变,促进农业的可持续发展,从而保证粮食生产的稳定和安全.

6.2 心灵守护者——心脏病数据分析

6.2.1 背景介绍

心脏是人体最重要的器官之一,负责向全身输送氧气和营养物质.然而,心脏病是全球范围内最主要的健康问题之一.据世界卫生组织统计,心血管疾病每年导致约 1800 万人死亡,占全球总死亡人数的 31%,已成为威胁人类健康和生命的头号杀手[7].其中,冠心病和中风是最常见的类型.

在我国,心脏病的发病率和死亡率均处于较高水平.根据《中国心血管健康与疾病报告 2023》的数据,当前我国心血管疾病患者人数约为 3.3 亿.这一数据包括了多种类型的心脏病,如高血压、冠心病、心力衰竭、肺源性心脏病、房颤、风湿性心脏病、先天性心脏病以及下肢动脉疾病等[8].心脏病可以产生眩晕、气促、出汗、寒颤、恶心及昏厥等症状,甚至导致猝死,严重影响人们的生活质量并威胁生命健康.随着人口老龄化加剧,心血管病的发病率和死亡率仍在上升,每 5 例死亡中就有 2 例死于心血管病,且心脑血管病的死亡率高于肿瘤及其他疾病.图 6-15 为中国居民主要疾病死因构成(数据来自《中国心血管健康与疾病报告 2023》),如图 6-15 所示,心脑血管病占居民疾病死亡构成的 45% 以上,为中国居民首要疾病死因.

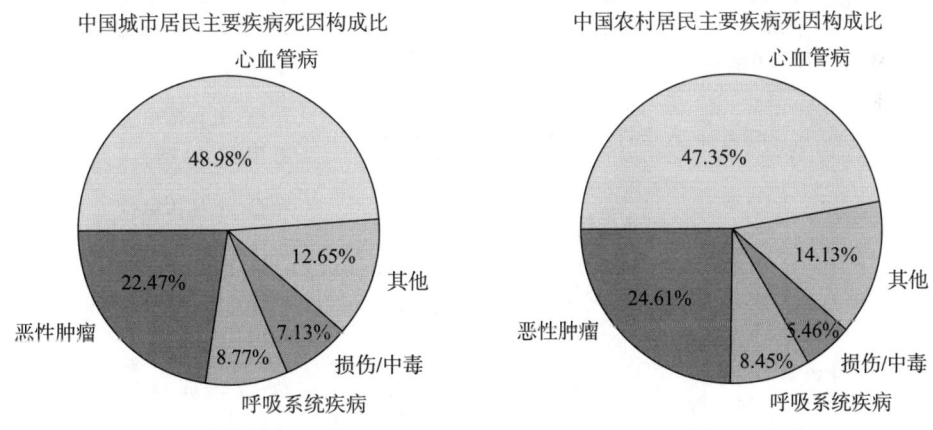

图 6-15 中国居民主要疾病死因构成比(2021 年)

心脏病与许多因素有关,常见的危险因素包括高血压、高血脂、高血糖、吸烟、饮酒、肥胖、年龄、家族史、缺乏运动等.预测心脏病的发生,了解心脏病的主要危险因素对于预防和控制心脏病具有重要意义.

6.2.2 数据与变量

南非心脏病数据集 heart 是一个经典数据集,提供了南非人口样本的心脏病相关的信息,为 R 语言自带数据集. heart 数据集收集了一组有关心脏病风险因素的数据,由 5 个县的 462 个个体组成,其中包括了有关他们的年龄、性别、体重指数、收缩压、胆固醇水平等多个特征[9].本文选取的变量情况见表 6-3.

表 6-3 heart 数据集变量表

变量	变量名称	变量类型	备注
因变量	y:是否患有冠心病	分类型	$y=1$,患病 $y=0$,未患病
自变量	x.sbp:收缩压	数值型	单位:毫米汞柱(mmHg) 范围:[101,218]
	x.tobacco:烟草消耗量	数值型	单位:千克(kg) 范围:[0,31.2]
	x.idl:低密度脂蛋白胆固醇	数值型	单位:毫摩尔每升(mmol/L) 范围:[0.98,15.33]
	x.adiposity:肥胖度	数值型	单位:无具体单位 范围:[6.74,42.49]
	x.famist:是否有心脏病家族史	分类型	以没有心脏病家族史为基准组
	x.typea:A 型行为得分	数值型	单位:无具体单位 范围:[13,78]
	x.obesity:肥胖指数	数值型	单位:无具体单位 范围:[14.7,46.58]
	x.alcohol:酒精摄入量	数值型	单位:克/天(g/day) 范围:[0,147.19]
	x.age:年龄	数值型	单位:年(years) 范围:[15,64]

6.2.3 描述性分析

首先使用相关性热力图分析连续型变量间的相关关系,如图 6-16 所示,肥胖度与肥胖指数、年龄相关性较强,其他连续型变量之间的相关性程度一般或较弱.

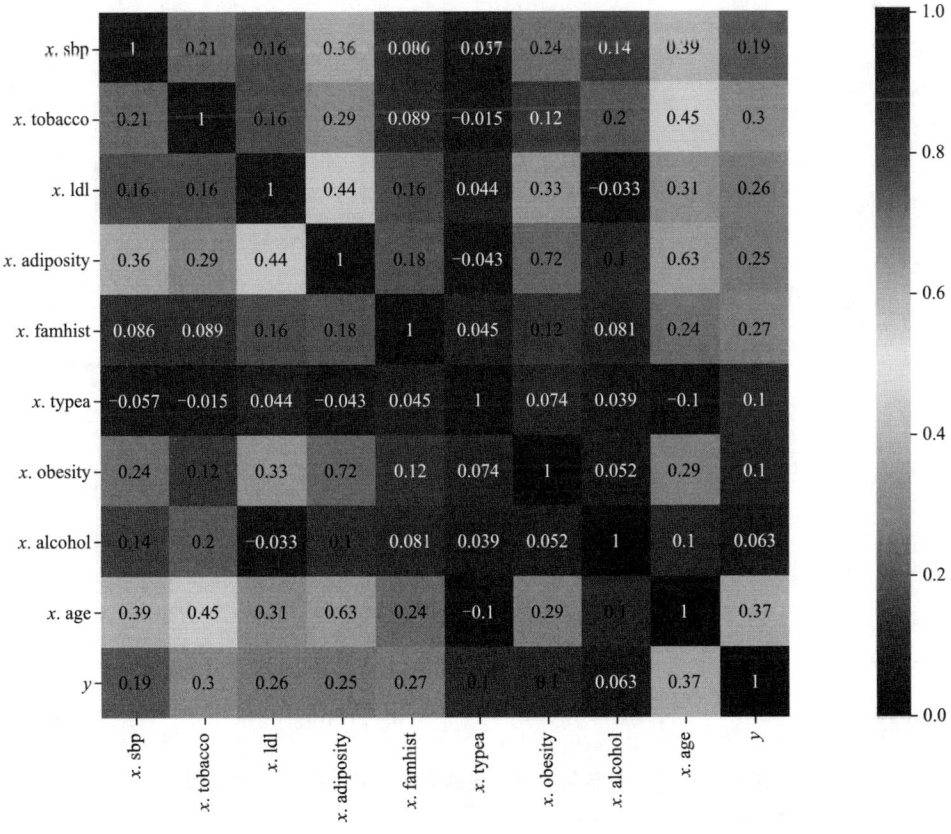

图 6-16　变量相关性热力图

进一步通过连续型自变量分布分组箱线图探索冠心病的相关因素,结果如图 6-17 所示,收缩压、烟草摄入量、低密度脂蛋白胆固醇、肥胖度、年龄对是否患有冠心病有显著影响,而 A 型行为得分、肥胖指数和酒精摄入量的影响较小.接下来,通过家族史与冠心病人数分组柱状图了解分类变量家族史对冠心病的影响情况,结果见如图 6-18,无家族史的一组中患病的人数明显少于无病的人数,而有家族史的一组中患病的人数与无病的人数相同.与无家族史的一组相比,有家族史的一组患病的比例明显高于无家族史的一组,因此家族史对于是否患冠心病有重要影响.

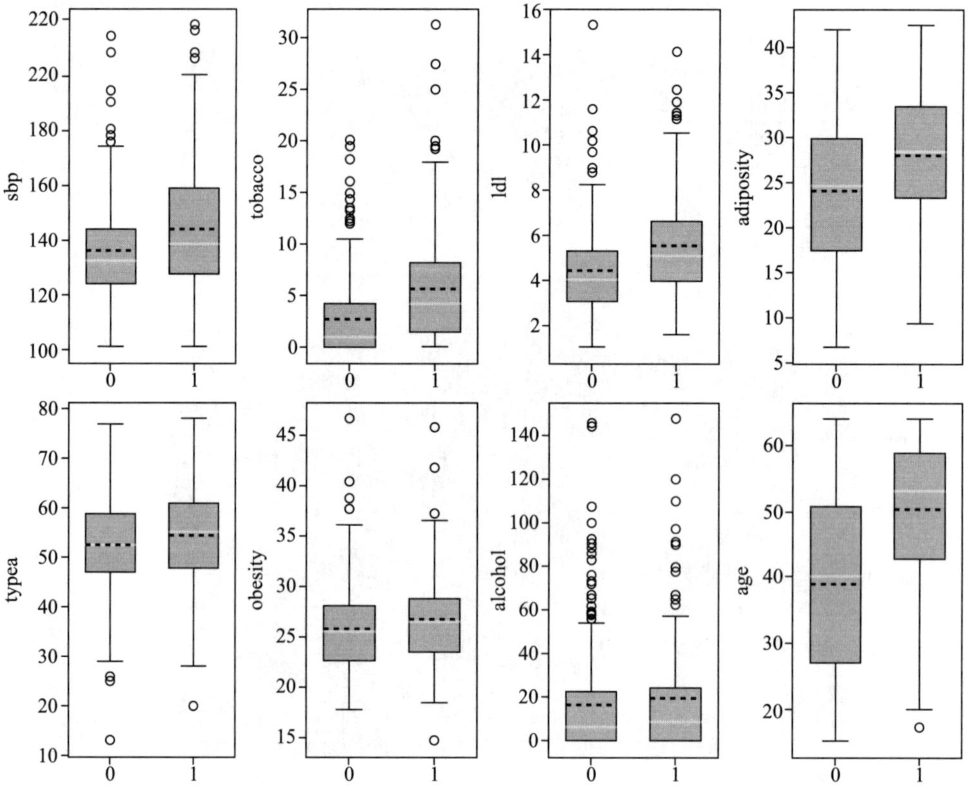

图 6-17 患病组与无病组的连续型自变量分布分组箱线图

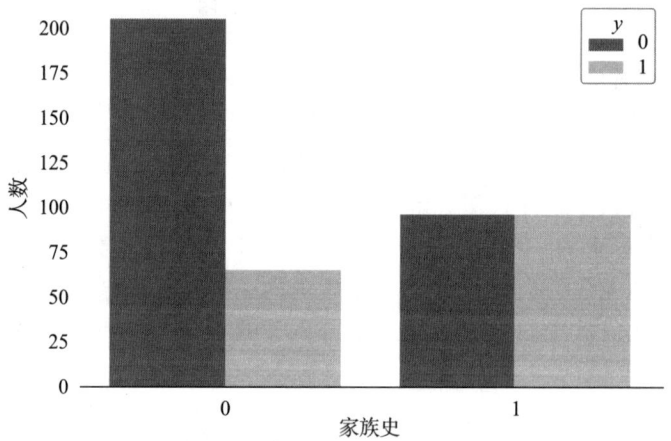

图 6-18 家族史与冠心病人数分组柱状图

6.2.4 Logistic 回归

首先将数据分割成训练集和测试集,分割比例为 80% 和 20%.基于训练集使用全部的自变量进行 Logistic 回归建模,结果见图 6-19.可以看出,回归方程高度显著.连续型自变量中,烟草累计量、低密度脂蛋白胆固醇、家族史、A 型表现、年龄等自变量的回归系数在 0.05 的显著性水平下显著,且对于心脏病的发生概率均为正向影响,即自变量的值越大,冠心病的发生概率越大.分类型自变量是否有家族史对冠心病有显著影响,有家族史的个体冠心病发病率高于没有家族史的个体,有家族史的个体冠心病发生比是没有家族史的个体冠心病发生比的 2 倍以上.

```
                       Logit Regression Results
=================================================================
Dep. Variable:                 y    No. Observations:       369
Model:                     Logit    Df Residuals:           359
Method:                      MLE    Df Model:                 9
Date:             Sun, 25 Aug 2024  Pseudo R-squ.:       0.2161
Time:                  11:43:08    Log-Likelihood:      -186.72
converged:                  True    LL-Null:             -238.19
Covariance Type:        nonrobust   LLR p-value:       4.003e-18
=================================================================
                coef    std err      z     P>|z|    [0.025   0.975]
-----------------------------------------------------------------
const         -5.9942    1.496    -4.007   0.000   -8.926   -3.062
x.sbp          0.0022    0.007     0.330   0.741   -0.011    0.015
x.tobacco      0.0954    0.029     3.255   0.001    0.038    0.153
x.ldl          0.1348    0.067     2.012   0.044    0.003    0.266
x.adiposity    0.0344    0.034     1.011   0.312   -0.032    0.101
x.famhist      0.8022    0.257     3.120   0.002    0.298    1.306
x.typea        0.0542    0.015     3.731   0.000    0.026    0.083
x.obesity     -0.0876    0.053    -1.656   0.098   -0.191    0.016
x.alcohol     -0.0018    0.005    -0.324   0.746   -0.012    0.009
x.age          0.0471    0.014     3.453   0.001    0.020    0.074
=================================================================
```

图 6-19 Logistic 回归结果

接下来,将训练集进行六折交叉验证并绘制 Logistic 回归的 ROC 曲线,结果如图 6-20 所示.经计算得到 Logistic 回归交叉验证的平均 AUC 为 0.778,利用约登指数(Youden index)求出 Logistic 回归的最优阈值为 0.37.

由于 Logistic 回归模型中,自变量肥胖指数和酒精摄入量的回归系数在 0.05 的显著性水平下不显著.下面用 L_1 正则化 Logistic 回归模型进行变量选择,防止模型过拟合.通过网格搜索,确定 L_1 正则化 Logistic 回归模型的正则化参数 $C=0.316$,对应的交叉验证 AUC=0.786.利用最佳正则化参数 $C=0.316$ 重新建立 L_1 正则化 Logistic 回归模型,得到 L_1 正则化 Logistic 回归系数表,结果见表 6-4.将回归系数可视化,结果见图 6-21.由于自变量已经经过标准化,所以回归系数可以表示自变量对于冠心病发生概率的影响程度.如表 6-4 和图 6-21 所示,冠心病发生的主要影响因素为年龄、烟草消耗量、A 型行为得分、是否有家族史和低密度脂蛋白胆固醇。

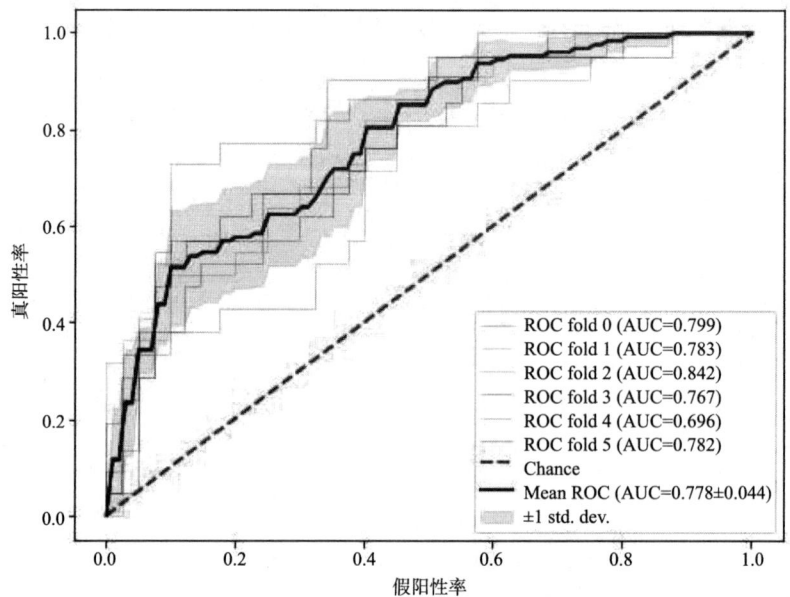

图 6-20　Logistic 回归交叉验证 ROC 曲线

表 6-4　L_1 正则化 Logistic 回归模型回归系数

变量	回归系数
x.sbp	0.000000
x.tobacco	0.414161
x.ldl	0.247369
x.adiposity	0.004586
x.famhist	0.331614
x.typea	0.412358
x.obesity	−0.098859
x.alcohol	0.000000
x.age	0.707933

将训练集进行六折交叉验证并绘制 L_1 正则化 Logistic 回归的 ROC 曲线，结果如图 6-22 所示。经计算，L_1 正则化 Logistic 回归交叉验证平均 AUC 为 0.786，比 Logistic 回归的 AUC 略大，说明 L_1 正则化 Logistic 回归的预测性能优于 Logistic 回归。利用约登指数求出 L_1 正则化 Logistic 回归的最优阈值为 0.39。使用 L_1 正则化 Logistic 回归及最优阈值对测试集进行分类预测，图 6-23 为分类的混淆矩阵。进

一步得到预测准确率为 0.7097,精确率为 0.6923,召回率为 0.2812,f_1 为 0.4,AUC 为 0.7664。图 6-23 和评估指标表明,L_1 正则化 Logistic 回归模型具备较好的预测能力,但患病一组的检出效果差,漏诊率高,而无病的一组预测效果较好,误诊率较低。

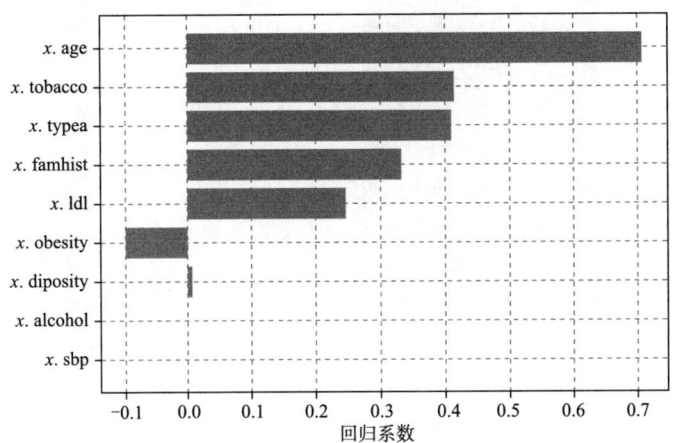

图 6-21　L_1 正则化 Logistic 回归系数

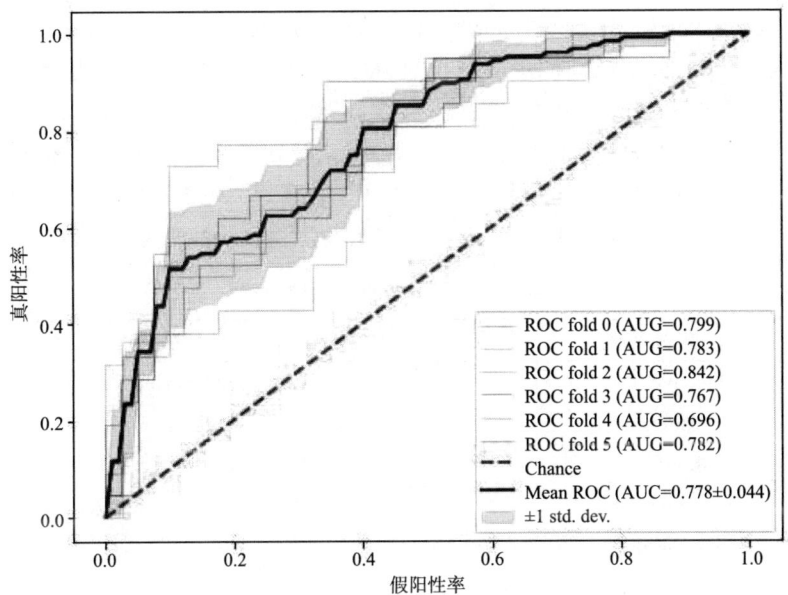

图 6-22　L_1 正则化 Logistic 回归交叉验证 ROC

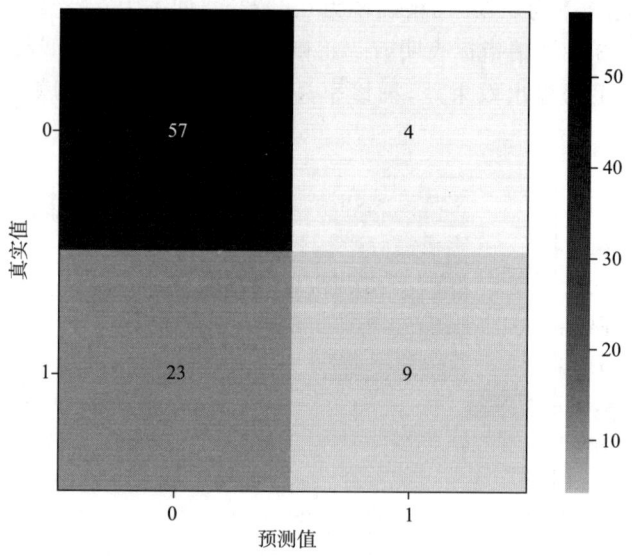

图 6-23 混淆矩阵(L_1 正则化 Logistic 回归)

6.2.5 基于决策树的模型

下面利用决策树、随机森林和极端梯度提升对心脏病进行预测.首先使用决策树模型进行分类,分割准则使用基尼指数,得到 6 折交叉验证 AUC 为 0.5717.接下来使用随机森林模型进行分类,决策树个数设置为 1000,得到 6 折交叉验证 AUC 为 0.7166.最后使用极端梯度提升进行分类,由于极端梯度提升参数较多,使用随机化网格搜索方法获取极端梯度提升最优参数,结果如表 6-5 所示.然后使用表 6-5 中的参数建立极端梯度提升模型,经 6 折交叉验证得到 AUC 为 0.7426.

表 6-5 极端梯度提升参数设置

参数名称	参数设置
objective	binary:logistic
eval_metric	logloss
subsample	0.89
n_estimators	100
max_depth	3
learning_rate	0.04
colsample_bytree	0.72

通过比较决策树、随机森林和极端梯度提升的 AUC,可以看到极端梯度提升

的预测能力更强,因此选用极端梯度提升对测试集进行预测.图 6-24 为极端梯度提升分类的混淆矩阵,经计算得到极端梯度提升在测试集上的分类准确率为 0.7312,精确率为 0.64,召回率为 0.5,f_1 为 0.5614,AUC 为 0.7592.这些结果说明极端梯度提升的分类性能较好.与 L_1 正则化 Logistic 回归模型相比,极端梯度提升的分类准确率更高,召回率有明显提升,降低了漏诊率.

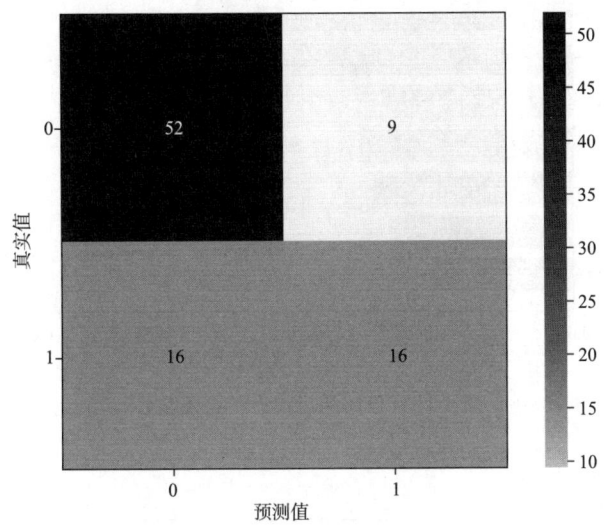

图 6-24 混淆矩阵(极端梯度提升)

下面评估极端梯度提升进行分类预测的特征重要性.首先绘制极端梯度提升特征重要性评分柱状图,结果见图 6-25.图 6-25 表明,年龄、烟草消耗量、是否有家族史、A 型行为得分和低密度脂蛋白胆固醇为极端梯度提升分类中最重要的 5 个特征.然后使用排列重要性进行分析,结果见图 6-26.图 6-26 同样表明年龄、烟草消耗量、A 型行为得分、是否有家族史和低密度脂蛋白胆固醇为极端梯度提升分类中最重要的 5 个特征.图 6-27 和图 6-28 为极端梯度提升模型的 SHAP 特征重要性,其中图 6-27 基于每个特征的 Shapley 值的平均值度量特征重要性,而图 6-28 基于每个样本的每个特征的 Shapley 值显示特征重要性.图 6-27 和图 6-28 表明,所有连续型特征对冠心病的预测均为正向影响,即特征值越大,个体被预测为冠心病的风险越高;同时,有家族史的个体更有可能被预测为冠心病.综合来看,年龄、烟草消耗量、A 型行为得分、是否有家族史和低密度脂蛋白胆固醇为极端梯度提升分类中最重要的 5 个特征.经过几种不同特征重要性方法的评估,极端梯度提升特征重要性的排序结果基本一致.年龄、烟草消耗量、A 型行为得分、是否有家族史和低密度脂蛋白胆固醇是最重要的 5 个特征,而酒精摄入量在特征重要性排序中位列最后.

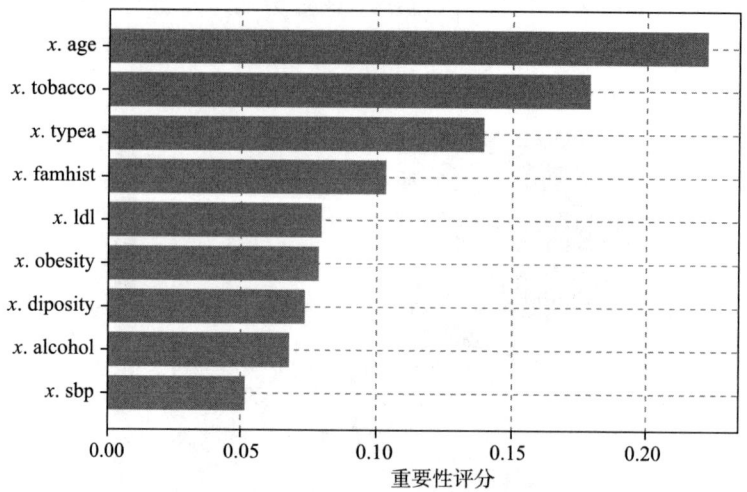

图 6-25　极端梯度提升特征重要性

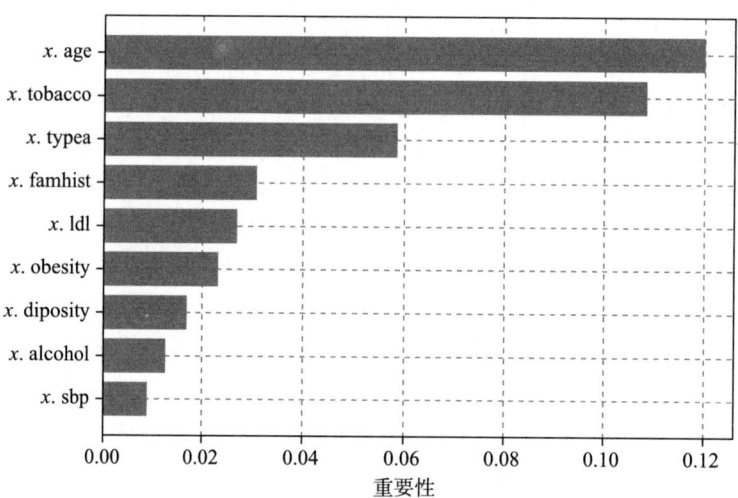

图 6-26　极端梯度提升排列特征重要性

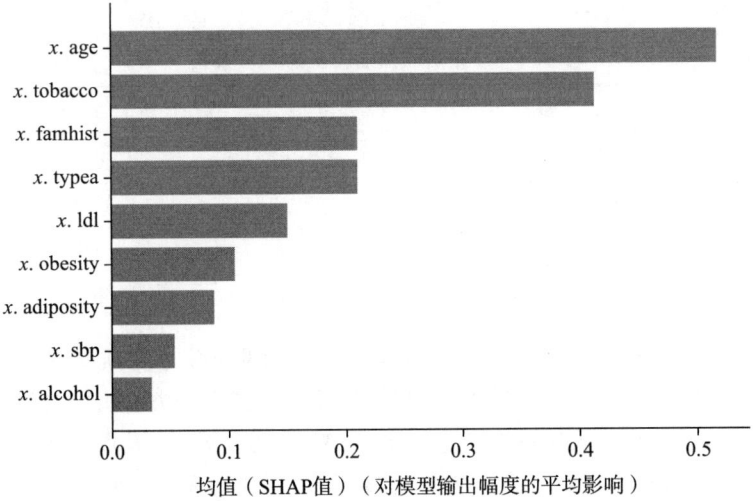

图 6-27 极端梯度提升的 SHAP 特征重要性条形图

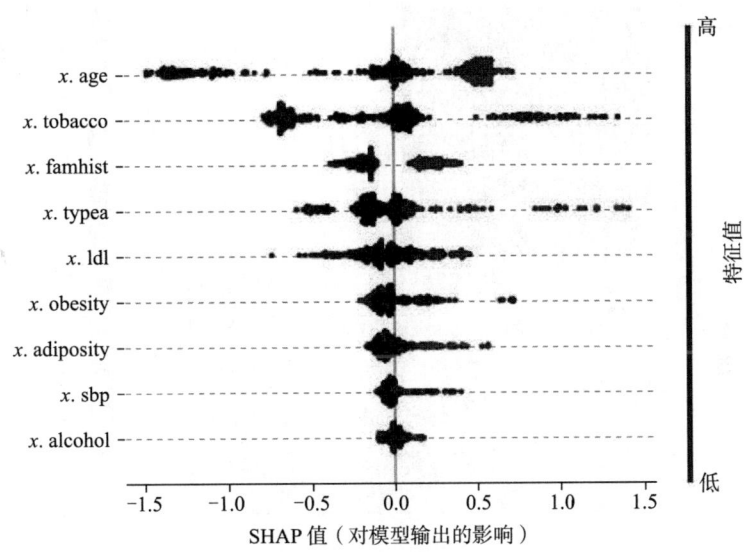

图 6-28 极端梯度提升的 SHAP 特征重要性点图

6.2.6 多层感知器模型

由于数据集样本量较小,考虑使用一个隐藏层的多层感知器(MLP)模型.隐藏层隐节点个数的最优值由随机化搜索确定,多层感知器模型的参数设置见如表 6-6,隐藏层隐节点个数的最优值为 3.由随机化搜索结果可知,最优参数对应的训练集六折交叉验证 AUC 为 0.777。

表 6-6　多层感知器模型的参数设置

参数	设置
hidden_layer_sizes	3
activation	relu
solver	adam
max_iter	1000

使用表 6-6 中的参数建立多层感知器模型,并对测试集进行预测,图 6-29 为多层感知器分类的混淆矩阵,经计算得到多层感知器在测试集分类准确率为 0.7419,精确率为 0.6819,召回率为 0.4688,f_1 为 0.5556,AUC 为 0.7316。图 6-29 和评估结果显示多层感知器的分类准确率高于极端梯度提升,对于有病的一组漏诊率高于极端梯度提升,无病一组的误诊率低于极端梯度提升。

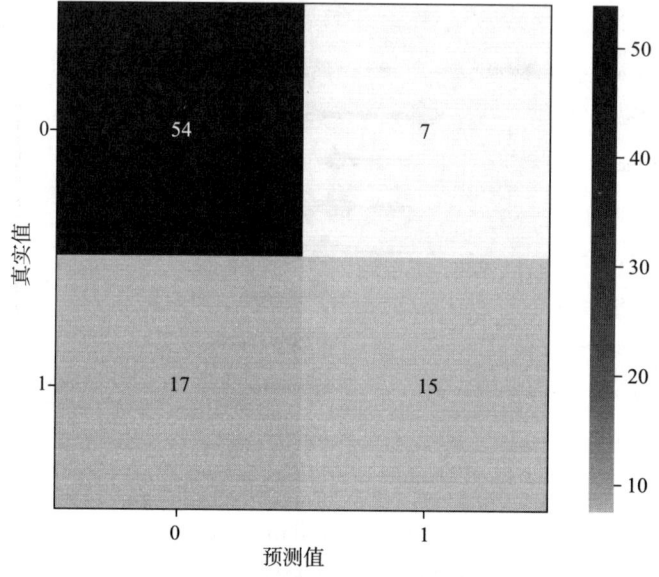

图 6-29　多层感知器分类混淆矩阵

接下来,使用 SHAP 算法评估多层感知器进行分类预测的特征重要性。图 6-30 显示了每个特征的 SHAP 值的平均值,图 6-31 显示了每个样本每个特征的 SHAP 值,图 6-30 和图 6-31 表明,所有连续型特征对冠心病的预测均为正向影响,有家族史的个体更有可能被预测为冠心病,年龄、A 型行为得分、是否有家族史、烟草消耗量和肥胖指数为多层感知器分类最重要的 5 个特征。

第 6 章 案例分析

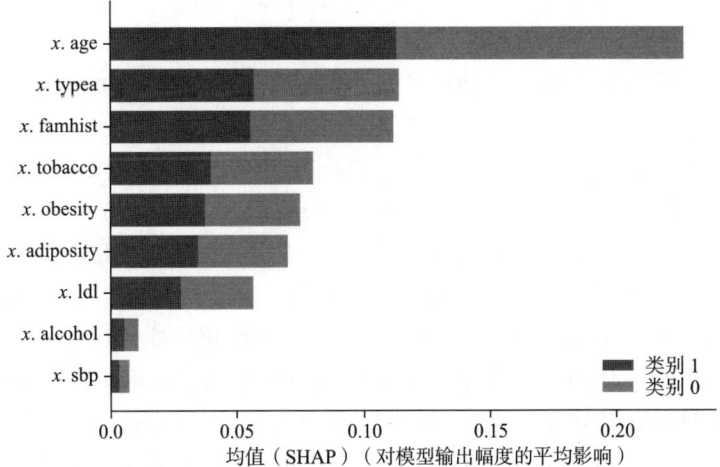

图 6-30　多层感知器的 SHAP 特征重要性条形图

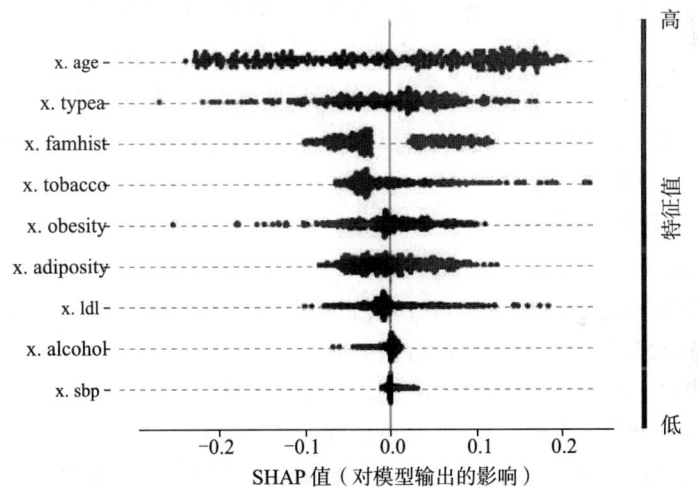

图 6-31　多层感知器的 SHAP 特征重要性点图

6.2.7 结论和应用

通过对心脏病数据的预测分析，发现对冠心病预测影响最大的因素有年龄、烟草消耗量、家族史和 A 型行为得分。具体分析如下：

（1）年龄是冠心病的主要风险因素之一。随着年龄的增长，身体各个器官逐渐老化，胆固醇、脂肪和其他被称为斑块的脂肪物质堆积在动脉内壁上，导致血管硬化变狭窄，影响血液的流动，从而引发心脏供血不足，诱发该疾病.另外，年龄的增长会导致高血压、肥胖的发生，增加患心脏病的风险.如果有长期吸烟、酗酒等不良嗜好,也会增加患病的风险.在风险评估中,年龄通常作为一个重要变量,帮助医生识别高风险人群.

(2)烟草消耗量越高,心脏病风险越大.烟草中的有害物质,例如焦油、尼古丁等会影响冠状动脉内膜,导致冠状动脉内膜受损,从而引发冠心病或者加重病情.此外,烟草还会造成冠状动脉血管痉挛,导致心肌缺血、心律失常,甚至心肌梗死.吸烟还可以通过影响好的胆固醇和引发高血压来引起心脏病.戒烟是预防冠心病的重要公共卫生措施,医生可以根据患者的吸烟史评估患者的风险,并制定相应的干预策略.

(3)家族中有心脏病病史的人患病风险更高.家族史表明个体可能遗传了一些容易引发冠心病的基因,如与胆固醇代谢、血管弹性和炎症反应相关的基因.家族史是冠心病风险评估的一部分.有冠心病家族史的个体建议尽早进行筛查和干预.

(4) A 型行为得分为预测冠心病的重要参考. A 型行为是一种人格特质模式,最早由心脏病专家迈耶·弗里德曼(Meyer Friedman)和雷·罗森曼(Ray Rosenman)在 20 世纪 50 年代提出,并与冠心病的风险联系在一起. A 型行为模式的个体表现出一系列典型的性格特质,包括:竞争性、好胜心、易怒、敌对性和完美主义等[10].具有这种行为模式的人由于长期处于高压力状态,可能患心脏病的风险更高.因此, A 型行为得分可以作为预测心脏病风险的一个重要参考.

利用心脏病预测模型可以将人群进行分类.以极端梯度提升模型为例,经计算得到极端梯度提升预测概率的 25% 分位数和 75% 分位数分别为 0.15 和 0.51.根据分位数划分心脏病风险等级:

(1)高风险组:预测概率>0.51.这个组别人群具有高龄、吸烟、心脏病家族史等特征,有较高心脏病发作可能,建议要密切监测心脏健康状况,及时治疗干预,长期吸烟者应戒烟,养成良好的生活习惯.

(2)中风险组:0.15<预测概率<0.51.这个组别人群有中等水平的风险,建议定期体检、适当锻炼、均衡营养,并养成良好的生活习惯.

(3)低风险组:预测概率<0.15.这个组别人群风险较低,建议定期体检,并保持健康的生活方式.

对人群分类可以满足更细分化的风险管理需求,例如,对于一位喜欢吸烟饮酒($x.tobacco=8, x.alcohol=25.38$)、患有高血压($x.sbp=150$)、体重超重($x.adiposity=26.50, x.obesity=26.09$)、具有 A 型行为特征($x.typea=50$)、胆固醇正常($x.ldl=2.3$)、无家族史($x.famhist=0$)的中年人($x.age=45$),利用极端梯度提升模型预测其没有患病,进一步预测其患心脏病的概率为 0.3667,心脏病风险等级为中等.建议其戒烟、戒酒、降压,控制体重,定期体检,并注意放松休息.

本案例可结合心脏病的症状表现,医学检查等特征,在更大的数据集上进行探索,进一步提高诊断准确率.

6.3 智慧诊断——深度学习在阿尔茨海默病识别中的应用

6.3.1 背景介绍

阿尔茨海默病(Alzheimer Disease,AD)是最常见的痴呆症类型之一,约占所有痴呆病例的60%~80%.这是一种进行性的神经退行性疾病,其特征是记忆、认知和行为能力的逐步衰退.阿尔茨海默病的发病通常缓慢,早期症状可能包括轻度的记忆丧失或认知混乱,随后逐渐发展为严重的记忆丧失、认知混乱、情绪和行为变化,最终导致患者无法独立完成日常任务.

根据2021年的统计数据,全球约有超过5500万人患有痴呆,而阿尔茨海默病作为主要的痴呆类型,其患病率在全球范围内急剧上升[11].作为人口大国,截至2021年,我国阿尔茨海默病患者人数约为1000万,占全球患者总数的五分之一[12].随着人口老龄化的加速,这一数字预计在未来几十年内将持续增长.

阿尔茨海默病的主要风险因素之一是年龄.65岁以上的老年人群体中,阿尔茨海默病的发病率大幅增加.在65岁至74岁的人群中,大约有3%的人可能患有阿尔茨海默病,而在85岁以上的人群中,这一比例上升至近三分之一.除了年龄,其他的风险因素还包括遗传因素、心血管疾病、糖尿病、高血压、抑郁症,以及生活方式等.

阿尔茨海默病不仅对患者本身造成极大的痛苦,还对家庭、护理人员及整个社会带来巨大的经济负担.目前,阿尔茨海默病的确诊通常依赖于临床评估、认知测试和影像学检查(如 MRI(Magnetic Resonana Imaging,磁共振成像技术)或 PET 扫描).但由于早期症状可能与正常衰老或其他健康问题相混淆,误诊或延迟诊断的情况时有发生.利用 AI 技术尽早识别阿尔茨海默病有助于延缓疾病进展,提高患者的生活质量,对患者和家庭具有重要意义.本案例利用深度学习技术,基于 MRI 图像对阿尔茨海默病进行分类,旨在提高诊断的准确性和效率.

6.3.2 数据介绍

本案例所使用的数据集来自 Kaggle 数据科学竞赛平台网站.该数据集包含一组 MRI 图像,涵盖了以下四个类别:轻度痴呆(mild demented)、中度痴呆(moderate demented)、非痴呆(non demented)和极轻度痴呆(very mild demented).其中,训练集包含5121张图片,测试集包含1279张图片.

6.3.3 ResNet-50 迁移模型

首先对数据进行预处理,创建数据生成器.数据生成器是用来准备和增强图像数据的一种工具,它允许批量处理图像,并且在训练深度学习模型时进行实时数据增强,从而提高模型的泛化能力.可以使用 TensorFlow 和 Keras 的数据生成器函数 ImageDataGenerator 创建两个数据生成器:训练数据生成器和验证数据生成器.训练数据生成器用于训练模型,验证数据生成器用于验证模型性能.数据生成器中的参数设置见表 6-7.从表 6-7 可以看出,rescale 表示对原始 MRI 图像进行归一化,将图像像素值缩放到[0,1]范围内.归一化有助于模型更好地收敛.target_size 表示将图像裁剪为统一大小,以便于输入神经网络中.batch_size 表示批次大小.class_mode 表示分类任务的类型.shuffle 表示在每个 Epoch(指整个训练集被模型完整地学习一次的周期)中是否随机打乱数据的顺序.随机打乱有助于减少过拟合.图 6-32 展示了部分训练数据生成器生成的图像.

表 6-7 数据生成器中参数设置

参数名称	训练数据生成器设置 train_generator	验证数据生成器设置 validation_generator
rescale	1./255	1./255
target_size	224×224	224×224
batch_size	32	32
class_mode	'categorical'	'categorical'
shuffle	True	False

接下来,迁移 ResNet-50 构建卷积神经网络.ResNet-50 在大规模图像数据集 ImageNet 上进行训练,具有强大的特征提取能力,是一种广泛应用的预训练模型.选择 ResNet-50 作为基础模型,构建迁移学习模型,步骤如下:

(1) 导入 ResNet-50,移除原始模型的顶层,并添加 2 维全局平均池化层.
(2) 添加全连接层,输出维度为 4(对应 4 个类别).
(3) 使用 Softmax 激活函数进行分类.
(4) 迁移 ResNet-50 预训练模型的权重.

ResNet-50 迁移学习模型的结构如图 6-33 所示.该模型总参数为 23595908 个,其中迁移过来的参数为 23587712 个,需要训练的参数为 8196 个.

使用自适应动量估计优化器对模型进行编译,学习率为 0.002,损失函数为分类交叉熵(categorical_crossentropy),评估指标为 accuracy.模型运行 20 个 Epoch,线程数设置为 10.绘制模型的损失函数和分类准确率曲线图,结果如图 6-34 所示.从图 6-34 可以看出,随着 Epoch 的增加,模型在训练集和测试集上的损失函数都在减少,准确率都有所提高,并且模型在测试集上的损失函数明显大于训练集上的损失函数,测试集的准确率也明显小于训练集的准确率,这说明模型存在过拟合.运行 15 个 Epoch 之后,损失函数和准确率曲线中的两条曲线波动减弱,趋于平稳.

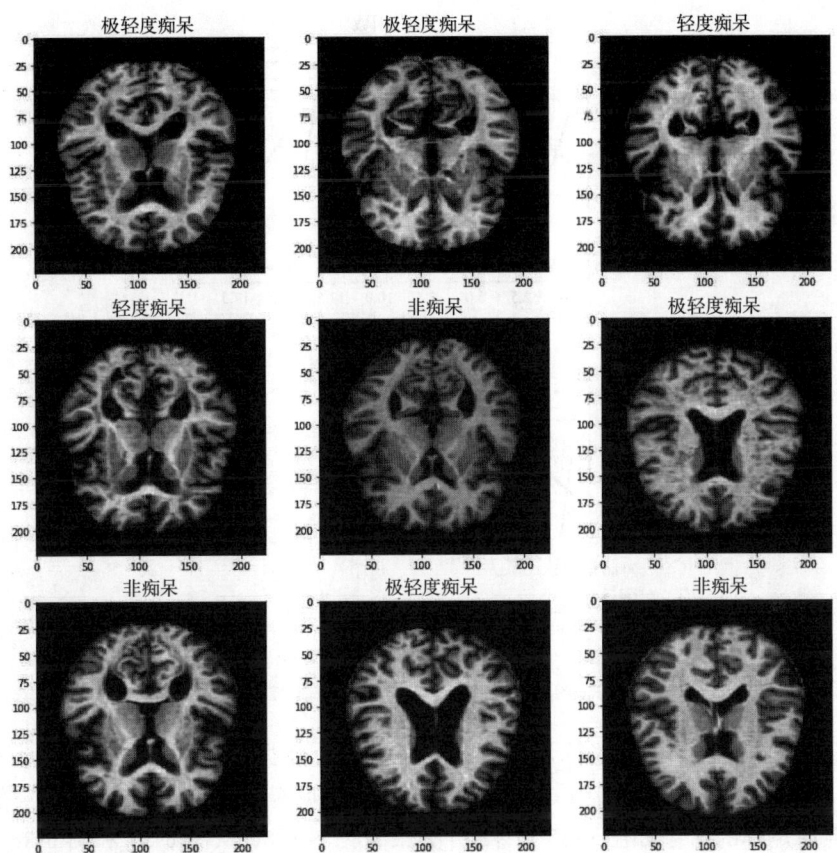

图 6-32　训练数据生成器生成的图像

```
Layer (type)                    Output Shape         Param #     Connected to
==================================================================================
input_2 (InputLayer)            [(None, None, None,   0
                                
conv1_pad (ZeroPadding2D)       (None, None, None, 3  0           input_2[0][0]

conv1_conv (Conv2D)             (None, None, None, 6  9472        conv1_pad[0][0]

conv1_bn (BatchNormalization)   (None, None, None, 6  256         conv1_conv[0][0]

conv1_relu (Activation)         (None, None, None, 6  0           conv1_bn[0][0]

pool1_pad (ZeroPadding2D)       (None, None, None, 6  0           conv1_relu[0][0]

pool1_pool (MaxPooling2D)       (None, None, None, 6  0           pool1_pad[0][0]

conv2_block1_1_conv (Conv2D)    (None, None, None, 6  4160        pool1_pool[0][0]
```

图 6-33　ResNet-50 迁移模型概要

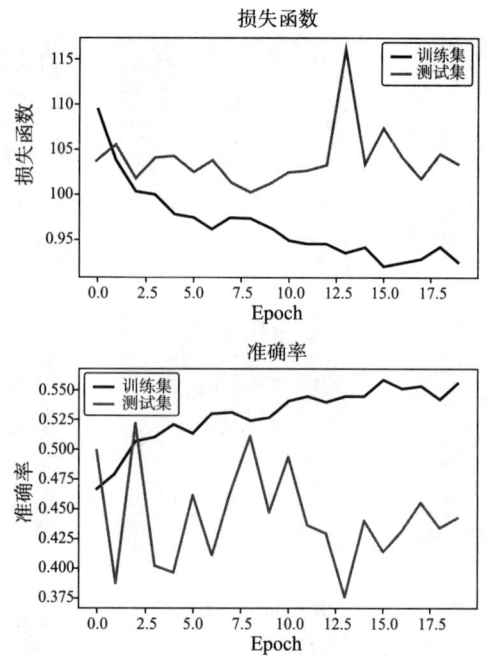

图 6-34　ResNet-50 迁移模型损失函数和准确率曲线图

利用测试集对模型进行评估,计算结果显示分类准确率为 0.4433,宏平均 AUC 和微平均 AUC 分别为 0.6753 和 0.7803,表明模型的总体分类表现一般.可视化混淆矩阵的结果如图 6-35 所示,分类报告见图 6-36.从图 6-35 和图 6-36 可以

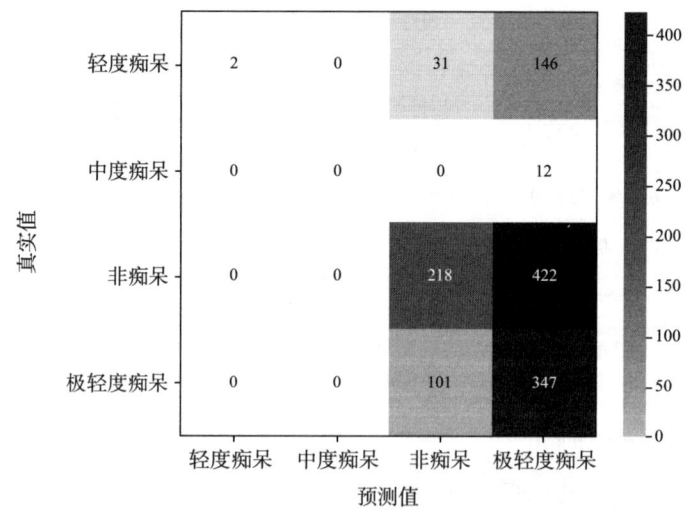

图 6-35　ResNet-50 迁移模型分类混淆矩阵

看出,模型在轻度痴呆类没有出现假阳性,但是召回率很低,存在严重漏诊问题;对于中度痴呆类,模型检出率为 0,说明模型无法正确识别此类别样本;非痴呆类的精确率、召回率和 F_1 都处于中等水平,表明模型能识别出一定比例的正确样本,但是仍有一部分样本被错误分类;极轻度痴呆类的召回率相对较高,但精确率低,说明极轻度痴呆类的误判率仍然较高.总体来看,模型在各个类别上的表现有很大差异,存在性能不平衡问题,因此,模型需要进一步调整和优化.

```
              precision    recall   f1-score    support
           0    1.000000  0.011173  0.022099   179.000000
           1    0.000000  0.000000  0.000000    12.000000
           2    0.622857  0.340625  0.440404   640.000000
           3    0.374326  0.774554  0.504727   448.000000
    accuracy                         0.443315  0.443315   0.443315   0.443315
   macro avg    0.499296  0.281588  0.241808  1279.000000
weighted avg    0.582742  0.443315  0.400260  1279.000000
```

图 6-36　ResNet-50 迁移模型分类报告

6.3.4　VGG-16 迁移模型

由于 ResNet-50 迁移模型的预测性能不理想,下面改用 VGG-16 模型进行迁移.VGG-16 模型结构相对简单,不容易产生过拟合[13].

在数据预处理阶段,采用数据增强技术.数据增强指通过旋转、翻转图像等操作扩充数据集,从而提高模型的泛化能力.表 6-8 为训练数据生成器中数据增强的参数设置.从表 6-8 可以看出,数据增强包括图像旋转(rotation_range)、图像平移(width_shift_range,height_shift_range)、图像剪切(shear_range)、图像缩放(zoom_range)、水平翻转(horizontal_flip)等操作.数据生成器中的其他参数设置见表 6-7.经过数据预处理和数据增强后,训练数据生成器生成的图像见图 6-37.

表 6-8　数据增强参数设置

参数名称	参数设置
rotation_range	30
width_shift_range	0.2
height_shift_range	0.2
shear_range	0.2
zoom_range	0.2
horizontal_flip	True

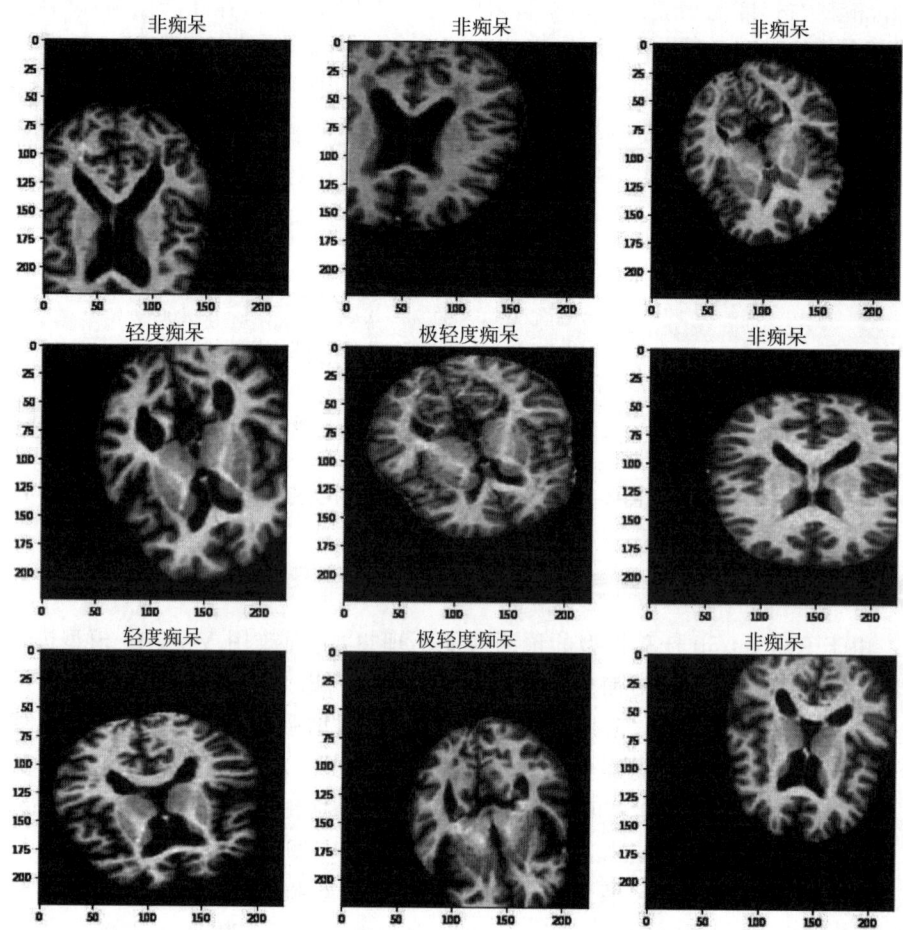

图 6-37 训练数据生成器生成的图像(数据增强)

接下来,迁移 VGG-16 构建卷积神经网络,具体步骤如下:
(1) 导入 VGG-16,移除原始模型的顶层,并添加全局平均池化层。
(2) 添加批量归一化层。
(3) 添加丢弃层,丢弃率为 0.5。
(4) 添加全连接层,包含 128 个神经元,并用 ReLU 激活。
(5) 再次添加批量归一化层和丢弃层,丢弃率为 0.5。
(6) 添加全连接层,包含 4 个神经元,并使用 Softmax 激活函数进行分类。
(7) 迁移 VGG-16 预训练模型的权重。

VGG-16 迁移学习模型的结构如图 6-38 所示。该模型总参数为 14783428 个,其中迁移过来的参数为 14715968 个,需要训练的参数 67460 个。

Layer (type)	Output Shape	Param #
input_2 (InputLayer)	[(None, None, None, 3)]	0
block1_conv1 (Conv2D)	(None, None, None, 64)	1792
block1_conv2 (Conv2D)	(None, None, None, 64)	36928
block1_pool (MaxPooling2D)	(None, None, None, 64)	0
block2_conv1 (Conv2D)	(None, None, None, 128)	73856
block2_conv2 (Conv2D)	(None, None, None, 128)	147584
block2_pool (MaxPooling2D)	(None, None, None, 128)	0
block3_conv1 (Conv2D)	(None, None, None, 256)	295168
block3_conv2 (Conv2D)	(None, None, None, 256)	590080
block3_conv3 (Conv2D)	(None, None, None, 256)	590080
block3_pool (MaxPooling2D)	(None, None, None, 256)	0
block4_conv1 (Conv2D)	(None, None, None, 512)	1180160
block4_conv2 (Conv2D)	(None, None, None, 512)	2359808
block4_conv3 (Conv2D)	(None, None, None, 512)	2359808
block4_pool (MaxPooling2D)	(None, None, None, 512)	0
block5_conv1 (Conv2D)	(None, None, None, 512)	2359808
block5_conv2 (Conv2D)	(None, None, None, 512)	2359808
block5_conv3 (Conv2D)	(None, None, None, 512)	2359808
block5_pool (MaxPooling2D)	(None, None, None, 512)	0
global_average_pooling2d_1 (	(None, 512)	0
batch_normalization_2 (Batch	(None, 512)	2048
dropout_2 (Dropout)	(None, 512)	0
dense_2 (Dense)	(None, 128)	65664
batch_normalization_3 (Batch	(None, 128)	512
dropout_3 (Dropout)	(None, 128)	0
dense_3 (Dense)	(None, 4)	516

图 6-38　VGG-16 迁移模型结构

对模型进行编译并运行 20 个 Epoch 后,模型的损失函数和分类准确率曲线见如图 6-39.从图 6-39 中可以看出,随着 Epoch 的增加,模型在训练集和测试集上的损失函数逐渐减少,准确率有所提高.在 15 个 Epoch 之后,模型在训练集和测试集上的表现差距较小,说明模型没有过拟合.

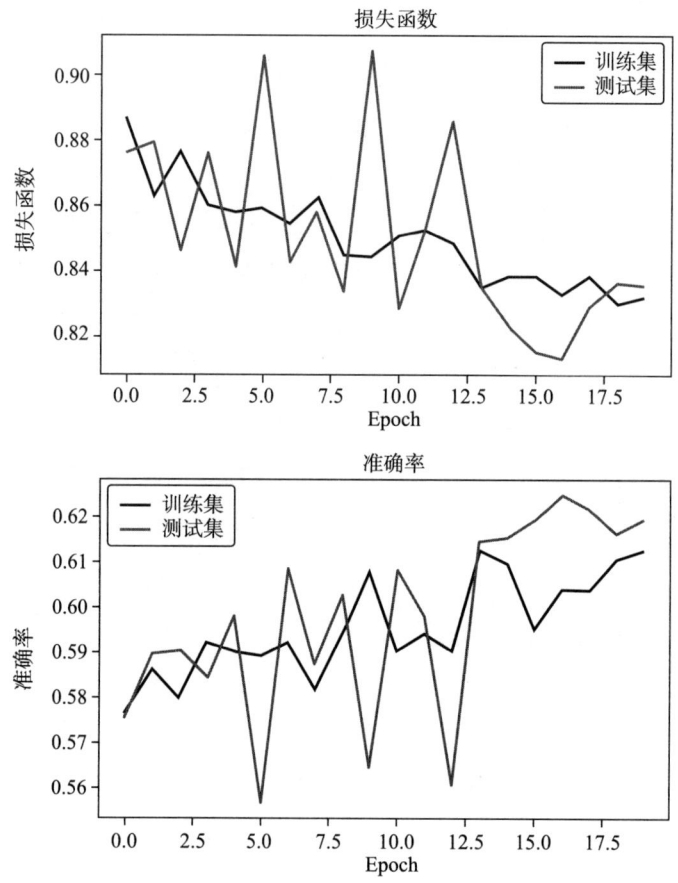

图 6-39 VGG-16 迁移模型损失函数和准确率曲线图

利用测试集对模型进行评估,计算结果显示分类准确率为 0.6192,宏平均 AUC 和微平均 AUC 分别为 0.837 和 0.8752,表明总体分类表现较好.可视化混淆矩阵的结果如图 6-40 所示,分类报告见图 6-41.从图 6-40 和图 6-41 可以看出,与 ResNet-50 迁移模型相比,VGG-16 迁移模型在轻度痴呆类、中度痴呆类和非痴呆类召回率明显提升,在极轻度痴呆类精确率更高.总体来看,VGG-16 迁移模型在非痴呆类和极轻度痴呆类上的表现最好.此外,VGG-16 迁移模型改善了 ResNet-50 迁移模型的过拟合问题,模型总体性能得到了显著提升.

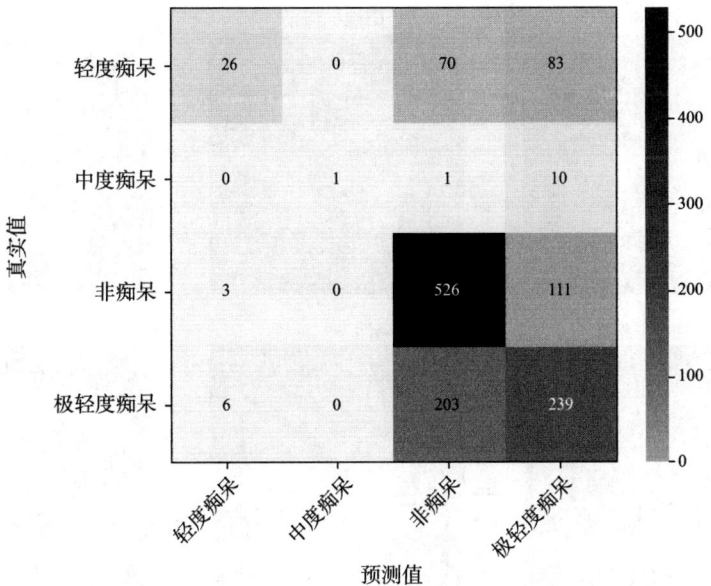

图 6-40　VGG-16 迁移模型混淆矩阵

```
          precision    recall  f1-score   support
0          0.742857  0.145251  0.242991  179.000000
1          1.000000  0.083333  0.153846   12.000000
2          0.657500  0.821875  0.730556  640.000000
3          0.539503  0.533482  0.536476  448.000000
accuracy   0.619234  0.619234  0.619234    0.619234
macro avg  0.734965  0.395985  0.415967  1279.000000
weighted avg 0.631328 0.619234 0.588927 1279.000000
```

图 6-41　VGG-16 迁移模型分类报告

6.3.5　二分类 VGG-16 迁移模型

将轻度痴呆类、中度痴呆类和极轻度痴呆类三类数据合并,构成正例类,非痴呆类为负例类.利用 VGG-16 迁移模型进行二分类.

首先对数据进行预处理,创建数据生成器.数据生成器的参数设置见表 6-7.图 6-42 展示了数据生成器生成的图像.

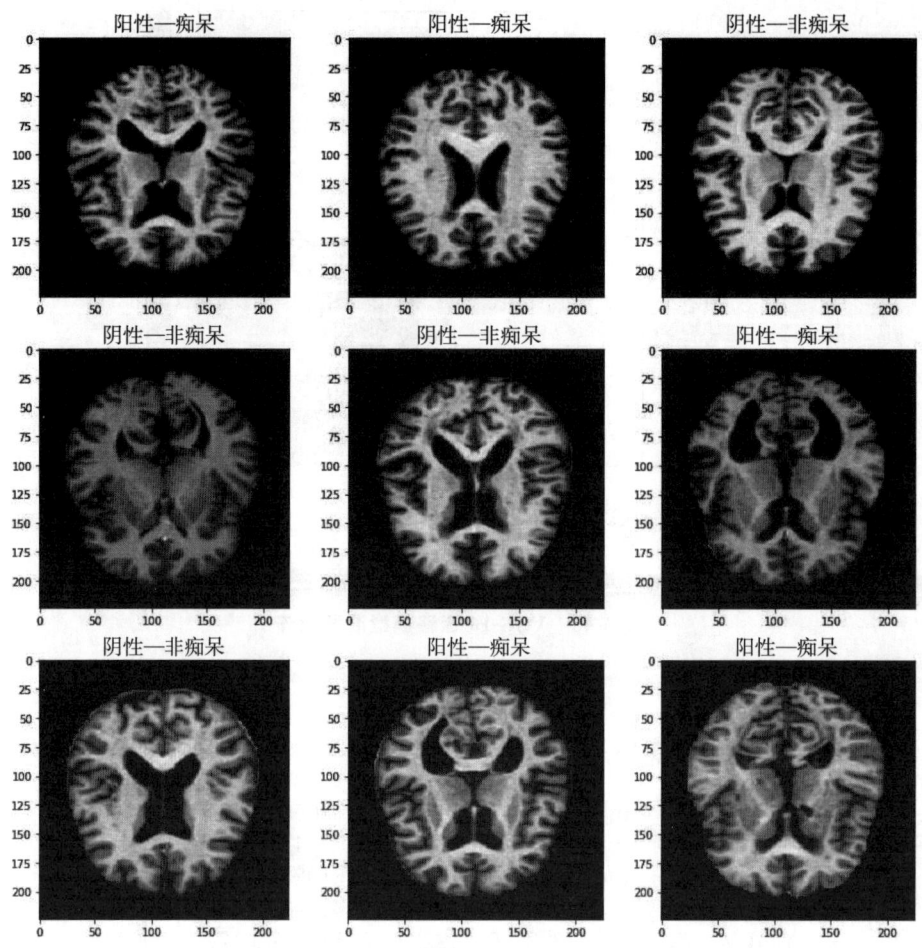

图 6-42 训练数据生成器生成的图像(二分类数据)

接下来,迁移 VGG-16 构建卷积神经网络,具体步骤如下:
(1) 导入 VGG-16,移除原始模型的顶层,并添加全局平均池化层.
(2) 添加批量归一化层.
(3) 添加丢弃层,丢弃率为 0.5.
(4) 添加全连接层,包含 256 个神经元,并使用 ReLU 激活.
(5) 再次添加批量归一化层和丢弃层,丢弃率为 0.5.
(6) 添加全连接层,包含 2 个神经元,使用 Softmax 激活函数进行分类.
(7) 迁移 VGG-16 预训练模型的权重.

二分类 VGG-16 迁移学习模型的结构如图 6-43 所示.该模型总参数为 14849602 个,其中迁移过来的参数为 14716224 个,需要训练的参数有 133378 个.

```
Layer (type)                    Output Shape              Param #
=================================================================
input_1 (InputLayer)            [(None, None, None, 3)]   0
block1_conv1 (Conv2D)           (None, None, None, 64)    1792
block1_conv2 (Conv2D)           (None, None, None, 64)    36928
block1_pool (MaxPooling2D)      (None, None, None, 64)    0
block2_conv1 (Conv2D)           (None, None, None, 128)   73856
block2_conv2 (Conv2D)           (None, None, None, 128)   147584
block2_pool (MaxPooling2D)      (None, None, None, 128)   0
block3_conv1 (Conv2D)           (None, None, None, 256)   295168
block3_conv2 (Conv2D)           (None, None, None, 256)   590080
block3_conv3 (Conv2D)           (None, None, None, 256)   590080
block3_pool (MaxPooling2D)      (None, None, None, 256)   0
block4_conv1 (Conv2D)           (None, None, None, 512)   1180160
block4_conv2 (Conv2D)           (None, None, None, 512)   2359808
block4_conv3 (Conv2D)           (None, None, None, 512)   2359808
block4_pool (MaxPooling2D)      (None, None, None, 512)   0
block5_conv1 (Conv2D)           (None, None, None, 512)   2359808
block5_conv2 (Conv2D)           (None, None, None, 512)   2359808
block5_conv3 (Conv2D)           (None, None, None, 512)   2359808
block5_pool (MaxPooling2D)      (None, None, None, 512)   0
global_average_pooling2d (Gl    (None, 512)               0
batch_normalization (BatchNo    (None, 512)               2048
dropout (Dropout)               (None, 512)               0
dense (Dense)                   (None, 256)               131328
batch_normalization_1 (Batch    (None, 256)               1024
dropout_1 (Dropout)             (None, 256)               0
dense_1 (Dense)                 (None, 2)                 514
=================================================================
```

图 6-43　VGG-16 迁移模型(二分类)

对模型进行编译并运行 30 个 Epoch 后,模型的损失函数和分类准确率曲线见图 6-44。图 6-44 显示,随着 Epoch 的增加,模型在训练集和测试集上的损失函数逐渐减少,准确率有所提高。在 20 个 Epoch 之后,模型在训练集和测试集上的表现比较稳定。

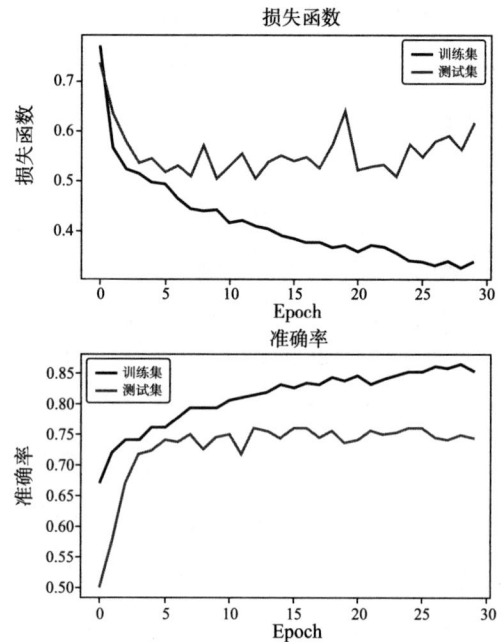

图 6-44　VGG-16 迁移模型的损失函数和准确率曲线图(二分类)

利用测试集对 VGG-16 迁移模型(二分类)进行评估,分类混淆矩阵如图 6-45 所示。计算结果显示,模型 AUC 为 0.8153,分类准确率为 0.749,精确率和召回率分别为 0.7265 和 0.7981。结果表明,模型能够较好地预测阿尔茨海默病,漏诊的病例较少。然而,模型的分类精确率有待进一步提高,以减少假阳性的发生。

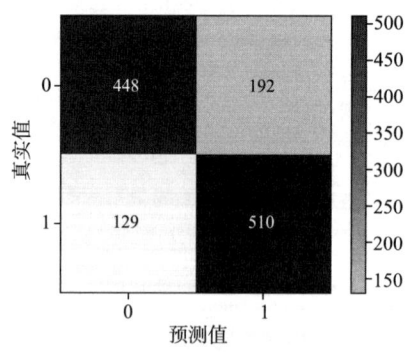

图 6-45　VGG-16 迁移模型混淆矩阵(二分类)

6.3.6 结论和展望

本案例通过构建 ResNet-50 和 VGG-16 迁移模型对阿尔茨海默病进行四分类和二分类预测.结果显示,VGG-16 迁移模型的性能较好,尤其对非痴呆类和极轻度痴呆类表现最好,此外,VGG-16 迁移模型二分类预测召回率高.

阿尔茨海默病的早期诊断对患者至关重要.未来,可以继续探索改进模型架构、扩充数据量、处理数据不平衡问题,也可以结合临床数据,通过多模态数据融合提高诊断的准确性.

习　　题

1.实践题:田野调查.

通过走访农田、与农民和农业专家交流,了解影响粮食产量的实际因素,在数据中加入新特征(如气候条件、土壤类型、农业技术等),改进原有的粮食产量影响因素分析模型,分析新特征对模型的影响,并评估模型的预测能力.

2.实践题:心脏病预测模型改进.

基于问卷调查收集心脏病数据,并与南非心脏病数据合并,通过数据增强,提升心脏病数据预测准确性.

3.实践题:阿尔茨海默病预测模型改进.

尝试调整视觉几何组模型超参数,或考虑其他深度学习模型(如残差网络,Inception 等),也可以尝试新的架构对阿尔茨海默病预测模型进行改进.

参 考 文 献

[1] 中华人民共和国国家统计局.进口主要货物数量和金额(2023 年)[N/OL].(2024-12-13)[2024-12-13].https://www.stats.gov.cn/sj/ndsj/2024/indexch.htm.

[2] 谷宝同,朱家明,龚量.基于多元线性回归的中国粮食产量影响因素实证分析[J].哈尔滨师范大学自然科学学报,2020,36(3):37-42.

[3] 中华人民共和国自然资源部.全国土地利用总体规划纲要[M/OL].3 版.北京:中国政府网,2008(2008-10-24)[2024-12-13].https://www.gov.cn/guoqing/2008-10/24/content_2875234_3.htm.

[4] 中华人民共和国农业农村部.2022年全国农业机械化发展统计公报[N/OL].(2024-06-18)[2024-12-13].http://www.njhs.moa.gov.cn/nyjxhqk/202406/t20240618_6457395.htm.

[5] 中华人民共和国国务院.国务院关于加快推进农业机械化和农机装备产业转型升级的指导意见[R/OL].(2018-12-29)[2024-12-13].https://www.gov.cn/zhengce/zhengceku/2018-12/29/content_5353308.htm.

[6] 中国水利报.节水优先:推动高质量发展的必然选择[N/OL].(2024-03-15)[2024-12-15].https://baijiahao.baidu.com/s?id=1793574601917557707.

[7] 世界卫生组织.心血管疾病[EB/OL].[2024-12-16].https://www.who.int/zh/health-topics/cardiovascular-diseases#tab=tab_1.

[8] 国家心血管病中心.中国心血管健康与疾病报告2023[M].北京:中国协和医科大学出版社,2024.

[9] 吕晓玲,宋捷.大数据挖掘与统计机器学习[M].北京:中国人民大学出版社,2016.

[10] FRIEDMAN M, ROSENMAN R H. Association of specific overt behavior pattern with blood and cardiovascular findings[J]. Journal of the American Medical Association, 1959, 169(12): 1286-1296.

[11] 世界卫生组织.世界未能有效应对痴呆症挑战[EB/OL].(2021-09-02)[2024-12-16].https://www.who.int/zh/news/item/02-09-2021-world-failing-to-address-dementia-challenge.

[12] 央视网.关注世界阿尔茨海默病日[N/OL].(2022-09-21)[2024-12-16].http://m.app.cctv.com/vsetv/detail/VSET100258670037/b5aceed6e9cf429bafe71d8a97b28dde/index.shtml.

[13] RAJU M, THIRUPALANI M, VIDHYABHARATHI S. Deep learning based multilevel classification of Alzheimer's disease using MRI scans[C]//IOP Conference Series: Materials Science and Engineering. 2021, 1084(1): 012017.